양자역학으로
이해하는
원자의 세계

시인과 과학자가 함께 읽는 과학 시리즈

양자역학으로 이해하는
원자의 세계

ⓒ 곽영직, 2016

초판 1쇄 발행일 2016년 4월 1일
초판 2쇄 발행일 2017년 4월 5일

지은이 곽영직
펴낸이 김지영 **펴낸곳** 지브레인^{Gbrain}
편집 김현주, 백상열
제작 · 관리 김동영 **마케팅** 조명구

출판등록 2001년 7월 3일 제2005-000022호
주소 04047 서울시 마포구 어울마당로 5길 25-10 유카리스티아빌딩 3층
                              (구. 서교동 400-16 3층)
전화 (02)2648-7224 **팩스** (02)2654-7696

ISBN 978-89-5979-447-8(04400)
      978-89-5979-449-2(SET)

시민과 과학자가 함께 읽는 과학 시리즈

양자역학으로
이해하는
원자의 세계

곽영직 지음

Gbrain
지브레인

머리말

몇 년 전, 30여 년간 군에서 복무하다가 전역한 고등학교 동창으로부터 뜻밖의 전화를 받았다. 그 친구는 양자역학을 잘 설명한 책이 있으면 소개해달라고 했다. 내가 가지고 있는 책들을 뒤져 양자역학과 관련된 책 10여 권을 그 친구에게 보냈다. 그러나 책을 보내놓고도 마음이 편하지 않았다. 그 친구가 읽을 만한 책을 보냈다는 생각이 들지 않았기 때문이었다. 물리를 공부하지 않은 사람들이 읽으면서 양자역학을 제대로 이해할 수 있는 책을 보내주고 싶었지만 좀처럼 마음에 드는 책을 찾을 수가 없었다.

물리학을 공부하지 않은 사람들에게는 너무 어려울 것이라는 생각에 수식을 모두 제거해버린 양자역학 책은 알맹이 없는 책이 되어 양자역학의 핵심에 다가가지 못하고 변죽만 울리다가 만다. 그런 책으로는 양자역학에 대한 간단한 개념 정도는 이해할 수 있겠지만 실제로 양자역학이 과학에서 어떤 역할을 하는지, 그리고 원자를 어떻게 설명하고 있는지 알기는 어렵다. 그렇다고 양자역학에서 사용하는 수식이 잔뜩 들어가 있는 책은 양자역학의 기본 개념을 이해하는 데 별 도움을 주지도 못하면서 책 읽기를 시작하자마자 포기하도록 만든다. 그런 책들은 마치 양자역학은 특별한 사람들을 위한 역학이니 접근할 생각은 하지 말라는 경고를 하고 있는 것 같다. 복잡한 수식은 양자역학을 본격적으로 공부하는 사람들에게나 필요하다. 양자역학의 변죽만 울리지도 않고, 복잡한 수식 때문에 질리지도 않는 양자역학 책을 만들 수는 없을까?

그때부터 양자역학의 내용을 일목요연하게 알 수 있도록 하는 책을 만드는 일이 나에게 주어진 숙제가 되었다. 그러나 기회 있을 때마다 자료를 모으면서도 본격적으로 책을 쓰는 작업은 시작하지 못했다. 좀 더 준비가 필요할 것 같다는 생각 때문이었다. 하지만 이제 더 이상 미룰 수 없는 시점까지 이르게 되었다. 지난해부터 본격적으로 이 일을 시작한 것은 계속 미루다간 결국 해내지 못하고 말 것이라는 초조함 때문이었다. 가능하면 양자역학이 성립되는 과정을 소상히 밝혀 양자역학의 기본 개념을 알 수 있도록 하면서 양자역학에서 다루는 기본적인 수학적 내용을 소개해 양자역학을 피부로 실감할 수 있는 책을 만드는 것이 목표였다.

양자역학은 원자 세계를 이해하기 위한 역학이다. 원자가 내는 스펙트럼의 종류와 세기를 설명하고, 주기율표가 만들어지는 이유를 설명하기 위한 노력의 결과로 얻어진 것이 양자역학이다. 원자보다 작은 세계는 우리가 경험을 통해 알고 있는 것과는 다른 물리법칙에 의해 움직이는 세상이다. 따라서 우리가 알고 있는 경험 세계의 언어로 원자의 세계에서 일어나는 일들을 설명하는 데는 한계가 있다. 원자의 세계에서 일어나는 일들을 일목요연하게 설명할 수 없는 것은 설명하는 능력이 모자라서가 아니라 원자 세계에서 일어나는 일들이 일목요연하지 않기 때문이다. 그러나 수학을 이용하면 좀 더 명확하게 원자 세계에서 일어나는 일들을 설명할 수 있다. 따라서 양자역학을 이야기할 때 수식을 피할 수는 없다.

그러나 수식에 익숙지 않은 사람들에게는 복잡한 수식이 오히려 넘을 수 없는 장벽을 마주한 것 같은 느낌만 들게 할 뿐이다. 따라서 양자역학의 전체적인 내용을 파악하기 위해서는 적당한 타협이 필요하다. 양자역학의 핵심적인 내용을 소상히 다루면서도 양자역학 강의실에서 실제로 다루는 수식들도 한눈에 훑어볼 수 있도록 함으로써 양자역학을 실감할 수 있게 하는 것이다.

이 책에서는 양자역학이라는, 우리의 상식으로 이해할 수 없는 역학이 성립하는 과정을 자세히 다뤘다. 따라서 양자역학과 관련된 많은 사람들의 이야기가 나온다. 20세기 초에 양자역학을 만들던 과학자들의 고민과 갈등 그리고 성취에 동참하여 함께 양자역학의 개념을 만들어가려고 시도해보았다. 그리고 '양자역학 강의실 엿보기'에는 대학의 양자역학 강의실에서 실제로 다루는 내용을 요약하여 정리했다. 복잡한 표기법은 가능한 한 피하면서도 핵심적인 내용을 빼놓지 않으려고 노력했다. 그런 까닭에 복잡한 계산 과정을 생략하고 풀어야 할 문제와 최종 해답만 제시한 경우가 많지만 그것만으로도 양자역학에서 어떤 문제들을 어떻게 다루는지 충분히 실감할 수 있을 것이다. 양자역학은 원자를 이해하기 위한 역학이므로 원자의 전자구조를 통해 주기율표가 만들어지는 과정까지, 그리고 원자핵의 에너지 껍질 이론까지를 자세히 다루어 양자역학이 원자 내부 구조를 어떻게 밝혀냈는지를 알 수 있도록 했다.

양자역학이 등장한 지 100년 가까이 되었다. 그동안 양자역학에 대한 해설서들이 많이 출판되었다. 이 책을 쓰면서 가장 고민한 것이 기존 해설서와의 차별성이다. 이미 나와 있는 해설서와 비슷한 책 한 권을 더하는 것으로는 이 책이 있어야 할 의미를 찾기 힘들다고 생각했다. 그래서 이 책을 쓰는 동안 가장 신경 쓴 일이 친절한 책을 만드는 것이었다. 독자들과 저자 사이를 갈라놓는 현학적 표현을 가급적 배제하고 모든 내용을 일상용어로 친절하게 설명하려고 노력했다. 가급적 양자역학에서 다루는 수식을 요약해 포함시키면서도 친절한 책을 만드는 것은 쉬운 일이 아니었지만 친절한 책을 쓰겠다는 처음의 의도는 전체적으로 잘 반영되었다고 생각한다.

그러나 두 마리 토끼를 잡는다는 것은 역시 어려운 일이었다. 그 일이 어려우리라는 것은 처음부터 예상하고 있었지만 이 책을 쓰면서 수차례 실감해야 했다. 여러 번 원고를 수정하고, 첨가하고 삭제한 끝에 이 책을 마무리하면서 적어도 몇 년 전에 친구에게 보내주었던 10여 권의 양자역학 책들보다는 좀 더 나은 책을 만들었다는 생각이 든다. 이것이 나 혼자만의 생각이 아니었으면 좋겠다. 나는 이 책을 그 친구에게 보내며 이전에 보냈던 책들은 읽지 말고 이 책을 읽으라고 이야기해줄 생각이다. 그 친구가 아직도 양자역학에 대해 알고 싶다는 생각을 가지고 있었으면 좋겠다.

책을 만들다 보면 여러 사람들로부터 많은 도움을 받게 마련이다. 우선 바쁜 가운데서도 원고를 처음부터 끝까지 읽고 유익한 조언을 해준 오채환 교수에게 깊은 감사를 드린다. 오채환 교수의 무조건적이고 한결같은 지지가 없었다면 이 책을 중도에 포기했을지도 모른다. 지난 30년 동안 같은 학과에서 근무하면서 많은 도움을 주었을 뿐만 아니라 이 책을 준비하는 동안 있었던 건강상 문제를 잘 이겨낼 수 있도록 힘을 준 박배식 교수, 김근묵 교수, 한은주 교수, 김충섭 교수, 윤종걸 교수, 이승종 교수에게 특별한 감사를 드린다. 힘들고 어려웠던 기억은 지워버리고 즐거운 추억만 간직했으면 좋겠다. 지브레인의 김현주 편집장에게도 많은 빚을 졌다. 원고를 넘기자마자 전력을 다해 책을 만들어주는 김현주 편집장의 열정이 이 책을 만드는 원동력이 되었다. 변함없는 우정으로 늘 큰 힘을 주는 동창들에게 감사드린다. 특히 서두에서 언급한 이광일, 가끔 빈대떡집에서 만나 회포를 푸는 변상배, 구인모, 원화영 그리고 항상 많은 것을 신경 써주는 이정주 고맙다. 마지막으로 내가 어떤 책을 쓰고 있는지 모르면서도 매우 중요한 일을 하고 있을 것이라고 믿어준 아내, 딸과 사위, 아들 그리고 귀여운 손주 지안이에게 고맙다는 말을 전한다.

2016년 2월 곽영직

CONTENTS

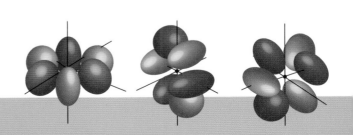

제4부 양자역학으로 들여다본
원자의 세계　　　　　**251**

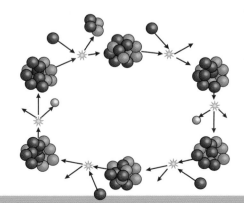

제1부

더 쪼갤 수
없는 원자

1. 원소의 기원

　나는 6·25전쟁이 끝나갈 무렵 강원도 시골에서 태어났다. 일곱 살 때 초등학교에 들어가 쓰러지지 않도록 버팀목으로 기둥을 받쳐놓은 초가집 교실에서, 흙바닥에 긴 탁자와 등받이 없는 긴 의자를 놓고 다섯 명씩 앉아 공부했다. 초등학교 1학년 때 무슨 공부를 했는지는 기억이 나지 않는다. 다만 1학년 말이 되었을 때 선생님이 '○○○ 코는 팔뚝만 하다'라고 쓸 수 있는 사람은 칠판에 나와 써보라고 했던 기억이 난다. 틀리지 않게 쓴 아이들은 몇 안 되었다. 그래서인지 그해 54번의 결석을 하고도 우등상을 받았다. 그때 나는 우리가 사는 시골을 벗어난 바깥세상에 대해 아무것도 몰랐다. 우리가 아무것도 모른다는 것도 몰랐으며, 더 많은 것을 알고 싶다는 생각도 하지 않았다. 초등학교 6학년쯤 되어 읽고 쓰는 것이 불편하지 않게 되었을 때는 이제 더 이상 공부할 게 없는데 왜 중학교에 가야 하는지 잘 납득이 가지 않았다. 초등학교를 졸업할 때쯤 나도 중학교에 가고 싶다는 생각을 한 것은 검은색 중학교 교복과 '中'자라고 쓰인 모표가 달려 있는 모자가 멋있어 보여서였다.

어렸을 때의 일들은 이제 까마득한 옛날이야기가 되었다. 초등학교를 졸업한 것도 벌써 50년이 넘었다. 초등학교를 졸업한 후 내게는 참으로 많은 일들이 있었다. 초등학교에 다니는 동안에는 상상도 하지 못한 일들이었다. 글을 읽고 쓰는 것 외에도 배워야 할 게 많다는 걸 알게 되었고, 그런 것들을 공부하느라 오랜 시간을 보내야 했다. 그러고는 내가 배운 것을 학생들에게 가르치면서 또 오랜 시간을 보냈다. 그동안 많은 것을 배우고 많은 것을 가르쳤으며, 많은 책을 써서 내가 알고 있는 과학 이야기를 다른 사람들에게 들려주었다.

이제 가르치는 일도 끝내야 할 때가 다 되어가고 있다. 어느 날 지난날들을 돌아보다가 문득 초등학교를 졸업한 후 세상에 나와서 내가 배우고, 가르치고, 책으로 써낸 것들 중에 가장 중요한 내용이 무엇이었을까 하는 생각을 하게 됐다.

나는 우주 이야기를 좋아한다. 고등학교에 다닐 때쯤부터 우주가 신비하다는 생각을 하기 시작했던 것 같다. 대학에 다니는 동안에도 그리고 유학을 가 있는 동안에도 우주와 관련된 자료들은 무엇이든 모아두었다. 내 전공은 천문학이 아니었기 때문에 우주에 대한 나의 관심은 전공과는 아무 관계 없는 것이었다. 하지만 물리학에서 우주와 관련된 내용을 많이 다루므로 전공과 전혀 관련이 없다고 할 수는 없을 것이다. 나는 내가 배우고 다른 사람들에게 전해준 과학 내용 중 우주와 관련된 내용이 가장 흥미 있고 중요하다는 생각을 오랫동안 해온 만큼 과학을 전공하지 않는 사람들에게 강의할 기회가 있으면 우주 이야기를 하곤 했다.

그러나 언젠가부터 내가 배워 다른 사람에게 전해준 지식 중 가장 중요한 지식은 원자에 대한 내용이라는 생각을 하게 되었다. 현대 과학은 원자에 대한 지식을 바탕으로 하고 있다 해도 과언이 아니다. 원자에 대한 이해가 없었다면 화학도 생물학도 천문학도 공학도 의학도 약학도 가능하지 않았을 것이다.

그러나 원자에 대한 지식이 최고의 지식이라고 생각하게 된 것은 원자에 대한 지식이 현대 문명의 바탕을 이루고 있기 때문만은 아니다. 나는 인류가 원자를 이해하게 된 것은 기적이었다고 생각한다. 볼 수도 없고 직접 경험할 수 없는 원자의 세계를 밝혀낸 것은 인류가 이루어낸 가장 위대한 업적이라는 생각이 든 것이다. 원자의 세계는 아주 작은 세상일 뿐만 아니라 우리가 알고 있던 물리법칙이 적용되지 않은 세상이며, 우리 상식으로는 이해할 수 없는 일들이 일어나고 있는 세상이다. 우리가 경험할 수도 없고, 알고 있는 물리법칙으로 설명할 수도 없으며, 상식이 통하지 않는 원자의 세계를 우리가 이처럼 자세히 알게 된 것은 기적이라고밖에는 달리 표현할 수 없다. 하지만 과학과 기적이라는 말은 어울리지 않는다. 따라서 우리는 우리가 원자보다 작은 세상을 이해하게 된 것을 과학자들의 뛰어난 통찰력과 창의적인 사고력 덕분으로 돌리고 있다.

우리는 과학자들의 뛰어난 통찰력과 창의적인 사고력 덕분에 우리가 살아가는 세상이 원자라는 작은 알갱이로 이루어져 있다는 것을 알게 되었다. 원자는 양성자와 중성자로 이루어진 원자핵과 원자핵 주위를 돌고 있는 전자로 이루어져 있다. 양성자와 중성자로 이루어진 원자핵은 (+)전하를 띠고 있다. 원자핵 주위를 돌고 있는 전자는 (−)전하를 띠고 있다. 전자가 원자핵에서 멀리 달아나지 않고 원자핵 주위를 도는 것은 원자핵과 전자 사이에 작용하는 전기적 인력 때문이다. 그러나 전기적 인력만으로는 원자의 안정성을 설명할 수 없다. 원자의 세계를 설명

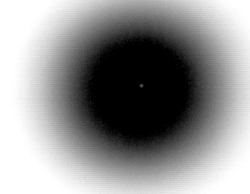

전자구름 안에 원자핵이 자리 잡고 있는 양자역학적 원자모형.

하기 위해 양자역학이 필요한 것은 이 때문이다.

양성자와 전자가 가지고 있는 전하의 양은 같고, 원자 안에 들어 있는 양성자의 수와 전자의 수가 같아 원자는 전기적으로 중성이다. 원자가 전자를 잃거나 얻어 전기를 띠는 경우도 있는데 그런 원자를 이온이라고 부른다. 최근에 나온 과학책의 원소주기율표에는 118가지 원소가 실려 있다. 그것은 지금까지 우리가 알아낸 원소의 종류가 모두 118가지라는 것을 의미한다. 이는 또한 우리가 알고 있는 한 우주를 구성하는 원소가 모두 118가지라는 뜻이다. 좀 더 정확히 말하면 우리가 관측하고 측정할 수 있는 세상의 모든 물질은 118가지의 원소로 이루어졌다(아직 그 정체를 확실하게 알 수 없는 암흑물질과 암흑에너지는 원자로 이루어져 있지 않다). 이 118가지 원소들이 여러 가지로 결합해 일일이 셀 수 없을 만큼 다양한 분자들을 만든다. 그러나 이 118가지 원소가 우주가 처음 생겨날 때부터 있었던 것은 아니다.

과학자들은 우리 우주가 137억 년 전에 있었던 빅뱅으로부터 시작되었다고 설명하고 있다. 137억 년 전에 한 점에 모여 있던 에너지가 팽창하면서 우주가 시작되었다는 것이다. 과학은 공상과학소설이 아니므로 이런 주장을 하기 위해서는 그것을 뒷받침할 수 있는 증거를 찾아내야 한다. 과학자들은 이런 주장을 뒷받침할 수 있는 증거들을 많이 찾아냈다.

우주가 한 점에서 팽창을 시작한 순간에는 우주의 크기가 아주 작고 밀도와 온도가 높아 우주에는 에너지만 있었고 물질은 없었다. 그러나 우주가 팽창하면서 우주의 온도가 내려가자 에너지에서 물질이 만들어지기 시작했다. 그런데 처음부터 원자들이 만들어진 것은 아니었다. 처음에는 원자보다 더 작은 입자들인 쿼크와 경입자들이 만들어졌다. 쿼크들이 결합해 양성자와 중성자가 만들어졌고, 양성자 두 개와 중성자 두 개가 결합하여 헬륨 원자핵이 만들어졌다. 헬륨 원자핵보다 조금 더 큰 리튬이나 베릴륨 그리고 붕소의 원자핵도 극히 소량이지

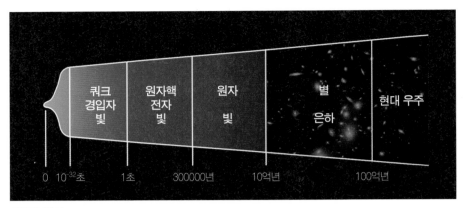

우주의 역사.

만 만들어졌다. 그래서 우주는 양성자(수소 원자핵), 헬륨 원자핵, 소량의 리튬, 베릴륨, 붕소 원자핵 그리고 전자와 빛으로 이루어진 우주가 되었다. 이때는 아직 빛이 우주에 가득해 우주는 환했지만 한 치 앞도 볼 수 없었다. 우주에 가득 떠돌고 있는 전자에 부딪혀 빛이 한 치도 앞으로 나아갈 수 없었기 때문이다. 과학자들은 이런 우주가 만들어지는 데는 약 3분 정도가 걸렸을 것으로 보고 있다.[1]

빛이 가득했지만 한 치 앞도 내다볼 수 없는 불투명한 플라스마 수프 상태의 우주는 약 38만 년 동안 계속되었다. 그러나 우주의 나이가 38년이 되자 온도가 3000K 정도까지 내려가 원자핵과 전자가 결합하여 중성 원자를 형성할 수 있게 되었다. 이보다 높은 온도에서는 전자들의 에너지가 너무 커서 전자와 원자핵 사이의 전기적 인력으로 잡아둘 수 없어 원자가 만들어지지 않았다. 전자가 양성자와 결합하여 수소 원자가 되었고, 헬륨 원자핵과 결합하여 헬륨 원자가 되었다. 따라서 이제 우주는 약 90%의 수소 원자와 약 10%의 헬륨 원자 그리고 약간의 리튬, 베릴륨, 붕소 원자로 이루어진 우주가 되었다. 물론 우주에는

---

1) 닐 디그래스 저, 곽영직 역,《오리진》, 지호, 2004.

3000K 물체가 내는 것과 같은 노란색 빛이 많이 포함된 빛도 남아 있었다.

공간에 이리저리 떠돌던 전자들이 모두 원자핵과 결합해 원자 안으로 들어가 버리자 우주 공간을 가득 채우고 있던 빛이 아무런 방해를 받지 않고 우주 공간을 가로질러 달릴 수 있게 되었다. 불투명했던 우주가 투명한 우주로 바뀐 것이다.

빛으로 가득 차 있던 우주는 모든 지점이 강한 빛을 내는 광원이라고 할 수 있었다. 따라서 우주 공간의 모든 점에서 빛이 사방으로 흩어지기 시작하자 우주의 모든 점에서는 사방에서 오는 빛을 관측할 수 있게 되었다. 우주가 투명해지고 1년 후에는 1광년 떨어진 곳의 빛들이 우리에게 도달했고, 우주가 시작되고 137억 년이 지난 오늘날에는 137억 광년 떨어진 곳에서 우리를 향해 달리기 시작한 빛이 모든 방향에서 우리에게 도달하고 있다. 이 빛을 우리는 우주배경복사라고 부른다. 처음 우주를 달리기 시작했을 때는 가시광선이었지만 우주가 팽창하고 온도가 내려가면서 파장이 길어져 현재는 2.7K 물체가 내는 복사선과 비슷한 파장이 1.9㎜ 정도인 마이크로파가 되었기 때문에 우주배경복사를 우주마이크로파배경복사라고도 부른다. 우주마이크로파배경복사는 빅뱅이 있었다는 가장 강력한 증거이고 또한 우주 초기에 대한 여러 가지 정보를 알려주는 우주 고고학적으로 가장 귀중한 유물이다. 우주배경복사에 대한 조사를 통해 우주의 나이가 38만 년이 되었을 때 이미 우주의 물질 분포가 균일하지 않아 현재 우리가 관측하는 은하단이나 은하와 같은 구조가 나타날 씨앗을 가지고 있었다는 것을 알 수 있다.

그러나 우주가 팽창을 계속하여 온도가 더 내려가자 우주에 남아 있던 빛의 파장이 길어져 적외선이 되면서 우주는 캄캄한 암흑 우주가 되었다. 아무것도 보이지 않는 암흑 우주는 그러나 새로운 시작을 준비하고 있었다. 우주의 온도가 높은 때는 물질이 모여 별을 만들 수 없다. 중력은 아주 약한 힘이어서 높은 온도에서 큰 에너지를 가지고 빠르게 운동하는 물질을 끌어모아 별을 만들 수 없다. 그러나 온도가 내려가 원자들의 운동이 느려지자 밀도가 높은 점들을 중심으로 중력에 의해 물질이 모이기 시작했다. 중력은 약한 힘이지만 항상 인력으로만 작용하기 때문에 많은 물질이 모이면 엄청나게 큰 힘이 된다. 따라서 흩어져 있는 물질을 중력으로 끌어모으기 위해서는 온도가 낮아야 하지만 일단 물질이 어느 정도 이상 모이면 온도가 높아져도 물질이 도망갈 수 없다. 많은 물질이 모여들면서 내부의 온도가 올라가자 수소가 헬륨으로 바뀌는 핵융합반응이 일어나기 시작했다. 핵융합반응에 의해 방출된 에너지로 스스로 빛나는 천체를 우리는 별이라고 부른다. 이제 캄캄한 우주 여기저기에 별이라는 모닥불들이 나타나기 시작했다.

수소와 헬륨밖에 없었던 초기 우주에서 만들어진 1세대 별들은 수소와 헬륨으로 이루어졌다. 그러나 별 내부에서는 수소 원자핵(양성자)이 헬륨 원자핵으로, 그리고 헬륨 원자핵이 더 무거운 원자핵으로 바뀌는 핵융합반응이 일어났다. 이런 핵융합반응은 원자번호가 26번인 철의 원자핵까지 진행된다. 우주 초기에 만

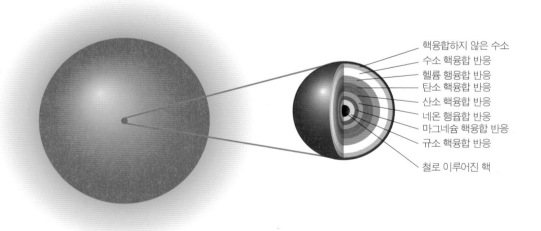

핵융합하지 않은 수소
수소 핵융합 반응
헬륨 행융합 반응
탄소 핵융합 반응
산소 핵융합 반응
네온 행융합 반응
마그네슘 핵융합 반응
규소 핵융합 반응

철로 이루어진 핵

별의 핵에서 일어나는 여러 단계의 핵융합반응을 통해 철까지의 무거운 원소들이 만들어진다.

들어진 수소와 헬륨 원자로 이루어진 별 내부에서 핵융합반응에 의해 26번 원소인 철 원자까지 만들어졌다. 우주에 여기저기 피어난 별이라는 모닥불 안에서 무거운 원소들이 요리되고 있었던 것이다. 그러나 철보다 무거운 원소는 별 내부에서 만들어질 수 없다. 핵융합에 의해 철보다 무거운 원자핵이 만들어질 때는 에너지를 방출하는 것이 아니라 에너지를 흡수하기 때문이다.

우리 태양과 비슷한 크기의 별들은 가지고 있던 수소 연료를 소비하고 나면 헬륨이 더 큰 원자핵으로 바뀌는 핵융합반응이 시작되겠지만 점점 더 무거운 원소가 만들어지는 핵융합반응이 어느 시점에 중지되고 서서히 식어가는 백색왜성으로 일생을 마무리하게 된다. 우리 태양은 약 46억 년 전에 태어났으므로 앞으로 50억 년 정도 지나면 이런 상태가 될 것이다. 태양이 백색왜성이 되기 이전에 일어날 여러 가지 사건의 와중에서 지구는 생명체가 살 수 없는 장소가 될 것이다.

그러나 태양보다 훨씬 큰 별은 그렇게 조용히 일생을 마무리하지 않는다. 이런 별들은 핵융합반응을 통해 일생 동안 방출한 에너지보다 더 많은 에너지를 방출하는 초신성 폭발로 일생을 마감하는데 초신성 폭발이 일어나면 잠시 동안 은하를 이루고 있는 수천억 개의 별들을 합한 것보다 더 밝게 빛난다.

초신성 폭발은 우주 진화 과정에서 매우 중요한 두 가지 역할을 한다. 하나는 철보다 무거운 원소들을 만들어내는 일이고, 또 하나는 별 안에서 만들어진 무거운 원소와 초신성 폭발 때 만들어진 무거운 원소들을 우주 공간으로 흩어지게 해 수소와 헬륨만으로 이루어져 단조롭던 우주를 여러 가지 무거운 원소들을 포함해 다양성이 풍부한 우주로 만드는 일이다.

이렇게 해서 우리가 알고 있는 118가지 원소들로 이루어진 우주가 되었다. 이 원소들이 우주 공간에 그대로 흩어져 있었다면 우주의 역사를 기록하고 원자의

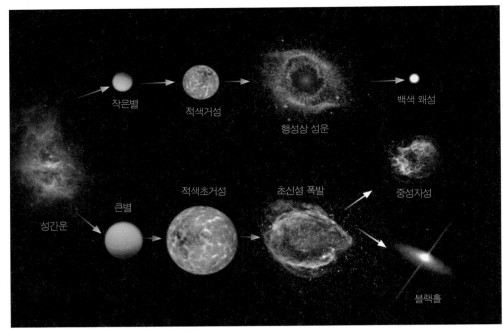

작은별 → 적색거성 → 행성상 성운 → 백색 왜성

성간운 → 큰별 → 적색초거성 → 초신성 폭발 → 중성자성 / 블랙홀

별의 일생은 별의 크기에 따라 달라진다.

구조를 밝혀낼 우리가 존재할 수 없었을 것이다.[2]

　다양한 원소들을 포함하고 있던 먼지와 기체로 이루어진 거대한 성간 구름 안에서 밀도가 높은 점을 중심으로 물질이 모여들어 태양이 만들어졌고, 그 주변에 남아 있던 물질이 모여 행성들이 되었다. 태양과 적당한 거리를 유지해 생명체가 존재하기에 적당한 조건을 가지고 있던 지구에 생명체가 나타나게 되었고, 그런 생명체의 연장선상에서 우리가 존재하게 되었다. 어떻게 해서 그런 본성을 가지게 되었는지는 알 수 없지만 궁금한 것을 참지 못하는 인류는 우주와 원소의 기원에 대한 많은 것을 밝혀냈다.

---

2) 사이먼 싱 저, 곽영직 역, 《빅뱅》, 영림카디널, 2006.

세상이 원자라는 작은 알갱이로 되어 있다는 사실을 알게 된 것은 200년 전쯤부터다. 하지만 200년 전쯤에 세상을 제대로 이해하기 시작하는 바른길로 들어선 다음에도 세상을 이루는 원자의 기원에 대해 이만큼의 이야기를 하기까지는 많은 어려움을 극복해야 했다.

이 책에서 할 이야기는 세상이 원자로 이루어져 있다는 것을 밝혀내는 과정과, 원자의 내부 구조를 밝혀내는 과정에서 과학자들이 겪었던 어려움과 놀라운 성취에 대한 이야기이다.

우주 초기에 만들어진 수소와 헬륨, 별 내부에서 합성된 철까지의 원소 그리고 초신성 폭발 때 만들어진 원소들이 태양과 행성 그리고 우리를 만들고 있다.

2. 4원소설의 종말

내가 원소나 원자라는 말을 처음 들어본 것은 고등학교 화학 시간이었다. 요즘에는 초등학생들이나 중학생들이 보는 과학책에도 원자에 대한 설명이 들어 있지만 예전에는 고등학교에서나 원자에 대해 들어볼 수 있었다. 고등학교 화학 시간에 주기율표에 들어 있는 원소의 이름과 원소기호를 외우던 생각이 난다. 나는 17번 염소까지 외웠다. 지금도 "수헬리베붕탄 질산플네나마……" 하고 그 당시 외웠던 것을 써먹을 때가 있다. 고등학교 화학 시간에 원자의 종류를 외우면서 전자들의 spd 궤도함수를 배우고, 물리 시간에 보어의 원자모형을 배웠지만 이 모든 것을 너무 당연한 것으로 받아들였다. 원자에는 그런 것들이 있고, 원자핵 주위를 도는 전자들이 그런 규칙을 가지고 있다는 것을 아무렇지도 않게 사실로 받아들였다. 나는 몇 가지 규칙을 외우는 것으로 시험을 잘 볼 수 있었고, 원자에 대해 다 알고 있다고 생각했다. 그러면서도 사람들이 이처럼 작은 원자에 대해 어떻게 이런 것까지 알아냈을까 하는 의문을 품어본 기억이 없다.

그런 것들을 배우고, 또 오래 그런 것을 가르친 다음에야 우리가 원자를 알게 된 것이 기적이었다는 생각을 하게 되었다. 가르치는 일을 마무리할 때가 다 되어서야 원자의 정체를 밝혀낸 과학자들의 놀라운 착상과 통찰력에 놀라게 된 것이다. 이제부터 그들이 원자의 정체를 밝혀낸 놀라운 과정을 따라가보자.

고대 그리스인들은 세상을 이루는 모든 물질이 물, 불, 흙, 공기의 네 가지 원소와 뜨거움, 차가움, 젖음, 마름이라는 네 가지 성질로 이루어져 있다고 생각했다. 네 가지 원소가 조금씩 다른 비율로 섞여서 만물이 만들어진다고 생각한 것이다. 이런 생각을 4원소론이라고 한다. 주기율표에 118가지 원소가 포함되어 있는 것으로 보아 우리는 원소의 종류가 최소한 118가지라는 것을

고대 그리스인들은 만물이 네 가지 원소와 네 가지 성질로 이루어졌다고 생각했다.

알고 있다. 그렇다면 4원소론과 원자론의 차이는 무엇일까? 4원소론에서는 만물을 이루는 원소의 종류가 네 가지라고 했고, 우리가 알고 있는 원자론에서는 118가지라고 하고 있으니 원소의 가짓수가 가장 큰 차이라고 생각할 수도 있다. 그러나 원소의 가짓수는 그렇게 중요한 것이 아니다.

원소론과 원자론의 가장 큰 차이는 물질을 연속적인 것으로 보느냐 아니면 불연속적인 것으로 보느냐 하는 것이다. 4원소론에서는 물질을 이루는 네 가지 원소가 연속적인 물질이라고 했다. 다시 말해 얼마든지 작은 양으로 나눌 수 있다는 것이다. 따라서 두 가지 물질을 임의의 비율로 섞어 새로운 문질을 만들 수

있을 것이라고 생각했다. 그러나 원자론에서는 물질이 더 이상 쪼개지지 않는 가장 작은 알갱이인 원자로 이루어져 있다고 설명한다. 더 이상 쪼개지지 않는 알갱이인 원자들이 결합하여 분자를 만들 때는 원자 하나와 다른 원자 하나 또는 둘이 결합해야 한다. 따라서 두 가지 원소가 임의의 비율로 결합하는 것이 가능하지 않다. 물질이 작은 알갱이로 되어 있느냐 아니면 얼마든지 작게 나눌 수 있느냐에 따라 물질 사이에 일어나는 화학반응이 크게 달라진다. 물질이 연속적이냐 불연속적이냐에 따라 물질을 주고받는 방법이 달라지기 때문이다.

우리는 물건을 사고팔 때 돈을 사용한다. 돈에는 최소 단위가 있다. 현재 우리가 사용하는 가장 작은 단위는 10원이기 때문에 모든 물건값은 10원의 배수로만 매겨야 한다. 따라서 사람 사이의 모든 거래는 10원의 배수로 이루어질 수밖에 없다. 그러나 우리가 물건을 사고팔 때 돈이 아니라 밀가루를 이용하여 거래한다면 어떻게 될까? 물건값을 훨씬 다양하게 매길 수 있을 것이고, 거래할 때마다 조금씩 다른 값을 치르게 될 것이다. 밀가루의 무게를 재거나 부피를 재서 거래한다 해도 그때마다 조금씩은 다른 양을 주고받을 것이기 때문이다. 그렇게 되면 사람들 사이의 거래 방식이 완전히 달라질 것이다. 물질이 연속적인 것이라고 생각한 원소론과 더 이상 쪼개지지 않는 알갱이로 이루어졌다는 원자론은 물질 사이의 거래로 이루어지는 화학반응이 전혀 다른 형태로 일어나도록 한다. 그것은 물질세계를 이해하는 방법을 근본적으로 바꾸어놓는 중요한 전환이었다. 그렇다면 물질이 원자라는 더 이상 쪼개지지 않는 작은 알갱이로 되어 있다는 것은 어떻게 알게 되었을까?

1700년대의 과학자들은 2000년 동안 받아들여져온 물질이 연속적인 원소로 이루어졌다는 원소론에서 벗어나 더 이상 쪼갤 수 없는 알갱이들로 이루어졌다는 원자론을 향해 첫발을 내디딘 사람들이었다. 그들은 우선 고대의 원소론이 옳지 않다는 것을 밝혀내는 일부터 시작했다. 원소론이 옳지 않다는 것은 네 가지 원소에 속해 있던 공기와 흙이 다른 성질을 가진 여러 가지 성분으로 구성되어 있다는 것을 밝혀내는 데에서부터 시작되었다. 17세기에는 이미 흙에서 다양한 물질이 분리되어 있었다. 그러나 그것은 원소론을 심하게 흔들지 못했다. 흙에서 분리해낸 다른 성분의 물질들을 원소론의 테두리 안에서 설명하려 했기 때문이다. 하지만 공기에서 여러 가지 다른 성분의 공기가 분리된 것은 원소론에 타격을 주었다.

따라서 다른 성질을 가진 여러 가지 기체들을 발견한 과학자들은 원소론에서 원자론으로의 전환을 시작한 사람들이라고 할 수 있을 것이다. 스코틀랜드의 의사였던 조지프 블랙$^{Joseph\ Black(1728\sim1799)}$도 그중 한 사람이었다. 아일랜드 출신 아버지와 스코틀랜드 출신 어머니 사이에서 태어난 블랙은 열여덟 살이었던 1746년에 글래스고 대학에 입학하여 4년을 공부했고, 에든버러 대학에서 의학박사 학위를 받았다. 블랙은 학생이었을 때 이전에 사용하던 것보다 훨씬 정밀한 저울을 발명하여 화학분석을 훨씬 정밀한 것으로 만드는 데 기여했다. 또한 그는 물질의 상태

블랙.

변화에는 잠열^{潛熱}이 필요하다는 것과 물의 잠열이 다른 물질의 잠열보다 크다는 것을 발견하여 열역학의 기초를 마련하기도 했다. 증기기관의 개선에 크게 공헌한 제임스 와트$^{James\ Watt(1736\sim1819)}$의 친구였던 블랙은 와트가 증기기관을 개발하는 데 도움을 주었고 재정적으로 후원하기도 했다.

잠열의 발견은 블랙의 가장 큰 업적일 것이다. 그러나 가장 자주 거론되는 그의 과학적 업적은 이산화탄소의 발견이다. 그는 화학반응을 통해 생성되는 여러

가지 기체의 성질을 조사하다가 그가 '고정공기'라고 이름 붙인 이산화탄소를 발견했다. 블랙은 탄산칼슘으로 이루어진 석회석을 산에 녹였을 때 발생하는 기체가 공기와 전혀 다른 성질을 가지고 있다는 것을 발견했다. 그리고 공기보다 무거운 이 기체 안에서는 불꽃이 꺼졌고, 생물이 살지 못한다는 것을 알아냈다. 또한 석회석의 수용액인 수산화칼슘에 이산화탄소를 통과시키면 석회석이 석출된다는 것을 발견했고, 이 현상을 이용해 동물의 호흡을 통해 내뱉는 공기에 이산화탄소가 포함되어 있다는 것도 알아냈다. 블랙은 자신의 연구 결과를 1756년에 〈마그네시아 알바, 생석회, 기타 알칼리 물질에 대한 실험〉이라는 논문으로 발표했다.[3]

새로운 기체의 발견은 영국의 헨리 캐번디시$^{Henry\ Cavendish(1731~1810)}$로 이어졌다. 오랜 전통을 가진 귀족 가문에서 태어난 캐번디시는 케임브리지 대학에서 공부했지만 학위를 받기 전에 그만두고 자신의 실험실에서 연구를 계속했다. 지나치게 수줍음을 타서 사교적이지 못했던 캐번디시는 자폐증을 앓고 있었던 것이 아닌가 의심받기도 하지만 그의 실험은 매우 정밀했다. 물체 사이에 작용하는 중력을 정밀하게 측정하여 중력상수를 결정하고, 이를 이용해 지구의 밀도를 알아낸 것은 캐번디시의 가장 큰 과학적 업적이라고 할 수 있다. 후에 그의 이름을 따서 케임브리지 대학에 설치된 캐번디시 연구소는 원자의 내부 구조를 밝혀내는 데 중요한 역할을 했다.

캐번디시는 아연, 주석, 철과 같은 금속을 묽은 산에 반응시켜 그가 가연성 공기라고 명명한 수소를 분리해내는 데 성공했다. 또한 서로 다른 금속과 산의 반응에서 발생하는 가연성 공기가 모두 동일하다는 것과, 이 기체의 밀도가 공기의 밀도보다 매우 작다는 것을 알아냈다. 1766년 이 연구 결과를 〈인공의 공기들〉이라

---

3) S. F. 메이슨 저, 박성래 역,《과학의 역사 1, 2》, 까치, 1987.

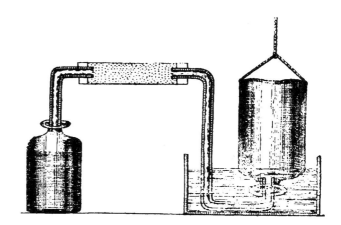

캐번디시가 수소를 만들어
저장하던 장치.

는 논문으로 왕립학회에서 발표한 후에도 캐번디시는 수소에 대한 연구를 계속
하여 가연성 공기(수소)를 탈플로지스톤 공기(산소) 안에서 연소시키면 물이 만들
어진다는 것을 밝혀내기도 했다. 당시의 화학자들은 물질이 연소하는 것은 물질
안에 잡혀 있던 플로지스톤이 달아나는 것이라는 잘못된 플로지스톤설을 받아들
이고 있었다. 따라서 캐번디시를 비롯한 18세기의 화학자들은 그들이 발견한 기체
와 그런 기체를 발생시킨 반응을 플로지스톤설로 설명하려고 시도했다.

캐번디시는 보통의 공기 안에 탈플로지스톤 기체(산소)와 플로지스톤화된 기
체(질소)가 1:4의 비율로 들어 있다는 것을 알아냈다. 공기 중에서 산소와 질소
를 제거해도 원래 부피의 120분의 1 정도 되는 기체가 남는다는 것을 발견했지
만 그것이 무엇인지는 밝혀내지 못했다. 이 기체가 불활성기체인 네온이라는 것
은 100년이 지난 후에야 밝혀졌다.

1770년대에 산소를 발견한 사람은 영국의 조지프 프리스틀리Joseph Priestley
(1733~1804)였다. 신학자이면서 정치적으로도 활발한 활동을 했던 프리스틀리는
1767년에 맥주 통에서 나오는 기체를 분석하여 고정공기(이산화탄소)를 발견하
고 이를 왕립학회에 보고했다. 이로 인해 바람의 물이라고 불린 탄산수를 마시

프리스틀리.

는 사람들이 늘어났다. 프리스틀리는 탄산수를 발명한 공로로 1772년에 왕립학회가 주는 코플리 메달을 받기도 했다. 탄산수는 괴혈병 치료제로 잘못 알려져 한때 영국 해군에서 널리 사용하기도 했다.

프리스틀리는 1773년 8월에 커다란 렌즈를 이용하여 산화수은을 높은 온도로 가열시켰을 때 발생된 기체를 모아 여러 가지 실험을 했다. 이 기체 안에서는 촛불이 격렬하게 연소되었고, 쥐가 활발하게 운동했으며, 사람도 기분이 좋아졌다. 그는 이 기체를 플로지스톤이 포함되지 않은 순수한 공기로 다른 물체로부터 플로지스톤을 결렬하게 흡수하는 기체라는 의미로 탈플로지스톤 기체라고 불렀다. 프리스틀리는 산소 외에도 여러 가지 기체들을 분리해 저장했는데, 그중에는 암모니아, 염산, 산화질소, 산소, 질소, 이산화탄소가 포함되어 있었다. 그러나 프리스틀리는 자신이 발견한 기체들을 플로지스톤과 연관시켜 설명했기 때문에 산화와 연소를 제대로 이해하지는 못했다.

독일 태생으로 스웨덴의 약사였던 칼 빌헬름 셸레 $^{Carl\ Wilhelm\ Scheele(1742\sim1786)}$ 역시 독자적인 실험을 통해 여러 가지 기체를 분리해냈다. 그는 또한 아질산, 플루오르화수소, 염소, 요산, 젖산, 시안화수소산, 글리세롤을 비롯한 많은 기체와 물질을 발견했다. 뿐만 아니라 산화수은, 탄산은, 질산마그네슘, 질산칼륨 등을 가열하거나 이산화망간을 비산 또는 황산과 함께 가열하여 얻은 기체가 연소를 유지하고 동물의 호흡을 돕는다는 사실을 발견하고 불의 공기라고 불렀다. 이 외에도 그는 공기가 하나의 물질이 아니라 불의 공기인 산소와 불쾌한 공기 질소로 되어 있고, 두 기체의 비율은 1：3이라고 주장하기도 했다.

캐번디시, 프리스틀리, 셸레는 공기 중에서 여러 가지 기체를 분리해내 4원소설을 무력화시키고 화학을 한 단계 발전시키는 큰 공헌을 했지만 그들은 자신들이 발견한 기체를 플로지스톤설로 설명하려고 했다. 따라서 물질이 원자라는 알갱이로 이루어졌다는 것을 밝혀내 근대 화학으로 한 발 더 다가가기 위해서는 플로지스톤설을 부정하고 산화와 연소를 제대로 설명하는 일이 필요했다. 그 일을 한 사람은 프랑스의 라부아지에였다.

라부아지에의 화학 혁신

근대 화학의 아버지라고도 불리는 앙투안 로랑 라부아지에Antoine Laurent Lavoisier (1743~1794)는 파리에서 변호사의 아들로 태어나 부유한 환경에서 별 어려움 없이 자랐다. 그는 마자랭 대학에 진학하여 법률학을 전공했지만 어학, 철학, 수학, 과학 등의 과목에도 흥미를 가지고 있었다. 1766년에는 커다란 도시를 밝히는 조명 장치에 대한 논문으로 과학아카데미로부터 금메달을 받았는데 이는 그가 광학 분야에도 관심이 있었다는 것

고전주의 화가 다비드가 그린 라부아지에 부부의 초상화.

을 보여준다. 초기에는 오로라, 천둥 번개 현상, 석고의 성분 등에도 관심을 가지고 공부했다. 그는 1768년 물의 시료를 분석한 논문을 과학아카데미에 제출하고 후보 화학자로 아카데미 회원이 되었다.

스물두 살이던 1766년 할머니가 남긴 유산을 물려받아 부자가 된 라부아지에는 이 유산을 바탕으로 1768년부터 세금 징수업체를 운영하기 시작했다. 당시의 세금 징수업체는 요즘의 주식회사 같은 형태의 사기업으로 회사의 주주들이 돈을 모아 정부에 세금을 선납한 후 시민들에게 세금을 거둬 주주들에게 원금과 수익금을 분배했다. 선납금보다 많이 거둔 세금이 주주들의 수입이 되었다. 주주들은 대개 부자나 귀족들이었으므로 결과적으로 부자나 귀족들은 세금을 전혀 내지 않아도 되었고 오히려 세금에서 이익을 남길 수 있었다. 라부아지에는 이와 같은 사업을 통해 번 돈을 화학 연구에 필요한 비용 충당에 사용했다.

라부아지에가 화학자로 이름을 얻게 된 것은 물의 증류 실험을 통해서였다. 4원소설을 받아들이고 있던 당시에는 물을 질그릇에 넣고 발생하는 수증기를 냉각시키면서 계속 끓일 때 그릇 바닥에 흙과 같은 부스러기가 생기는 것을 보고 물 원소가 흙으로 변한 것이라고 믿었다. 1770년에 이 실험을 행한 라부아지에는 물을 끓이기 전의 물과 질그릇의 무게를 달고 증류한 후의 물과 그릇 그리고 부스러기의 무게를 측정하여 이 부스러기가 물이 변한 것이 아니라 물을 끓이는 동안 물을 담았던 질그릇에서 떨어져 나온 것이라는 것을 밝혀냈다.

더 이상 4원소론을 받아들일 수 없게 된 라부아지에는 연소 과정에서의 공기의 역할에 대해 조사하기 시작했다. 1772년 11월 1일, 라부아지에는 황이나 인은 연소하면 무게가 증가하는데 이는 연소 과정에서 공기를 흡수하기 때문이며, 반대로 이산화납을 가열하면 무게가 감소하는 것은 이산화납이 공기를 잃기 때문이라고 주장하는 논문 초안을 과학아카데미에 제출했다. 1774년에는 첫 번째 책인 《물리와 화학의 에세이》를 출판했는데 이 책에는 그가 실험을 통해 알게 된 내용이 정리되어 있었다.

이 해는 영국의 프리스틀리가 탈플로지스톤 기체라고 부른 산소를 발견한 해였다. 프리스틀리는 10월에 프랑스를 여행하는 도중 라부아지에를 방문하여 자신이 발견한 것에 대한 이야기를 들려주었다. 프리스틀리의 연구를 알게 된 라부아지에는 연소의 문제를 해결하기 위해 체계적인 실험을 해야 할 필요성을 느꼈다. 그는 플라스크에 금속을 넣고 밀폐한 후 가열했더니 가열이 끝난 후에도 플라스크와 금속을 합한 무게가 증가하지 않지만, 가열이 끝난 후 플라스크를 개봉하면 공기가 들어가 무게가 증가한다는 것을 알아냈다. 이때 증가한 무게는 가열하는 동안 증가한 금속의 무게와 같았다. 이를 통해 그는 가열하는 동안 공기가 금속에 흡수된다는 것을 확인할 수 있었다. 또한 연소하는 동안 공기의 일부만 흡수되고 가열을 계속해도 더 이상 흡수되지 않는다는 것을 발견하고 공기는 금속에 흡수되지 않는 기체와 흡수되는 기체로 구성되어 있다고 생각하게 되었다.

라부아지에는 연소될 때 물질에 흡수되는 공기가 프리스틀리가 발견한 탈플로지스톤 기체라는 것을 알게 되었다. 1754년에는 이 기체가 탄소와 결합하여 블랙이 발견한 고정공기를 합성한다는 것을 발견하기도 했다. 1777년에 과학아카데미에 제출되었으나 1781년에야 출판된 보고서에서 라부아지에는 탈플로지스톤 기체를 산소라고 불렀다. 그는 이 보고서에서 연소는 플로지스톤이 분리되는 현상이 아니라 물질이 산소와 결합하는 현상이라고 설명했다. 1780년에는 공기가 25%의 산소와 75%의 질소로 이루어졌다고 발표했고, 1783년 6월 25일에는 과학아카데미에 물은 산소와 수소가 결합하여 만들어진 화합물이라고 보고했다. 또한 라부아지에는 물을 분해하여 수소를 얻어내는 데도 성공했다. 물질의 분해가 가능해짐으로써 물질의 조성을 정량적으로 조사할 수 있게 되었다. 라부아지에는 알코올과 다른 유기물을 산소 중에서 연소시키고, 이때 나오는 물의 양과 이산화탄소의 양을 조사하여 이들의 구성 성분을 결정하기도 했다. 이런 일련의 발견과 활동 덕분에 플로지스톤설을 지지하던 사람들의 수가 점차 줄어들고 라부아지에의 견해를 받아들이는 사람들이 늘어났다.

라부아지에의 연소 이론은 1789년에 출판된《화학 원론》으로 인해 더욱더 널리 받아들여지게 되었다.《화학 원론》의 원제목은 'Traité élémentaire de chimie', 영어로는 'Elementary treaties on chemistry'로 세 부분으로 나누어져 있다. 제1부는 원소로 이루어진 기체의 형성과 분해 및 산의 형성에 대한 내용을 담고 있고, 제2부는 산과 염기의 결합 및 중성염의 생성에 대해 다루고 있으며, 제3부는 화학 연구에 사용되는 실험 기구와 이들의 작동 방법에 대한 설명이 들어 있다.《화학 원론》서문에서 라부아지에는 화학에 대한 새로운 접근 방법과 과학교육의 방법을 설명하고 화합물에 대한 새로운 명명법 사용을 주장했으며, 실험적 증거의 중요성을 강조하고 그런 증거들에 의해 지지될 수 없는 결론은 화학에서 제거해야 한다고 주장했다.

《화학 원론》서문에서 라부아지에는 더 이상 분해되지 않는 것으로 다른 물질의 구성 요소가 되는 것을 원소라고 정의했다. 그리고는 이 정의에 의해 33개의 원소가 들어 있는 원소표를 실었다. 여기에는 석회석과 마그네시아 같은 광물도 포함되어 있는데 라부아지에는 그것들이 실험에 의해 원소가 아니라 화합물이라는 것이 밝혀질지도 모른다고 기록해놓기도 했다.《화학 원론》에는 화학반응에서의 질량 보존의 법칙이 명확하게 기술되어 있다. 라부아지에

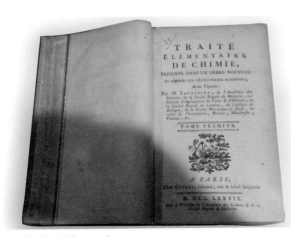

《화학 원론》속표지.

는 발효를 다룬 장에서 질량 보존의 법칙에 대해 다음과 같이 설명해놓았다.

> 우리는 기술과 자연의 모든 작동에서 아무것도 창조되거나 파괴할 수 없다는
> 것을 명백한 원칙으로 세워야 한다. 실험의 앞과 뒤에는 똑같은 양의 물질이
> 존재한다. 원소의 질과 양은 정확하게 똑같이 유지된다. 이런 원소들의 조합에
> 서 변화와 변형 이외의 아무것도 일어나지 않는다.

라부아지에는 무게를 측정한 설탕, 물 그리고 효모를 가지고 발효 실험을 시작했다. 그는 발효가 끝난 뒤 남아 있는 설탕과 효모 그리고 생성된 이산화탄소, 알코올 및 아세트산의 질량을 측정했다. 그 결과 발효라는 복잡한 화학반응이 일어나는 동안에 전체 질량이 조금도 변화되지 않았다는 것을 확인할 수 있었다. 이것은 화학반응 전후의 질량은 항상 같아야 한다는 질량 보존의 법칙이 성립한다는 것을 증명하는 것이었다. 질량 보존의 법칙은 현대 화학에서도 그대로 받아들여지는 법칙으로, 라부아지에의 뛰어난 분석 능력을 단적으로 보여주는 법칙이다.

그러나 라부아지에의 이런 연구들은 1789년에 일어난 프랑스 대혁명의 소용돌이 속에서 갑자기 중단되었다. 세금 징수업체를 운영했던 것이 문제가 되어 라부아지에가 1794년 5월 8일 단두대에서 처형되었기 때문이다. 그의 처형을 애석해한 많은 사람들이 구명을 위해 노력했지만 그는 사형선고를 받은 날 오후에 처형되고 말았다.

그가 닦아놓은 근대 화학은 물질을 이루는 원자의 존재를 밝혀내는 방향으로의 전진을 중단하지 않았다. 물질이 작은 알갱이인 원자로 이루어졌다는 것을 알아내는 데는 실험을 통해 알아낸 몇 가지 경험 법칙들이 중요한 역할을 했다.

원자론을 이끌어낸 경험 법칙들

물질이 원자라는 더 이상 쪼갤 수 없는 알갱이로 구성되어 있다는 생각은 고대 그리스에도 있었다. 고대 그리스 시대에 에게 해 북부에 있는 압데라에서 활동했던 레우키포스$^{Leukippos(BC 470년경 활동)}$와 데모크리토스$^{Democritos(BC 460?~370?)}$는 세상이 원자와 진공으로 이루어져 있으며, 원자는 만물을 이루는 알갱이로 창조나 파괴도 할 수 없고 더 이상 쪼갤 수 없으며 그 수와 형태는 무한하다고 주장했다. 그들은 또한 원자는 종류에 따라 크기, 모양, 무게가 다르며, 허공 속의 운동에 의해 소용돌이치고 있어서 큰 원자는 중심으로 밀어넣어져 지구를 형성하고 물, 공기, 불과 같은 훨씬 작은 원소는 바깥쪽으로 밀려나 지구 주변에 소용돌이를 만든다고 설명했다.

원자론자들은 맛을 보고, 냄새를 맡고, 소리를 듣는 것과 같은 자연현상을 모두 원자론을 이용하여 설명하려고 했다. 맛을 느끼는 것은 물질의 원자들과 입의 원자들의 접촉에 의한 것이며, 소리는 원자의 운동이 공기를 자극하고 이 공기의 자극이 귀에 전달되어 나타나는 현상이라고 설명했다. 그들은 자극성 있는 음식은 뾰족하고 울퉁불퉁한 원자들로 구성되어 있고, 단맛을 가진 음식은 부드럽고 매끈한 원자로 이루어졌다고 설명하기도 했다. 심지어 인간의 영혼도 원자로 이루어져 있으며 영혼은 서로 결합하기 힘든 빠르게 움직이는 구형의 원자로 이루어져 있다고 주장했다. 또 영혼을 구성하는 원자들은 신체에 온기를 유지하고, 온기가 온몸을 순환하도록 한다고 했다.

원자론자들의 우주관은 기계론적 우주관이었다. 원자론자들은 운동은 원자의 고유한 성질의 하나이며, 모든 변화도 원자의 본성에 의해 일어나며 외적인 작용은 필요 없다고 했다. 그들은 원자의 형태, 위치, 질서와 운동, 결합, 분리를 모든 물질적 현상의 근원으로 생각하고 자연을 탐구하는 것은 이런 근원에 대한 탐구라고 했다. 원자론자들은 신을 자연에서 배제하려 했을 뿐 아니라 신의 존재까지도 의심하고 물질의 존재와 변화에 신의 의도에 의한 목적이 내재되어 있을 수 없다고 주장했다. 그들의 이런 무신론적 생각은 아리스토텔레스를 비롯한 아테네 철학자들에 의해 원자론이 배척받는 이유가 되었다.

이들의 원자론이 오늘날의 원자론과는 근본적으로 다른 면이 많지만 고대 자연철학 중에서 현대 과학과 가장 비슷한 내용을 담고 있으면서도 더 이상 발전할 수 없었던 것은 그들의 원자론이 실험과 자연 관찰에 기초하지 않고 형이상학적 추론에 지나지 않은 데 가장 큰 이유가 있겠지만 그들의 극단적인 무신론적 태도 때문이기도 했다. 아리스토텔레스와 그의 추종자들의 비판에 의해 자취를 감추었던 원자론은 알렉산드리아 시대의 에피쿠로스$^{Epicuros(BC\ 341\sim270)}$와 《자연의 본질에 관하여》를 저술한 로마의 시인 티투스 루크레티우스 카루스$^{Titus\ Lucretius\ Carus(BC\ 99\sim55)}$에 의해 명맥이 이어졌지만 사람들의 관심에서는 멀어져 있었다.

화학의 아버지라고 불리기도 하는 영국의 로버트 보일$^{Robert\ Boyle(1627\sim1691)}$은 1661년에 출판한 《회의적인 과학자》에서 물질이 셀 수 없을 정도로 많은 입자들로 이루어졌다고 주장했다. 고대 그리스의 원자론자들과 달리 보일은 이런 입자를 이용하여 원소와 화합물 그리고 화학반응을 체계적으로 설명하려고 했다. 그는 원소를 기본적인 물질이며 단순하고 전혀 다른 것과 섞이지 않은 화합물의 구성 성분이라고 정의했다. 또한 과학자들에게 널리 받아들여지는 연금술의 설명에 의문을 가지고 세상이 무엇으로 이루어졌는지 알아내기 위해 엄격한 과학적 방법을 사용하여 접근할 것을 권고하고 혼합물이나 화합물 안에 포함되어 있는 구성 물질을 결정하는 화학분석 방법을 발전시켰다. 그는 체계적인 실험을 통해 기체의 부피와 압력이 서로 반비례한다는 보일의 법칙을 발견하기도 했다.

보일의 이런 노력은 원자론으로 다가가는 중요한 계기가 되었지만 아직 원자론이 등장하기 위해서는 몇 가지 중요한 단계가 더 남아 있었다. 1799년에 프랑

30g NO

N : O = 7 : 8

14 g N + N 16 g O

90g NO

N : O = 7 : 8

42 g N + N 48 g O

일산화질소 안에 포함된 질소와 산소의 질량비는 항상 7 : 8이다.

스의 조제프 루이 프루스트 Joseph Louis Proust(1754~1826)가 발견한 일정 성분비의 법칙은 원자론으로 다가가는 중요한 단계 중 하나였다. 프루스트는 자연에 존재하는 탄산구리(공작석)와 실험실에서 만든 탄산구리의 성분을 조사하여 두 가지 탄산구리 안에 존재하는 성분 원소의 비가 정확하게 같다는 것을 알아냈다. 탄산구리의 성분이 모두 같다는 것은 어찌 보면 너무나 당연한 이야기처럼 들린다. 그러나 이것은 물질을 이루는 기본 단위가 연속적인 물질이라는 생각에 의문을 가지게 하는 것이었다. 만약 물질이 얼마든지 작게 나누어지는 연속적인 것이라면 구리와 탄소 그리고 산소를 섞어 탄산구리를 만들 때 구리와 탄소, 산소를 정확히 같은 비율로 섞는 것은 쉬운 일이 아니다. 요즘처럼 정밀한 저울을 가지고도 항상 정확히 같은 비율로 섞어 화합물을 만들 수는 없을 것이다. 그러나 물질이 작은 알갱이들로 이루어졌다면 문제는 달라진다. 구리와 탄소, 산소 원자들을 몇 개씩 결합하여 탄산구리를 만든다면 누가 만들어도, 그리고 어떤 반응을 통해 만들어도 화합물에 포함된 성분의 비가 같을 것이기 때문이다.

독일의 화학자였던 예레미아스 베냐민 리히터 Jeremias Benjamin Richter(1762~1807)가 1792년에 발견한 당량이라는 개념 역시 원자론으로 다가가는 데 중요한 단계가 되었다. 당량은 어떤 원소의 일정량과 반응하는 다른 원소의 양들을 말한다. 다시 말해 기준이 되는 A원소의 일정한 양과 남거나 모자라지 않고 정확하게 반응하는 B, C, D 물질의 양이 당량이다. B, C, D의 물질이 화학반응을 할 때는 당량대 당량으로 한다. 리히터의 연구는 1802년에 에른스트 고트프리트 피셔^{Ernst Gottfried Fischer(1754~1831)}가 황산 1000과 반응하는 여러 가지 염기의 양을 정리한 당량표를 발표한 후 사람들의 주목을 받게 되었다. 이 표에 의하면 황산 1000이나 질산 1405를 완전히 중화시키는 데 필요한 수산화나트륨과 수산화칼륨의 양은 각각 859와 1605다. 화학반응을 할 때 모자라지도 않고 남지도 않게

TABLEAU DES ÉQUIVALENTS DES CORPS SIMPLES.			
Aluminium	12,7	Molybdène	48
Antimoine	122	Nickel	29,5
Argent	108	Niobium	48,8
Arsenic	75	Or	197
Azote	14	Osmium	99,6
Barium	68,5	Oxygène	8
Bismuth	210	Palladium	53,3
Bore	10,9	Phosphore	31
Brome	80	Platine	98,7
Cadmium	56	Plomb	103,5
Calcium	20	Potassium	39,1
Carbone	6	Rhodium	52,2
Cérium	46	Rubidium	85,4
Césium	130	Ruthénium	52,2
Chlore	35,5	Sélénium	39,7
Chrome	26,7	Silicium	14
Cobalt	29,5	Sodium	23
Cuivre	31,7	Soufre	16
Didymium	48	Strontium	43,8
Etain	59	Tantale	68,8
Fer	28	Tellure	64
Fluor	19	Thallium	204
Glucinium	4,7	Thorium	59,6
Hydrogène	1	Titane	25
Iode	127	Tungstène	92
Iridium	99	Uranium	60
Lanthane	46,4	Vanadium	68,6
Lithium	7	Yttrium	?
Magnésium	12	Zinc	32,6
Manganèse	27,5	Zirconium	44,8
Mercure	100		

1866년에 출판한 여러 가지 원소의 당량표.

반응하는 양인 당량을 정하는 것은 1800년대 화학의 중요한 연구 과제 중 하나였다.

여러 가지 물질이 일정한 비율로만 화학반응을 한다는 당량의 개념도 일정 성분비의 법칙과 마찬가지로 물질이 얼마든지 작은 양으로 분리할 수 있다면 설명하기 어렵다. 연속적인 물질을 일정한 비율로만 섞는 것은 쉬운 일이 아니다. 그러나 물질이 아주 작은 알갱이들로 이루어졌다면 당량의 법칙도 쉽게 설명할 수 있다. 물질을 이루는 작은 알갱이들이 항상 일정한 비율로 반응한다고 설명하면 되기 때문이다.

이제 원자론이 등장하기까지에는 한 단계가 더 남아 있다. 그것은 원자론을

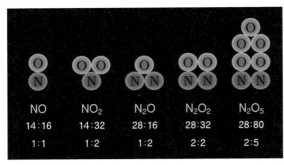

NO NO₂ N₂O N₂O₂ N₂O₅

질소와 산소가 반응하여 여러 가지 화합물을 만들 때 질소 일정량과 반응하는 산소의 양은 정수비를 이룬다.

제시한 돌턴 자신이 발견한 배수 비례의 법칙이었다. 1803년 돌턴이 제안한 배수 비례의 법칙은 두 종류의 원소가 결합하여 여러 종류의 화합물을 만들 때, 한 원소의 일정한 양과 결합하는 다른 원소의 양은 정수비를 이룬다는 것이다. 질소와 산소가 결합하며 만들어지는 질소의 산화물들이 좋은 예다. 질소와 산소가 결합하면 일산화이질소(아산화질소, N_2O), 일산화질소(NO), 삼산화이질소(아질산무수물, N_2O_3), 이산화질소(과산화질소, NO_2), 오산화이질소(질산무수물, N_2O_5)와 같은 여러 가지 질소산화물을 만든다. 이때 일정량의 질소와 결합하는 산소의 양은 1:2 또는 1:2:5의 정수비를 이룬다. 탄소와 산소가 결합하여 만들어지는 일산화탄소(CO), 이산화탄소(CO_2)의 경우에도 일정한 양의 탄소와 결합하는 산소의 양은 정확하게 1:2다. 이와 같은 배수 비례의 법칙은 물질이 더 이상 쪼갤 수 없는 알갱이들로 이루어졌다고 하면 쉽게 설명할 수 있다. 물질이 알갱이들로 이루어졌다면 특정한 원소의 원자 하나와 결합하는 다른 원소의 원자 수는 하나, 둘, 셋과 같이 정수여야 하기 때문이다.

라부아지에의 화학 혁신 그리고 이후 발견된 경험 법칙은 모두 물질이 아주 작은 알갱이로 이루어졌음을 나타내는 것이었다. 이로써 모든 준비는 끝났다. 이제는 이 법칙들에 포함되어 있는 내용을 정확히 파악하여 물질이 원자로 이루어졌다는 것을 밝혀내 2000년 동안 받아들여졌던 4원소론에 종말을 고하고 원자의 존재를 세상에 선포하는 일만 남게 되었다.

3. 돌턴의 원자론

세상의 모든 물질이 더 이상 쪼갤 수 없는 알갱이인 원자로 이루어졌다는 원자론을 제안한 사람은 영국의 존 돌턴[John Dalton(1766~1844)]이었다. 화학자이며 기상학자 겸 물리학자였던 돌턴은 영국 컴벌랜드의 퀘이커 교도의 집안에서 태어나 퀘이커 교도들이 다니는 학교를 다닌 후 열두 살에 같은 학교에서 수학과 과학을 가르치는 선생님이 되었다. 후에는 켄들에 있는 퀘이커 교도들이 다니는 학교로 옮

돌턴.

겨 교장으로 학교를 운영하기도 했지만 학교 재정 사정이 악화되자 맨체스터로 이주해 뉴칼리지에서 수학과 자연과학을 가르치는 개인 교습을 했다. 맨체스터로 이주한 직후인 1794년에 돌턴은 맨체스터 문학 및 철학 협회 회원이 되었으

며 회원으로 가입한 지 몇 주 후 색맹을 다룬 〈시각에 관련된 비정상적인 사실〉이라는 제목의 연구 논문을 협회에 제출했다. 색맹의 원인에 대한 돌턴의 설명은 옳은 것이 아니었지만 그의 연구는 많은 사람들이 색맹에 관심을 가지는 계기가 되어 지금도 색맹을 돌터니즘이라고 부르기도 한다.

1800년에 맨체스터 문학 및 철학 협회의 서기가 된 돌턴은 혼합기체에 대한 실험 결과를 다룬 네 편의 '실험적인 에세이'를 발표했다. 돌턴은 자신이 발견한 배수 비례의 법칙을 설명하기 위해 원자에 대해 생각하기 시작했다. 그리고 물질이 더 이상 쪼갤 수 없는 알갱이인 원자로 이루어졌다는 생각이 담긴 최초의 논문을 1803년 10월 21일, 협회에서 낭독했으며, 1805년에 출판된 논문에도 그 내용을 포함시켰다. 돌턴은 자신이 생각한 원자론을 토머스 톰슨^{Thomas} Thomson(1773~1852)과 교류했고, 톰슨은 돌턴의 허락을 받고 원자론에 대한 내용을 1807년에 발간된 그의 저서 《화학의 체계^{System of Chemistry}》 3판에 포함시켰다. 돌턴은 1808년에 발간된 《화학의 새로운 체계^{New System of Chemical Philosophy}》 제1부 첫 부분에 원자론에 대한 더 자세한 내용을 실었다. 이 때문에 많은 사람들이 《화학의 새로운 체계》가 발간된 1808년을 돌턴이 원자론을 처음 제안한 해로 보고 있다. 돌턴이 제안한 원자론의 주요 내용은 다음과 같다.[4]

1. 원소는 원자라는 작은 입자로 구성되어 있다.
2. 같은 종류의 원자는 크기, 질량, 성질이 동일하다.
3. 원자는 창조하거나 파괴할 수 없으며 쪼갤 수 없다.
4. 원자들은 다른 원자들과 정수배로 결합하여 화합물을 만든다.
5. 화학변화에서는 원자들이 결합, 또는 분리되거나 새롭게 배열된다.

---

4) 김영식, 《과학사 개론》, 다산출판사, 1987

《화학의 새로운 체계》에서 돌턴은 모든 물질을 이루는 가장 작은 입자를 가리키는 원자라는 말을 처음으로 사용했다. 원자라는 뜻의 영어 단어 atom은 쪼개진다는 뜻의 그리스어 tomos에 부정을 의미하는 접두어 a-를 붙여 만든 단어로, 쪼개지지 않는 알갱이라는 의미를 가진 단어다. 돌턴이 제안한 원자론은 이보다 앞서 발견된 경험 법칙들을 성공적으로 설명할 수 있었다. 《화학의 새로운 체계》 첫 페이지에는 20가지 원소와 이 원소들로 이루어진 화합물 17개가 포함된 표가 실려 있다. 이 표에는 원소들이 기호로 표시되어 있고, 이 기호들을 이용하여 화합물의 조성을 나타냈다. 그러나 이 표에 실려 있는 화합물의 조성은 오늘날 우리가 알고 있는 것들과는 다르다. 그것은 돌턴이 화합물의 조성을 결정하는 데 어려움을 겪었다는 것을 나타낸다. 한 원소와 다른 원소가 결합하는 양은 이미 알려져 있었지만 원자 하나의 질량을 알 수 없었으므로 결합에 참여하는 원자의 개수는 알 수 없었던 것이다. 돌턴은 원자 하나의 질량과 화합물 안에 포함된 원자의 개수를 알아내기 위해 단순성의 원리를 적용했다.

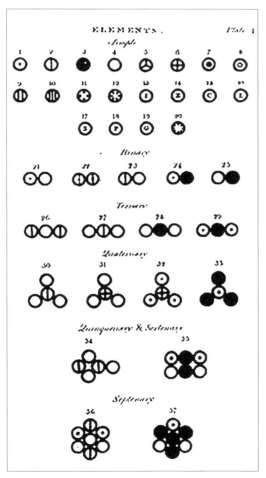

돌턴의 원소표.

두 원소가 한 가지 화합물을 만든다면 그 화합물은 두 원소의 원자 하나씩을 포함하고 있고, 두 원소가 두 번째 화합물을 만든다면 그것은 한 원소의 원자 하나에 다른 원소의 원자 두 개가 결합하여 만들어진 것이며, 세 번째 화합물이 존재한다면 첫 번째 원소의 원자 두 개에 두 번째 원소의 원자 하나가 결합한 것이라고 가정했다. 기호를 이용해 이것을 나타내면 A원소와 B원소가 결합하여 화합물을 만들 때 화합물이 한 가지만 존재한다면 그 화합물의 조성은 AB이고, 두 번째 화합물의 조성은 AB_2이며, 세 번째 화합물은 A_2B라는 것이다.

돌턴은 이러한 가정을 바탕으로 수소와 산소가 결합하여 만들어진 물의 화학식은 HO이고, 탄소와 산소가 결합하여 만들어진 화합물은 일산화탄소(CO)와 이산화탄소(CO_2)이며, 질소와 산소가 결합하여 만들어진 화합물은 일산화질소(NO)와 이산화질소(NO_2)라고 했다. 돌턴의 이런 가정은 간단한 몇 가지 화합물의 조성을 올바로 예측할 수 있도록 했지만 복잡한 화합물의 조성을 밝혀낼 수 없었으며, 그런 가정 자체의 정당성도 입증할 수 없었다. 따라서 원자론은 화학자들 사이에서 널리 받아들여지지 않았다.

원자의 개수를 세다

원자는 너무 작아 눈으로 볼 수 없다. 따라서 어떤 분자 안에 몇 개의 원자가 들어 있는지 알아내는 것과, 원자 하나의 질량을 알아내는 것은 쉬운 일이 아니다. 때문에 물질이 더 이상 쪼개지지 않는 알갱이인 원자로 이루어졌다는 원자론은 아직 개념적인 수준에 그칠 뿐 완성된 이론이라고 할 수 없었다. 원자론을 완성하여 물질의 조성을 밝히는 이론으로 거듭나게 하기 위해서는 누군가가 화학반응에 참가하는 원자의 수를 셀 수 있는 방법을 찾아내야 했다.

화학반응에 참가하는 원자의 개수를 정하는 방법은 의외로 빨리 제시되었다.

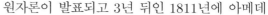

원자론이 발표되고 3년 뒤인 1811년에 아메데오 아보가드로$^{Amedeo\ Avogadro(1776~1856)}$가 제안한 가설이 그것이었다. 아보가드로의 가설은 이보다 앞서 있었던 조제프 루이 게이뤼삭$^{Joseph\ Louis\ Gay-Lussac(1778~1850)}$의 발견을 기초로 하고 있다.

게이뤼삭은 두 종류의 기체가 화합하는 경우 두 기체의 중량비뿐만 아니라 부피도 간단한 정수비를 이룬다는 것을 발견했다. 그는 수소와 산소가 결합하여 물을 만들 경우 반응

아보가드로.

하는 수소와 산소의 부피의 비가 2:1인 것을 알아낸 뒤 다른 기체의 반응도 조사하여 1809년에 서로 완전하게 반응하는 기체의 부피비는 간단한 정수비가 된다고 발표했다.

게이뤼삭의 이러한 발견을 기초로 아보가드로는 서로 크기가 다른 원자라도 같은 온도, 같은 압력, 같은 부피에는 같은 수가 들어 있을 것이라는 가설을 발표했다. 아보가드로의 가설을 받아들이면 화학반응에 참여하는 기체의 부피 비가 바로 원자 개수의 비이므로 어떤 원자들이 어떤 비율로 결합하는지 알 수 있어 분자의 화학식을 결정할 수 있다. 다시 말해 화학반응하는 원자들의 정확한 개수는 모르더라도 원자 수의 비는 알 수 있다. 실제로 분자의 화학식을 결정하는 데는 원자 수의 비를 아는 것으로 충분하다. 그러나 아보가드로의 가설은 널리 받아들여지지 않았다.

고등학교 때 아보가드로의 가설을 처음 들었던 나 역시 납득이 가지 않았다. 같은 부피 안에 크기가 작은 원자나 크기가 큰 원자, 심지어는 여러 개의 원자로 이루어진 분자도 같은 수가 들어 있다는 것을 쉽게 납득할 수 없었던 것은 나뿐

만이 아니었을 것이다. 아보가드로의 가설이 잘 이해되지는 않았지만 아보가드로의 가설을 응용하는 화학 문제는 잘 풀었다. 어떤 이론을 이해하는 것과, 그 이론을 이용하여 문제를 푸는 것은 다른 일이기 때문에 그것이 가능했을 것이다.

후에 물리학을 공부하면서 아보가드로의 법칙은 너무 당연한 법칙이라는 것을 알게 되었다. 아보가드로의 법칙을 잘 이해하지 못했던 것은 기체의 부피에 대한 오해 때문이었다. 기체의 부피는 기체 분자들이 차지하고 있는 부피가 아니라 기체 분자가 운동하고 있는 공간의 부피다. 실제로 기체 분자가 차지하고 있는 부피는 전체 부피에 비해 아주 작으므로 기체를 이루는 원자나 분자의 크기는 그다지 문제 되지 않는다. 온도가 같다는 것은 원자나 분자의 크기에 관계없이 한 알갱이가 가지고 있는 에너지가 같다는 뜻이다. 따라서 알갱이 하나가 벽에 부딪혔을 때 벽에 가하는 힘은 같다. 한 번 부딪혔을 때는 큰 입자가 가하는 힘이 크지만 작은 입자는 더 자주 부딪히므로 평균적으로 벽에 가하는 힘은 같다. 그리고 압력이 같다는 것은 벽에 부딪히는 알갱이의 수가 같다는 뜻이다. 따라서 같은 온도, 같은 압력에서는 같은 부피 안에 입자의 크기에 관계없이 같은 수의 알갱이가 들어 있어야 한다. 대학에 다니면서 이런 사실을 알게 되었을 때 나는 오래된 체증이 내려가듯 시원해지는 것을 느꼈다. 그러나 19세기 초의 화학자들은 아직 우리가 알고 있는 이런 사실을 모르고 있었기 때문에 아보가드로의 가설을 선뜻 받아들일 수가 없었다.

아보가드로의 가설을 받아들이기 어렵게 하는 또 다른 문제가 있었다. 그것은 수소 1부피와 염소 1부피가 결합하여 2부피의 염화수소를 만드는 화학반응이었다.

$$H_2 + Cl_2 \rightarrow 2HCl$$

아보가드로의 가설이 옳다면 수소 1부피와 염소 1부피가 결합하면 염화수소 1부피가 만들어져야 한다. 수소 원자 10개와 염소 원자 10개가 결합하면 10개의 염화수소 분자가 만들어져야 하기 때문이다. 수소 원자 10개와 염소 원자 10개가 결합하여 염화수소 분자 20개가 만들어지기 위해서는 수소 원자와 염소 원자가 2개로 분열해야 되었다. 그것을 설명하기 위해 아보가드로는 수소와 염소가 2개의 원자로 이루어진 이원자분자라고 주장했지만, 같은 원자끼리는 반발해야 한다는 것이 당시의 일반적인 견해였으므로 쉽게 받아들여지지 않았다. 특히 당시 화학계를 이끌고 있던 엔스 야코브 베르셀리우스Jöns Jacob Berzelius(1779~1848)가 강력하게 이원자분자의 존재를 부정했기 때문에 아보가드로의 가설이 받아들여지는 데는 50여 년이나 걸렸다.

수소 1부피와 염소 1부피가 반응하여 염화수소 2부피가 만들어지는 반응은 수소가 이원자분자라고 하면 설명할 수 있다.

1860년까지는 원자론이 화학에서 그다지 중요한 역할을 하지 못했다. 대부분의 화학자들이 원자의 수에 대한 불확실한 추측을 포함하는 원자량을 채용하지 않았고, 아보가드로의 가설을 받아들이지 않았으므로 분자 안에 포함된 원자의 수를 밝히는 일반적인 방법을 찾지 못하고 있었다. 따라서 화학에서 대단한 혼란을 겪어야 했다. 그 당시의 많은 화학자들이 나름대로 화학식을 기록하고 있었다. 케쿨레A.Kehkule가 쓴 화학 교과(Lehrbuch der organischen Chemie, vol. 1, 1861)에 초산의 화학식이 무려 19종류나 기록되어 있는 것은 이 혼란이 어느 정도였는지를 단적으로 나타낸다.

이러한 혼란을 해결하기 위해 1860년 9월 3일, 칼루스헤에서 최초의 국제화학회의를 개최했다. 이 회의에서 이탈리아 제노바 대학의 교수였던 스타니슬라

칸니차로.

오 칸니차로$^{Stanislao\ Cannizzaro(1826\sim1910)}$가 아보가드로의 가설을 받아들이면 이런 혼란을 종식시킬 수 있다는 내용이 포함된 논문을 참석자들에게 배포하고 아보가드로의 가설을 받아들이도록 설득했다. 칸니차로는 이 논문에서 수소 기체의 분자량은 수소 원자를 1로 하여 결정한 원자량의 2배라는 것을 밝히고 그 이유는 기체의 분자가 두 개의 원자로 이루어졌기 때문이라고 설명했다.

칸니차로의 이러한 설명은 대부분의 화학자들을 설득시켜 아보가드로의 가설이 널리 받아들여지게 되었다. 아보가드로의 가설은 여러 원소의 원자량과 화합물의 조성을 결정할 수 있도록 했다. 여러 원소의 원자량과 화합물의 조성이 밝혀지자 화합물의 구조 모형이 만들어졌다. 화합물의 구조 모형은 새로운 반응의 가능성을 예측할 수 있게 되어 화학은 점차 새로운 시대로 접어들게 되었다.

이런 과정을 거쳐 이제 물질이 원자라는 작은 알갱이로 이루어졌다는 것을 알게 되었다. 원자라는 알갱이를 직접 본 것은 아니지만 그런 알갱이가 있다고 하면 화학반응을 모두 설명할 수 있었다. 그것은 물질이 원자라는 더 이상 쪼개지지 않는 알갱이로 이루어졌다는 충분한 증거가 된다고 생각했다. 그러나 물리학자들은 좀 더 완강했다. 물리학자들 중에는 원자의 존재를 인정할 확실한 증거가 부족하다고 생각하는 사람들이 많았다. 오스트리아의 루트비히 에두아르트 볼츠만$^{Ludwig\ Eduard\ Boltzmann(1844\sim1906)}$과 같은 물리학자는 원자의 존재를 전제로 열과 관련된 현상을 통계적으로 설명하는 많은 성공적인 이론을 제안하기도 했다. 그러나 확실한 증거를 요구하는 일부 물리학자들을 설득하기에는 역부족이었다. 모든 물리학자들이 원자의 존재를 널리 받아들이게 된 것은 20세기가 되어서였다.

4. 원소 스펙트럼

화학자들이 흙과 공기에서 여러 가지 다른 성분을 분리해내기 시작하면서 새로운 원소를 찾아내는 것은 화학과 광물학 그리고 물리학 분야의 주요 연구 과제가 되었다. 새로운 원소를 찾아내는 일은 원자론이 등장하기 전부터 시작되어 원자론이 등장한 후에도 계속되었다. 처음에는 여러 가지 화학반응을 통해 산화물을 환원시켜 원소를 분리해냈지만 영국의 험프리 데이비$^{\text{Humphry Davy(1778~1829)}}$가 전기분해법을 정착시킨 후에는 전기분해법도 널리 사용되었다. 1850년 이전까지 발견된 원소는 고대부터 알려져 있던 원소들을 포함하여 50여 가지였다.

분젠과 키르히호프의 분광법

1850년대에 로베르트 빌헬름 분젠$^{\text{Robert Wilhelm Bunsen(1811~1899)}}$과 구스타프 로베르트 키르히호프$^{\text{Gustav Robert Kirchhoff(1824~1887)}}$가 분광법을 발견한 후에는 새로운 원소를 찾아내는 데 주로 분광법이 사용되었다. 독일 괴팅겐 대학에서 공부한 후

유럽을 여행하면서 많은 과학자들과 교류하고 여러 대학에서 학생을 가르치던 분젠이 하이델베르크 대학으로 온 것은 그가 마흔한 살이 되던 1852년이었다. 새로운 실험실 건물을 지어주겠다는 약속을 받고 하이델베르크 대학의 초빙에 응했던 분젠은 자신을 위해 짓는 새 건물에 사용할 램프를 직접 설계한 뒤 기술자였던 데사가Desaga에게 만들도록 했다. 당시 하이델베르크에서는 석탄가스를 난방과 조명에 사용하고 있었다. 기체와 공기를 적절히 혼합하여 그을음을 남기지 않으면서도 높은 온도의 불꽃을 만들어낼 수 있는 분젠버너가 만들어진 것은 1855년이었다.

1854년 분젠은 이전에 브레슬라우 대학에서 근무하면서 함께 분광학을 연구했던 키르히호프를 하이델베르크 대학으로 초청하여 공동 연구를 시작했다. 그들은 분젠버너, 프리즘, 빈 상자 그리고 망원경으로 이루어진 분광기를 고안해 기체가 연소할 때 방출하는 스펙트럼을 조사했다. 키르히호프는 뜨거운 고체는 연속적인 스펙트럼을 내지만 희박한 기체는 몇 개의 선으로 이루어진 선스펙트

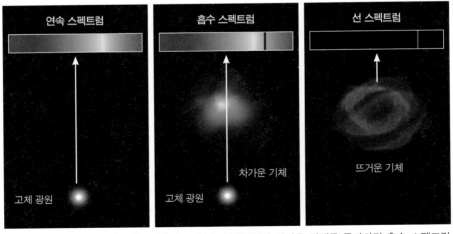

뜨거운 고체는 연속 스펙트럼을 방출하고, 연속 스펙트럼이 차가운 기체를 통과하면 흡수 스펙트럼이 만들어지며, 뜨거운 기체가 내는 스펙트럼은 선스펙트럼이다.

럼을 내며 선스펙트럼의 모양은 원소의 종류에 따라 달라진다는 것을 알아냈다. 또한 뜨거운 고체가 내는 연속 스펙트럼이 차가운 희박한 기체를 통과하면 일부 복사선이 흡수되어 검은 선으로 보이는 흡수 스펙트럼이 나타난다는 것도 발견했다. 두 사람은 분젠버너를 이용하여 알려진 원소들이 내는 스펙트럼 목록을 만들었다. 분젠과 키르히호프가 발견한 분광법은 새로운 원소를 발견하는 강력한 방법을 제공했다.

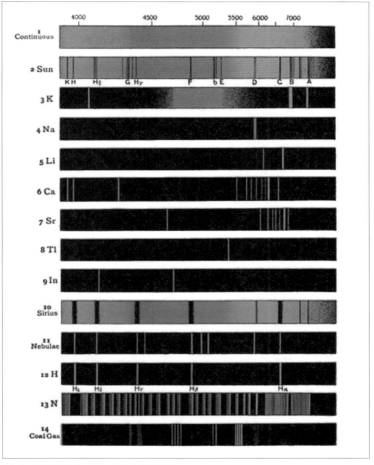

여러 가지 원소가 내는 고유 스펙트럼.

분젠과 키르히호프는 1860년 샘물에서 추출한 화합물을 분젠버너를 이용하여 태울 때 이전에 볼 수 없었던 새로운 스펙트럼이 나오는 것을 발견하고 이 화합물에 새로운 원소가 포함되어 있다는 것을 알아냈다. 그들은 이 새로운 원소를 '하늘 청색'이라는 뜻을 가진 라틴어 세시우스^{caesius}에서 따와 세슘이라고 이름 지었다. 두 사람은 세슘을 발견하고 1년도 채 안 되어 루비듐도 발견했다. 영국의 물리학자로 음극선관의 개발과 음극선관을 이용한 연구에 크게 공헌한 윌리엄 크룩스$^{William\ Crookes(1832\sim1919)}$는 분젠과 키르히호프가 제안한 분광법을 이용하여 1861년에 탈륨을 발견했다. 1863년에는 독일 화학자 페르디난트 라이히$^{Ferdinad\ Reich(1799\sim1882)}$와 히에로니무스 테오도어 리히터$^{Hieronymous\ Theodor\ Richiter(1824\sim1898)}$가 탈륨을 포함하고 있을 것이라고 생각했던 광물을 분광학적으로 조사하다가 인듐을 발견했다. 1975년에는 프랑스의 화학자 폴 에밀 르코크 드 부아보드랑$^{Paul\ Émile\ Lecoq\ de\ Boisbaudran(1838\sim1912)}$이 분광학적 방법으로 갈륨을 발견하고, 같은 해에 전기분해를 이용하여 갈륨 금속을 분리해냈다. 1879년에는 스웨덴의 화학자 라르스 프레드리크 닐손$^{Lars\ Fredrik\ Nilson(1840\sim1899)}$이 스칸듐을 발견했으며, 1886년에는 독일 화학자 클레멘스 빙클러$^{Clemens\ Winkler(1838\sim1904)}$가 아기로다이트($Ag_8GeS_6$)라고 부르는 광물에서 게르마늄을 발견했다.

분광법은 지구 상에서뿐만 아니라 태양에 포함되어 있는 원소를 발견하는 데도 사용되었다. 1868년에 프랑스 물리학자 피에르 쥘 장센$^{Pierre\ Jules\ Janssen(1824\sim1907)}$과 영국 물리학자 조지프 노먼 로키어$^{Joseph\ Norman\ Lockyer(1836\sim1920)}$는 독립적으로 태양스펙트럼에서 그 당시 알려졌던 어떤 원소의 스펙트럼과도 일치하지 않는 새로운 스펙트럼을 발견했다. 그들은 이 스펙트럼이 태양에만 있는 원소가 내는 스펙트럼이라 생각하고 이 원소의 이름을 태양을 뜻하는 그리스어 헬리오스^{helios}에서 따 헬륨이라고 부를 것을 제안했다.

1895년에는 스코틀랜드의 화학자 윌리엄 램지$^{William\ Ramsay(1852\sim1916)}$가 우라늄

광석을 산에 섞었을 때 나오는 기체가 바로 로키어가 발견한 헬륨이라는 것을 알아냈다. 이렇게 해서 태양에서 먼저 발견된 헬륨이 지구 상에서도 발견되었다.

원소를 태웠을 때 나오는 선스펙트럼은 원소의 지문과 같은 것이다. 따라서 어떤 물체가 내는 스펙트럼을 조사하면 그 물체에 어떤 원소들이 포함되어 있는지 알 수 있다. 멀리 있는 별에서 오는 빛의 스펙트럼을 조사하여 이 별이 어떤 원소를 포함하고 있는지 알아낼 수 있는 것은 이 때문이다. 별을 구성하고 있는 원소를 알아내는 데 분광법을 이용하기 시작한 사람은 영국의 천문학자 윌리엄 허긴스$^{William Huggins(1824~1910)}$였다. 허긴스와 그의 아내 마거릿은 런던 근교에 사설 천문대를 설립하고 천체에서 오는 빛의 스펙트럼을 분석하기 시작했다. 허긴스 부부는 1864년 8월 29일, 처음으로 행성상 성운인 NGC 6543의 스펙트럼을 분석해내는 데 성공했다. 또한 오리온성운과 같은 성운이 내는 빛은 기체가 내는 것과 같은 선스펙트럼을 나타내지만 안드로메다와 같은 천체는 별이 내는 것과 같은 연속 스펙트럼을 낸다는 것을 밝혀내 성운과 은하가 서로 다른 천체일 것이라고 주장하기도 했다.

허긴스는 스펙트럼의 도플러효과를 이용하여 천체의 시선 방향 속도를 측정할 수 있다는 것을 보여주기도 했다. 멀어지는 천체가 내는 빛의 스펙트럼은 파장이 긴 쪽으로 이동해 있고(적색편이), 가까이 다가오고 있는 천체가 내는 스펙트럼은 파장이 짧은 쪽으로 이동해 있는(청색편이) 것을 도플러효과라고 한다. 스펙트럼을 분석하여 천체의 구성 원소를 알아내는 것과 마찬가지로 도플러효과를 이용하여 천체의 시선 방향 속도를 알 수 있는 것도 원소들이 고유한 선스펙트럼을 내기 때문에 가능하다.

원소들이 특정한 선스펙트럼을 내는 것은 새로운 원소를 찾아내고 멀리 있는 천체의 구성 원소를 밝혀내는 데 아주 유용하게 이용되는 성질이다. 그렇다면 왜 원소들은 특정한 선스펙트럼만 내는 것일까? 돌턴의 원자론에 의하면, 원자는 더 이상 쪼개지지 않는 가장 작은 알갱이다. 원소의 종류가 다른 것은 원자의 무게와 크기가 다르기 때문이다. 원소들이 특성 스펙트럼을 내는 것을 무게와 크기만을 가지고 설명할 수 있을까? 무게와 크기만으로 원소가 내는 특성 스펙트럼을 설명할 수 없다면 원자들은 무게와 크기 외에도 이런 성질을 결정하는 또 다른 어떤 구조를 가지고 있는 것은 아닐까? 원자는 어쩌면 더 이상 쪼갤 수 없는 가장 작은 알갱이가 아니라 복잡한 내부 구조를 가지고 있는 복합 입자는 아닐까?

원소가 내는 선스펙트럼에는 원자에 대한 비밀이 숨어 있다. 따라서 원자가 내는 스펙트럼은 새로운 원소를 발견하고 천체의 구성 원소를 찾아내는 것뿐만 아니라 원자의 내부를 들여다볼 수 있는 창이 될는지도 몰랐다. 이 창을 통해 원자의 내부를 들여다보고 원자가 왜 특정한 선스펙트럼만을 내는지를 설명하는 것은 이제 물리학자나 화학자들이 풀어야 할 가장 큰 과제가 되었다.

수소 스펙트럼

스위스의 수학자이며 물리학자였던 요한 야코프 발머$^{Johann\ Jakob\ Balmer(1825~1898)}$는 수소가 내는 스펙트럼에 숨어 있을지도 모르는 원자의 비밀을 풀어내려고 시도했다. 발머는 1825년에 스위스 라우센에서 태어나 칼스루헤 대학과 베를린 대학에서 수학을 공부했고, 스위스의 바젤 대학에서 1849년 박사 학위를 받은 후 바젤에 있는 여학교에서 교사로 지내면서 바젤 대학에서 강의하기도 했다. 발머는 수학을 공부했고 수학을 가르치면서 일생을 보냈지만 그의 가장 큰 업적으로 기

발머.

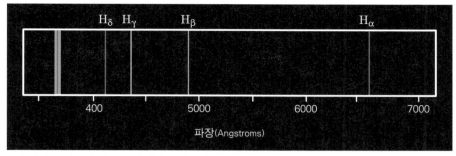

고온의 수소 기체가 내는 발머 계열 스펙트럼.

억되는 것은 수소 스펙트럼에 대한 분석이다.

발머는 예순 살이던 1885년에 고온의 수소 기체가 내는 스펙트럼의 파장에 숨겨진 규칙을 찾아내기 위한 식을 제안했다. 고온의 수소 기체가 내는 선스펙트럼의 파장은 각각 4101.2 Å(H_δ), 4340.1 Å(H_γ), 4860.74 Å(H_β), 6562.1 Å (H_α) Å 이다. 발머는 수소 스펙트럼의 파장을 나타내는 이 숫자들에 원자의 비밀이 들어 있을 것이라 생각하고 이 숫자들 사이의 규칙성을 찾기 시작했다. 그는 우선 이 네 스펙트럼의 파장을 3645.6 Å 라는 숫자로 나누면 간단한 분수가 된다는 것을 알아낸 뒤 측정된 수소 스펙트럼의 파장을 정수의 조합을 이용하여 나타내는 식을 만들었다.

$$6562.1\text{Å} = \frac{9}{5} \times 3645.6\text{Å} \qquad 4860.74\text{Å} = \frac{16}{12} \times 3645.6\text{Å}$$

$$4340.1\text{Å} = \frac{25}{21} \times 3645.6\text{Å} \qquad 4101.2\text{Å} = \frac{36}{32} \times 3645.6\text{Å}$$

발머는 이 식을 변형하여 다음과 같은 식으로 나타냈다.

$$6562.1\text{Å} = \frac{3^2}{3^2 - 2^2} \times 3645.6\text{Å} \qquad 4860.74\text{Å} = \frac{4^2}{4^2 - 2^2} \times 3645.6\text{Å}$$

$$4340.1\text{Å} = \frac{5^2}{5^2 - 2^2} \times 3645.6\text{Å} \qquad 4101.2\text{Å} = \frac{6^2}{6^2 - 2^2} \times 3645.6\text{Å}$$

또한 이 식들로부터 수소가 내는 선스펙트럼의 파장이 다음과 같은 일반적인 식으로 나타난다는 것을 알아냈다.

$$\lambda = \frac{n^2}{n^2 - 2^2}\,a \qquad (\,n = 3, 4, 5, 6 \quad a = 3645.6\,\text{Å}\,)$$

발머는 a를 수소 원자의 기본적인 수라고 했다. a는 발머 상수라고 불리기도 한다. 발머는 이 식을 이용하여 $n = 7$인 스펙트럼의 파장을 예측했고, 스위스의 물리학자 안데르스 요나스 옹스트룀Anders Jonas Ångström(1814~1874)이 파장이 3970 Å 인 스펙트럼을 발견했다. 그 후 천문학자였던 헤르만 빌헬름 포겔Hermann Wilhelm Vogel(1834~1898)과 윌리엄 허긴스William Huggins(1824~1910)가 백색왜성의 스펙트럼에서 발머의 식으로 나타내는 발머 계열에 속하는 다른 선스펙트럼들을 발견했다.

수소 스펙트럼의 파장을 나타내는 네 개의 숫자에서 이런 식을 찾아냈다는 것은 놀라운 일이 아닐 수 없다. 고대 그리스의 피타고라스학파는 자연현상들 뒤에는 수의 조화가 숨어 있다고 주장했다. 현대 과학자들도 이와 비슷한 생각을 가지고 있다. 자연의 가장 기본적인 법칙은 조화를 이루고 있어 아름답고 단순한 형태일 것이라는 믿음이 그것이다. 발머도 그중 한 사람이었다. 그렇지 않고는 네 개의 수에서 이런 일반적인 식을 찾아낼 수 없었을 것이다. 발머가 찾아낸 이 식은 후에 덴마크의 보어가 원자의 구조를 밝혀내는 과정에서 원자구조에 대한 중요한 실마리를 제공했다.

돌턴의 원자론은 발머의 식보다 훨씬 더 중요한 이론이지만 돌턴의 원자론을 처음 배웠을 때 원자론을 생각해낸 돌턴의 업적이 놀랍다거나 기적 같은 일이라는 생각은 들지 않았다. 당시에 축적된 화학적 지식이라면 돌턴이 아니더라도 누군가가 원자론을 제시했을 것이다. 그러나 네 개의 숫자로부터 발머가 만들어낸 식을 보고 이를 찾아낸 것은 기적이라고 생각했다. 오랜 시간이 지난 지금 이 식을 보아도 놀랍기는 마찬가지다. 네 개의 숫자에 숨어 있는 비밀을 밝혀내겠다는 끈질긴 집념이 아니었다면 이런 숫자의 조합을 찾아내는 것은 불가능했을 것이다.

나는 발머의 식을 보면서 오래전에 교과서에도 실렸던 양주동 시인이 쓴 〈면학의 서〉가 떠올랐다. 그 글에는 '안광이 지배를 철함'이라는 말이 있었는데, 눈빛이 지면을 뚫을 정도로 들여다보면 이해하지 못할 것이 없다는 뜻이다. 양주동 시인이 이 말을 처음 사용한 사람도 아니고 〈면학의 서〉에서 독서를 할 때 그렇게 해야 한다고 주장한 것도 아니었지만 이 말은 양주동이라는 이름과 함께 오랫동안 기억에 남아 있었다. 나는 공부를 하거나 번역을 하다가 잘 이해되지 않는 부분이 있으면 이 말을 떠올리고 이해될 때까지 정신을 집중해서 들여다보곤 했다. 그러다 보면 놀랍게도 해답이 떠오르는 것을 경험한 적이 한두 번이 아니다. 발머가 이 숫자를 들여다보면서 이 숫자들에 숨어 있는 비밀을 찾아내려는 자세가 바로 그렇지 않았을까 하는 생각이 든다.

발머가 했던 일과 비슷한 일에 도전한 사람이 또 있었다. 스웨덴의 물리학자 요하네스 리드베리$^{\text{Johannes Rydberg(1854~1919)}}$는 수소가 내는 스펙트럼의 파장을 나타내는 발머의 식으로부터 모든 원소가 내는 스펙트럼의 파장을 나타내는 일반식을 이끌어냈다.

1880년대에 리드베리는 알칼리금속에서 나오는 선스펙트럼의 파장 사이의 관계를 나타내는 식을 만들기 위해 노력하고 있었다. 그는 선스펙트럼들이 일정한 계열을 이루고 있다는 것과 각 계열에 속한 스펙트럼의 진동수를 간단한 식으로

리드베리.

나타낼 수 있다는 것을 알아냈다. 리드베리는 각 스펙트럼 계열에 속한 스펙트럼의 진동수를 한 축에 나타내고 각 계열에서 그 스펙트럼의 순서를 나타내는 수를 다른 축에 나타낸 그래프를 그려보았다. 그러자 각 계열들에 속한 스펙트럼들이 같은 형태의 그래프를 나타냈다. 그것을 확인한 리드베리는 적당한 상수를 도입한다면 모든 계열에 속한 진동수를 같은 식으로 나타낼 수 있을 것이라고 생각했다.

여러 번의 시행착오를 거친 끝에 리드베리는 여러 가지 원소가 내는 스펙트럼의 진동수가 다음과 같은 식으로 나타내진다는 것을 알아냈다.

$$f = R \left(\frac{1}{(n_1 + a)^2} - \frac{1}{(n_2 + b)^2} \right)$$

이 식에서 a와 b는 원소의 종류에 따라 달라지는 정수로 수소의 경우에는 모두 0이다. R은 리드베리상수다. 수소 원자가 내는 스펙트럼의 경우에 리드베리의 식은 다음과 같이 쓸 수 있다.

$$\frac{1}{\lambda} = R_H \left(\frac{1}{n_1^2} - \frac{1}{n_2^2} \right)$$

이 식에서 R_H는 수소 원자에 대한 리드베리상수로 그 값은 $1.097 \times 10^7 m^{-1}$이다.

발머의 식은 리드베리 식에서 $n_1 = 2$인 경우에 해당된다. 후에 수소가 내는 스펙트럼의 자외선 영역에서 라이먼 계열, 적외선 영역에서 파셴 계열, 브래킷 계열, 푼트 계열, 험프리 계열 등이 발견되었다. 라이먼 계열은 $n_1 = 2$인 경우에 해당되며, 파셴 계열은 $n_1 = 3$인 경우이고, 브래킷 계열은 $n_1 = 4$, 푼트 계열은 $n_1 = 5$, 험프리 계열은 $n_1 = 6$인 스펙트럼들이다.

발머와 리드베리는 측정된 스펙트럼의 파장을 나타내는 수학식을 만들어냈지

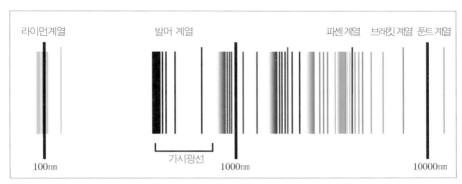

라이먼계열　　　　발머 계열　　　　　　　　파셴 계열　브라킷 계열 푼트 계열

100nm　　　　　가시광선　　1000nm　　　　　　　　10000nm

수소 스펙트럼은 몇 개의 계열을 이루고 있다.

만 원소가 내는 스펙트럼이 왜 이런 식을 만족해야 하는지는 알지 못했다. 이것은 원자가 더 이상 쪼개지지 않는 가장 작은 알갱이가 아닐 수도 있음을 나타내는 것이었지만 아직 그런 생각을 하기에는 시기상조였다. 이 식들로부터 원자가 내부 구조를 가지고 있을지 모른다고 생각했더라도 원자의 구조를 밝혀낼 수는 없었을 것이다. 원자의 구조를 밝혀내기 위해서 넘어야 할 산이 아직 많았기 때문이다. 발머나 리드베리는 원자의 구조를 밝혀내는 과학자들이 답을 찾아내야 할 중요한 문제를 제시한 것이다. 원자가 이런 식으로 나타나는 스펙트럼을 내는 것은 무엇 때문일까? 원자의 구조를 밝혀내는 과정에서 원자가 내는 스펙트럼을 설명하는 것은 가장 중요한 과제였다. 다시 말해 원자가 내는 스펙트럼을 설명하는 것은 양자역학의 가장 중요한 목표 중 하나가 되었다.

제만효과와 슈타르크효과

발머와 리드베리가 원자가 내는 스펙트럼에서 규칙성을 발견하기 위해 노력하고 있는 동안 원자가 내는 스펙트럼은 몇 개의 간단한 선으로 이루어진 것이 아니라 더 복잡한 구조를 가지고 있다는 것을 알아낸 사람들이 나타났다. 원자가 내는 스펙트럼이 자기장 안에서 여러 개의 선으로 나누어진다는 제만효과를 발견한 사람은 네덜란드의 물리학자 피터르 제만$^{Pieter Zeeman(1865~1943)}$이었다. 레이던 대학을 졸업한 후 레이던 대학에서 계속 연구하고 있던 제만은 1896년에 실험을 통해 강한 자기장 안에서 원자가 내는 선스펙트럼들이 여러 개의 선으로 분리된다는 것을 알아냈다. 제만의 발견을 바탕으로 로렌츠는 물체가 내는 전자기파는 수소 원자보다 훨씬 작으며 (−)전하를 띠고 있는 입자의 진동에 의해 발생한다고 주장했다. 이것은 톰슨이 전자를 발견하기 이전의 일이었다. 제만효과의 발견으로 제만은 로렌츠와 함께 1902년 노벨 물리학상을 수상했다.

제만효과에는 외부 자기장에 의해 스펙트럼선이 갈라지는 정상 제만효과와 외부 자기장이 없는 경우에도 스펙트럼선이 미세하게 갈라지는 비정상 제만효과가 있다. 처음 이 효과가 발견되었을 때는 그 원인을 몰랐기 때문에 비정상 제만효과라고 했지만 후에 전자의 스핀이 그 원인이라는 것을 알게 되었다.

열렬하게 나치를 지지했다는 이유로 제2차 세계대전이 끝난 후 전범 재판소에서 4년의 징역형을 받기도 했던 독일

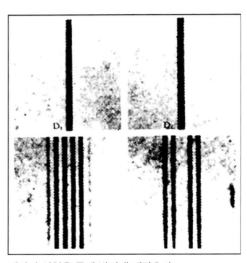

제만이 실험을 통해 밝혀낸 제만효과.

의 요하네스 슈타르크$^{Johannes Stark(1874~1957)}$는 1913년에 원자가 내는 스펙트럼이 전기장 안에서도 여러 개로 갈라진다는 것을 발견했다. 전기장 안에서 스펙트럼이 여러 갈래로 갈라지는 것을 슈타르크효과라고 한다. 슈타르크는 이 발견으로 1919년 노벨 물리학상을 받았다. 제만효과와 슈타르크효과는 원자가 빛을 내는 메커니즘이 생각보다 훨씬 더 복잡하다는 것을 보여주는 것이었다.

5. 주기율표의 발견

　내가 고등학교에서 사용하던 화학 교과서 맨 앞에는 원소주기율표가 실려 있었다. 나는 그때 주기율표를 그때까지 발견된 원소들을 잘 정리해놓은 표라고만 생각했다. 주기율표 모양이 정사각형이나 직사각형이 아니라 이상한 모양을 하고 있었던 것에 대해서도 별다른 생각이 없었다. 주기율표는 원래 그런 것이거니 했을 뿐이다. 그렇게 보면 중고등학교를 다니면서 과학 시간에 많은 것을 배웠지만 내가 배운 내용에 의문을 품어본 적 없이 선생님이 가르쳐주는 것을 기억해서 문제를 푸는 것으로 만족했던 것 같다.

　대학원에서 같이 공부하던 학생들은 대부분 인도와 중국 학생들이었다. 그들은 강의 시간에 많은 질문을 했지만 우리나라 학생들은 거의 질문이 없었다. 나는 그것을 우리나라 사람 대부분이 겪는 언어 장벽 때문일 것이라고 생각했다. 그러나 우리보다 영어가 서툰 중국 학생들도 질문이 많았던 걸 보면 꼭 그런 것도 아닌 듯하다. 우리는 의문을 갖는 데 익숙하지 않고, 의문이 생겨도 질문하지 않으려는 경향이 있다. 그것은 내가 오랫동안 학생을 가르치면서도 느낀 것이다. 나는 30년 넘게 강의를 해왔지만 강의실에서 질문을 받아본 적이 거의 없다. 그런데 어쩌다 초등학생을 상대로 강의하게 되면 의외로 많은 질문을 받는다. 그렇다면 대학까지 오는 도중 어느 시기에 우리는 의문을 갖는 법과 질문하는 법을 잊어버리게 된 것이 틀림없다. 우리는 왜 의문을 갖지 않게 된 걸까? 우리는 언제부터 질문하는 법을 잊어버리는 걸까?

원소주기율표를 이야기하려다 갑자기 의문을 품지 않고 질문하지 않는 것에 대한 생각을 하게 된 것은 주기율표에는 원소에 대한 너무 많은 비밀과 이야기가 숨어 있는데도 그런 것에는 아무 관심을 갖지 않고 외우는 것으로 만족했던 나에게 문제가 있었던 것이 아닐까 하는 생각이 들었기 때문이다. 주기율표에 원소들이 그런 모양으로 배열되게 된 이유를 설명할 수 있으면 원자를 전부 이해했다고 할 수 있다. 따라서 원자를 이해하기 위한 연구를 한다는 것은 주기율표의 구조를 연구하는 것이라고 할 수 있다. 주기율표를 보고도 아무런 의문이 생기지 않았다면 원자가 가지고 있는 비밀 같은 것에 대해서는 아무 관심이 없었다는 이야기일 것이다. 원자는 원래부터 그런 것이다. 원자와 같은 것에 대한 연구는 이미 위대한 과학자들이 모두 해놓았다. 그것은 의심할 필요도 없고, 의심해서도 안 된다. 필요한 내용을 외워서 시험을 잘 보는 것이 내가 할 일이다. 그러다 보면 훌륭한 과학자가 될 수도 있을 것이다. 뭐 그런 생각을 가지고 있었던 것은 아닐까?

고등학교 때 주기율표를 보고 아무런 의문이 들지 않았다고 이렇게까지 이야기하는 것은 지나친 비약일는지 모르겠다. 그러나 주기율표를 보고 왜 주기율표에 원자가 이런 모양으로 배열되었을까를 궁금하게 생각한 사람들이 있었고, 그런 사람들이 양자역학을 발전시켜 원자의 구조를 밝혀냈다.

뉴랜즈의 옥타브법칙

자연과학은 자연에 내재해 있는 규칙성을 찾아내는 것이다. 따라서 많은 원소들이 발견되고 이들의 화학적 성질이 밝혀지면서 원소가 가진 규칙성을 찾으려는 노력이 시작된 것은 어쩌면 당연한 일이다. 이러한 노력은 19세기 초반부터 시작되었다. 실험에 의해 결정되어 있던 많은 원소들의 원자량과 원자가를 이용하여 서로 관련 있는 원소들을 여러 개의 그룹으로 분류하려는 노력이 프랑스, 영국, 독일의 많은 과학자들에 의해 시도되었다. 최초로 이러한 시도를 한 사람은 독학으로 과학을 공부해 독일 예나 대학의 교수가 되었으며 슈트라스부르크 대학에서 화학을 공부하기도 했던 요한 볼프강 되베라이너$^{Johann\ Wolfgang}$ $^{Döbereiner(1780~1849)}$였다. 되베라이너는 1829년에 화학적 성질이 비슷한 세 가지 원소들로 이루어진 조합이 세 개가 있다고 발표했다. 그가 발견한 세 원소들로 이루어진 조합들은 염소와 브롬, 요오드로 이루어진 조합과 칼슘과 스트론튬, 바륨으로 이루어진 조합, 그리고 황과 셀렌, 텔루르로 이루어진 조합이었다. 그는 또한 한 조를 이루는 세 개의 원소들 중 가운데 원소의 원자량은 다른 두 원소 원자량의 평균값과 같다는 것도 알아냈다. 이것은 원자량이 화학적 성질과 관계있을 것이라는 것을 최초로 지적한 것이었다.

1864년에는 영국의 존 알렉산더 레이나 뉴랜즈$^{John\ Alexander\ Reina\ Newlands(1837~}$ $^{1898)}$가 원소들을 원자량 순으로 배열하면 비슷한 성질을 가진 원소가 여덟 번마다 나타난다는 것을 발견했다. 왕립화학대학에서 화학을 공부한 후 한때 아내의 나라였던 이탈리아 통일 운동에 참여했던 뉴랜즈는 런던으로 돌아온 후 설탕 정제 공장에서 화학분석 책임자로 일하며 처음으로 그때까지 발견된 수소부터 토륨까지의 모든 원소들을 원자량 순서로 배열한 원소표를 만들었다. 되베라이너가 발견한 원소들 사이의 규칙성을 더욱 발전시킨 뉴랜즈는 1865년에 원소를 원자량의 순서로 배열한 표에서 모든 원소는 다음 여덟 번째 원소와 비슷한 성

No.	No.	No.	No.	No.	No.	No.	No.
H 1	F 8	Cl 15	Co & Ni 22	Br 29	Pd 36	I 42	Pt & Ir 50
Li 2	Na 9	K 16	Cu 23	Rb 30	Ag 37	Cs 44	Os 51
G 3	Mg 10	Ca 17	Zn 24	Sr 31	Cd 38	Ba & V 45	Hg 52
Bo 4	Al 11	Cr 19	Y 25	Ce & La 33	U 40	Ta 46	Tl 53
C 5	Si 12	Ti 18	In 26	Zr 32	Sn 39	W 47	Pb 54
N 6	P 13	Mn 20	As 27	Di & Mo 34	Sb 41	Nb 48	Bi 55
O 7	S 14	Fe 21	Se 28	Ro & Ru 35	To 43	Au 49	Th 56

뉴랜즈의 원소표.

질을 가진다는 '옥타브법칙'을 발표했다.

뉴랜즈가 제안한 원소표에는 오늘날의 주기율표와는 달리 원소를 아래로 배열해놓아 같은 족에 속하는 원소들이 같은 행에 놓이도록 했으며, 수소, 갈륨, 인듐, 우라늄과 같은 원소들이 제자리에 배열되어 있지 않았고, 불활성기체들은 포함되어 있지 않았다. 뉴랜즈의 이러한 발견은 원소주기율표를 향한 커다란 진전이었지만 당시에는 널리 받아들여지지 않았다. 또한 영국 화학협회에서는 옥타브법칙이 포함된 논문의 출판을 허가하지 않았다.

멘델레예프와 마이어가 1882년에 원소주기율표를 발견한 공로로 영국 왕립협회가 주는 데이비 메달을 받았다. 그러자 뉴랜즈는 자신의 우선권을 강력히 주장했다. 왕립협회는 뉴랜즈의 주장을 받아들여 1887년에 데이비 메달을 수여했다.

마이어의 주기율표

원소들이 가지는 규칙성을 발견하려는 이러한 노력들을 종합하여 주기율표를 완성한 사람은 독일의 율리우스 로타르 마이어[Julius Lothar Meyer(1830~1895)]와 러시아의 드미트리 이바노비치 멘델레예프[Dmitry Ivanovich Mendeleev(1834~1907)]였다. 취리히 대학에서 의학을 공부하기도 했으며 분젠이 있던 하이델베르크 대학에서 일산화탄소가 혈액에 주는 영향에 대한 연구로 박사 학위를 받은 마이어는 칼스루헤 폴리텍과 튀빙겐 대학을 비롯한 여러 대학에서 화학을 가르쳤다. 마이어는 뉴랜즈와 마찬가지로 원소들을 원자량 순서대로 배열하면 화학적 성질과 물리적 성질이 비슷한 원소들이 주기적으로 반복되어 나타난다는 것을 알아냈다. 그는 세로축을 원자량으로 하고 가로축을 원자의 부피로 하여 그래프를 그리면 최고점과 최소점이 반복적으로 나타난다는 것도 알아냈다.

그가 1862년에 쓰기 시작하여 1864년에 출판한 《현대 화학 이론》에는 28개의 원소를 여섯 개 그룹으로 나누어 배열한 기초적인 주기율표가 실려 있었다. 이 주기율표에는 같은 원자가를 가지는 같은 족의 원소들이 같은 열에 오도록 배열되어 있었다. 원자가를 중심으로 원소들을 족으로 나눈 것은 마이어가 처음이었다. 그러나 원자량을 정확히 측정하지 못해 원소의 순서를 정하는 데 어려움을 겪었다. 마이어는 1870년에 같은 족의 원소들이 같은 행에 오도록 배열한 주기율표를 만들었다.

멘델레예프의 주기율표

시베리아에서 대가족의 막내아들로 태어난 멘델레예프는 아버지가 사망한 뒤 경제적으로 어려워지자 어머니와 함께 상트페테르부르크로 이주하여 그곳에서 학교를 다녔다. 멘델레예프가 공부하던 1863년경에는 56가지 원소가 발견되어 있었으며 매년 한 개 이상의 새로운 원소가 발견되고 있었다. 영국의 뉴랜즈와 마이어가 이 원소들을 원자량의 순서로 배열하고 원소들 사이의 규칙성을 찾으려고 노력했다는 것을 알지 못했던 멘델레예프는 독자적으로 이 원소들을 배열하여 주기율표를 만들려고 시도했다. 멘델레예프는 1869년 3월 6일에 러시아 화학협회에서 〈원소의 원자량과 성질 사이의 관계〉라는 제목의 논문을 발표했다. 이 논문에는 다음과 같은 내용이 포함되어 있었다.

1. 원소를 원자량 순서대로 배열하면 같은 화학적 성질을 가지는 원소가 주기적으로 반복해서 나타난다.

2. 비슷한 화학적 성질을 가지는 원소들의 원자량은 아주 비슷하거나(백금, 이리듐, 오스뮴), 주기적으로 반복해서 나타나는 원소들(칼륨, 루비듐, 오스뮴)이다.

3. 원소들을 원자량의 순서대로 배열하고 족으로 나누면 같은 족에는 원자가들이 같은 원소들이 오며 이들의 화학적 성질은 비슷하다. 이러한 경향은 리튬, 베릴륨, 붕소, 탄소, 질소, 산소, 불소 그룹에 속한 원소들에서 뚜렷이 나타난다.

4. 가장 널리 분포해 있는 원소들은 원자량이 작은 원소들이다.

5. 원자량의 크기가 원소의 특징을 결정한다.

6. 아직 발견되지 않은 여러 가지 원소가 새롭게 발견될 것을 기대할 수 있다. 예를 들면 알루미늄과 규소와 비슷한 성질을 가지는 원자량이 각각 65와 75인 두 원소가 곧 발견될 것이라고 본다.

7. 원소들의 원자량은 이웃 원소들의 원자량과 비교하여 수정되어야 한다. 예를 들면 텔루르의 원자량은 128이 될 수 없으며 123과 126 사이에 있어야 한다(텔루르의 원자량은 127.6이다. 따라서 원자량이 증가하는 순서대로 배열되어 있어야 한다는 가정을 바탕으로 한 멘델레예프의 예측은 잘못된 것이었다).

8. 특정한 원소의 성질은 원자량으로부터 예측할 수 있다.

Reihen	Gruppe I. — R^2O	Gruppe II. — RO	Gruppe III. — R^2O^3	Gruppe IV. RH^4 RO^2	Gruppe V. RH^3 R^2O^5	Gruppe VI. RH^2 RO^3	Gruppe VII. RH R^2O^7	Gruppe VIII. — RO^4
1	H=1							
2	Li=7	Be=9.4	B=11	C=12	N=14	O=16	F=19	
3	Na=23	Mg=24	Al=27.3	Si=28	P=31	S=32	Cl=35.5	
4	K=39	Ca=40	—=44	Ti=48	V=51	Cr=52	Mn=55	Fe=56, Co=59, Ni=59, Cu=63.
5	(Cu=63)	Zn=65	—=68	—=72	As=75	Se=78	Br=80	
6	Rb=85	Sr=87	?Yt=88	Zr=90	Nb=94	Mo=96	—=100	Ru=104, Rh=104, Pd=106, Ag=108.
7	(Ag=108)	Cd=112	In=113	Sn=118	Sb=122	Te=125	J=127	
8	Cs=133	Ba=137	?Di=138	?Ce=140				— — —
9	(—)							
10	—	—	?Er=178	?La=180	Ta=182	W=184		Os=195, Ir=197, Pt=198, Au=199.
11	(Au=199)	Hg=200	Tl=204	Pb=207	Bi=208			
12	—	—	—	Th=231		U=240		— — —

멘델레예프의 주기율표.

멘델레예프는 알려진 모든 원소를 포함하는 주기율표를 발표했다. 이 주기율표에는 아직 발견되지 못한 원소들이 들어갈 빈자리가 남아 있었다. 멘델레예프는 아직 발견되지 않은 원소들을 에카실리콘(게르마늄), 에카알루미늄(갈륨), 에카보론(스칸듐)이라고 불렀다. 에카는 고대 인도어인 산스크리트어로 두 번째라는 뜻이다. 멘델레예프가 산스크리트어 학자와 오랫동안 친구로 지낸 것이 아직 발견되지 않은 원소에 이런 이름을 붙이도록 했을 것이다. 멘델레예프가 예측했던 갈륨은 1871년에 발견되었고, 스칸듐은 1879년에 발견되었으며, 게르마늄은 1886년에 발견되었다.

멘델레예프는 자신의 주기율표를 근거로 당시에 알려졌던 일부 원소의 원자량에 의문을 제기했다. 예를 들면 텔루르의 원자량은 요오드보다 큰 것으로 알려져 있었지만 화학적 성질을 근거로 요오드보다 앞에 배치하고, 텔루르의 원자량이 요오드보다 클 수 없다고 잘못 예측하기도 했다. 멘델레예프는 란탄 계열 원소들을 어디에 배열해야 되는지를 놓고 어려움을 겪었으며, 무거운 원소들이 포함되는 악티늄 계열 원소들이 들어갈 새로운 행이 필요할지도 모른다고 예측하기도 했다. 멘델레예프가 주기율표를 발표했을 때 일부 과학자들은 멘델레예프의 예측을 무시했지만 예측했던 새로운 원소들이 발견되면서 멘델레예프의 주기율표를 심각하게 받아들이게 되었다.

멘델레예프가 1869년에 주기율표를 발표하고 몇 달 뒤 마이어도 독자적으로 1864년에 발표했던 주기율표를 확장하여 멘델레예프의 주기율표와 거의 같은 주기율표를 만들었다. 멘델레예프는 자신의 주기율표가 들어 있는 논문과 원자량에 따른 원소의 주기성을 나타내는 그래프가 포함된 논문을 저명한 화학자들에게 보내면서 마이어에게도 보냈다. 다른 학자들과 마찬가지로 마이어도 원소의 주기적 성질을 위해 알려진 원소의 순서를 바꾼 멘델레예프의 주기율표에 비판적이었다. 그러나 멘델레예프가 예측했던 원소들이 발견되면서 멘델레예프의 주기율표가 널리 받아들여지게 되었다. 마이어와 멘델레예프는 1882년 주기율표를 발견한 공로로 영국 왕립협회로부터 데이비 메달을 받았다.

원소가 내는 스펙트럼과 원소의 규칙성을 나타내는 주기율표가 발견되었음에도 이때까지도 원자는 더 이상 쪼갤 수 없는 가장 작은 알갱이로 받아들여지고 있었으며, 원소의 종류가 다른 것은 원자의 무게와 부피가 다르기 때문으로 생각하고 있었다. 무게와 부피만 다른 원소들을 이렇게 몇 가지 족으로 나눌 수 있는 것은 무엇 때문일까?

원소들이 내는 스펙트럼과 주기율표에 나타난 원소들의 규칙성은 원자의 구조가 생각보다 복잡하다는 것을 암시하고 있다. 원자는 정말 더 이상 쪼갤 수 없는 가장 작은 알갱이일까? 19세기가 저물 무렵에 이루어진 여러 가지 새로운 발견은 원자가 더 이상 쪼갤 수 없는 가장 작은 알갱이가 아닐지도 모른다는 생각을 하게 했다.

6. 원자의 세계로 이끈 발견들

    화학에서 1700년대가 원자론이 등장하기 위한 바탕을 마련하는 시기였다면 1800년대는 원자론이 화학의 중심에 자리 잡는 시기였다. 1800년대 초에 등장한 원자론은 1800년대 중반을 지나면서 널리 받아들여지게 되었고, 이를 바탕으로 화학은 크게 발전할 수 있었다. 그러나 1895년부터 1900년까지 불과 5년 사이에 원자는 더 이상 쪼갤 수 없는 가장 작은 알갱이라는 생각을 바꾸게 하는 여러 가지 발견이 이루어졌다. 마치 20세기의 새로운 과학의 토대를 닦으려는 것처럼 놀라운 발견들이 아주 짧은 기간 동안 집중적으로 이루어진 것이다. 1895년에는 엑스선이 발견되었고, 1896년에는 우라늄에서 방사선이 발견되었으며, 1897년에는 전자가 발견되었다. 그리고 1898년에는 또 다른 방사성원소인 폴로늄과 라듐이 발견되었다. 이러한 발견들로 과학자들은 원자가 더 이상 쪼갤 수 없는 가장 작은 알갱이라는 생각을 버리고 원자의 내부구조로 눈을 돌리지 않을 수 없게 되었다.

음극선관과 음극선

20세기 과학에서 매우 중요한 역할을 한 엑스선과 전자의 발견은 음극선 연구를 통해 이루어졌다. 음극선관을 처음 만든 사람은 전자기 유도 법칙을 발견한 영국의 마이클 패러데이$^{\text{Michael Faraday (1791~1867)}}$라고 알려져 있다. 패러데이는 유리관 양 끝에 전기를 연결하면 (−)극에서 무엇인가가 나와 (+)극으로 흘러간다는 사실을 발견하고 이를 음극선이라고 불렀다. 그런데 (−)극에서 나오는 음극선은 유리관 안에 공기가 들어 있으면 공기의 방해를 받아 잘 흐르지 못한다. 그래서 유리관 안을 진공으로 만들고 양 끝에 전극을 연결한 것이 음극선관이다. 진공 기술이 좋지 않았던 초기의 음극선관은 성능이 좋지 않았다. 그러나 독일의 유리 기구 제작자이며 엔지니어였던 요한 하인리히 빌헬름 가이슬러$^{\text{Johann Heinrich Wilhelm Geißler (1814~1879)}}$가 1859년에 진공도를 높인 가이슬러관을 만

들어 음극선 연구에 크게 공헌했다. 그리고 분광학적 방법을 통해 1861년 탈륨을 발견하기도 했던 영국의 물리학자 윌리엄 크룩스$^{\text{William Crookes (1832~1919)}}$도 1970년대에 음극선에 대한 여러 가지 실험을 할 수 있는 크룩스관

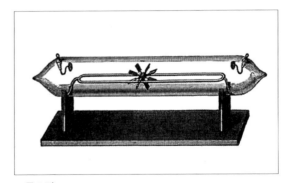

크룩스관.

을 개발했다. 크룩스관은 많은 학자들이 음극선의 성질을 밝혀내기 위한 실험에 이용되었다. 엑스선의 발견이나 전자의 발견도 모두 크룩스관을 이용한 실험을 통해 이루어졌다. 그 후 많은 사람들이 다양한 용도로 사용되는 여러 가지 형태의 음극선관을 개발하여 실험 용도로 사용했을 뿐만 아니라 텔레비전이나 컴퓨터 모니터와 같은 실용적인 용도로도 널리 사용했다. 오늘날 널리 사용하고 있

는 형광등도 음극선관의 일종이다.

하이델베르크 대학에서 분젠을 지도교수로 박사 학위를 받은 필리프 에두아르트 안톤 폰 레나르트^{Philipp Eduard Anton von Lenard(1862~1947)}는 1888년부터 음극선의 성질을 알아내기 위한 여러 가지 실험을 했다. 레나르트는 음극선을 음극선관 밖으로 나오게 하기 위해 얇은 금속 막으로 만든 창을 단 음극선관으로 실험했다. 레나르트 창이라고 부르는 이 창은 음극선관 안과 밖의 압력 차이를 견디기에는 충분할 정도로 두꺼웠지만 음극선이 통과하기에 충분할 정도로 얇았다. 레나르트는 이 창을 통해 음극선을 밖으로 꺼내거나 다른 진공관 안으로 보내 음극선의 성질을 알아보기 위한 여러 가지 실험을 할 수 있었다. 음극선은 눈에 보이지 않지만 형광물질을 바른 물질에 충돌하면 빛을 내기 때문에 관찰이 가능했다. 형광물질로는 주로 백금시안산바륨을 사용했다. 이런 실험을 통해 레나르트는 음극선이 공기 입자에 의한 산란으로 인해 공기 중에서는 아주 짧은 거리밖에 진행할 수 없다는 것을 밝혀내 전자기파가 아니라 입자일지 모른다고 제안했으며, 후에 아인슈타인이 설명한 광전효과 실험을 하기도 했다. 음극선에 관한 연구 업적으로 1905년 노벨 물리학상을 수상하기도 한 레나르트는 후에 열렬한 나치 지지자가 되었다.

엑스선의 발견

독일에서 태어나 네덜란드와 스위스에서 공부했고 슈트라스부르크 대학과 기센 대학 그리고 뷔르츠부르크 대학에서 물리학 교수를 지낸 빌헬름 콘라트 뢴트겐^{Wilhelm Conrad Rontgen(1845~1923)}은 음극선의 성질을 알아내는 실험을 하다가 엑

뢴트겐.

스선을 발견했다. 뢴트겐이 엑스선을 발견한 것은 뷔르츠부르크 대학에서였다. 레나르트로부터 음극선관에 창을 만드는 방법을 배운 뢴트겐은 1895년 11월 음극선관에 낸 얇은 알루미늄 창 가까이에 형광물질인 백금시안산바륨을 바른 스크린을 놓아두고 창을 통과한 음극선이 만들어내는 형광을 조사하고 있었다. 뢴트겐은 알루미늄 창을 보호하기 위해 음극선관을 빛을 차단할 수 있는 두꺼운 종이로 씌운 뒤 창 가까이 놓아둔 형광 스크린에 형광이 발생하는 것을 관찰했다. 1895년 11월 8일, 뢴트겐은 크룩스관을 이용하여 이 실험을 반복하면서 크룩스관을 씌운 마분지가 빛을 확실히 차단하는지를 보기 위해 불을 껐을 때 음극선관에서 1m 이상 떨어진 곳에 놓아두었던 형광판에서 희미하게 빛이 나온다는 것을 발견했다.

이 빛은 음극선으로 인한 것이 아니었다. 음극선은 공기 중에서 그렇게 멀리까지 갈 수 없다는 것이 이미 잘 알려져 있었다. 그렇다면 음극선과는 다른 복사선에 의한 것이 확실했다. 음극선관에서 음극선 외에 두꺼운 마분지를 통과할 수 있는 새로운 형태의 복사선이 나오고 있었던 것이다. 그는 주말 내내 이 실험을 반복한 뒤 새로운 복사선을 발견했다고 확신했다. 그 뒤 몇 주 동안 실험실에서 먹고 자면서 이 복사선의 성질을 알아내기 위한 실험을 한 뢴트겐은 정체를 알 수 없는 이 복사선을 수학에서 미지수를 나타내는 알파벳 x에서 따서 엑스선이라고 불렀다. 뢴트겐은 물체를 잘 투과하는 엑스선을 이용하여 자신의 아내 안나 Anna Bertha의 손 사진을 찍었다. 이것이 최초의 엑스선 사진이었다. 손가락뼈와 반지가 선명하게 나타난 이 사진을 보고 안나가 "나는 나의 죽음을 보았다"라고 말했다는 것은 엑스선 발견과 관련된 널리 알려진 일화다. 뢴트겐은 여러 가지 물질을 이용한 엑스선의 투과 실험을 하는 동안 형광 스크린에 나타난 눈을 깜박거리는 자신의 두개골 영상도 볼 수 있었다.

그동안의 실험 내용이 정리된 〈새로운 종류의 복사선에 대하여〉라는 제목의

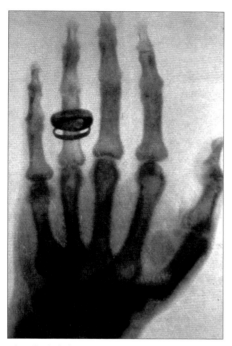

뢴트겐 아내의 손 사진.

논문은 1895년 12월 28일에 뷔르츠부르크 물리의학 학회지에 제출되었다.

엑스선 발견 소식은 1896년 1월 4일에 열렸던 독일 물리학회 50주년 기념 학회를 통해 독일 과학자들에게 알려졌고, 곧 많은 신문들에 보도되었다. 의학계에서는 엑스선의 의학적 중요성을 재빨리 알아차리고 질병 진단에 사용하기 시작했다.

뢴트겐의 엑스선 발견은 물리학계와 의학계뿐만 아니라 일반인들 사이에서도 크게 화젯거리가 되어 뢴트겐은 곧 유명 인사가 되었다. 1월 9일에는 독일 황제였던 빌헬름 2세로부터 엑스선 발견을 축하하는 축전을 받기도 했다. 엑스선 발견은 그 후 이루어진 방사선의 발견과 전자의 발견에 영향을 주었다. 따라서 학자들 중에는 1895년에 이루어진 엑스선의 발견이 현대 과학의 출발점이라고 생각하는 사람들도 있다.

그러나 엑스선이 무엇인가에 대해서는 많은 논란이 있었다. 일부에서는 파장이 짧은 전자기파라는 주장도 있었지만 빛을 전달하는 매질이라고 믿었던 에테르의 파동, 파장이 짧은 음파, 중력파 또는 입자의 흐름이라고 주장하는 사람들도 있었다. 뢴트겐은 에테르의 압축에 의해 발생한 종파일 것이라고 생각했다.

엑스선의 정체에 대한 논쟁은 이후 오랫동안 계속되었지만 1912년에 독일의 막스 폰 라우에Max von Laue(1879~1960)가 황산구리 결정격자에 의한 회절 무늬를 만든다는 것을 밝혀내 엑스선이 짧은 파장을 지닌 전자기파라는 것을 밝혀냈다. 라우에의 실험은 결정격자의 존재를 실험적으로 확인한 것으로도 중요한 실험이었다. 이 실험으로 여러 가지 물질이나 분자의 구조를 엑스선을 이용하여 분석하는 길이 열렸다.

뢴트겐에 대해서는 엑스선을 발견한 과학적 업적과 함께 그의 인간성을 알 수 있는 다른 이야기들도 널리 알려져 있다. 뢴트겐은 네덜란드에 있는 위트레흐트 기술학교에 다니는 동안 학교 선생의 초상을 불경하게 그린 친구가 누군지 말하기를 끝까지 거부했다는 이유로 퇴학당했고, 이로 인해 네덜란드나 독일의 김나지움에 다시 들어갈 수 없게 되었다. 뢴트겐이 스위스 취리히에 있는 연방 기술학교에 진학한 것은 고등학교 졸업장이 없어도 시험만 보면 입학할 수 있었기 때문이었다. 뢴트겐은 1869년에 취리히 대학에서 박사 학위를 받았다. 뢴트겐이 엑스선을 발견한 후 일부 과학자들은 이 새로운 광선을 뢴트겐선이라고 부를 것을 제안했지만 뢴트겐은 엑스선이라는 이름을 선호했다. 새로운 발견에 자신의 이름을 붙이기를 좋아했던 당시의 풍조에 비추어볼 때 이는 그의 겸손한 성격을 잘 나타내는 것이다.

엑스선의 의학적 유용성이 증명되자 많은 사람들이 뢴트겐에게 엑스선에 대해 특허를 출원하라고 권유했지만 그는 하지 않았다. 엑스선 발견의 혜택을 모든 사람들이 누리도록 하겠다는 생각에서였다. 뢴트겐은 엑스선을 발견한 공로로 1901년에 제1회 노벨 물리학상을 수상했지만 상금은 모두 뷔르츠부르크 대학에 기부했다. 하지만 뷔르츠부르크 대학이 그에게 수여한 명예 의학박사 학위는 받아들였다.

과학적 업적으로 경제적 이익을 추구하지 않았던 뢴트겐은 제1차 세계대전 뒤의 인플레이션으로 파산지경에 이르는 고통을 겪기도 했다. 뢴트겐이 사망한 후에는 그의 유언에 따라 개인적 편지와 과학적 교류는 모두 파기되었다.

베크렐의 방사선 발견

1895년 말에 있었던 뢴트겐의 엑스선 발견으로 전 세계 과학계가 들떠 있던 1896년 초에 프랑스의 앙투안 앙리 베크렐$^{\text{Antoine Henri Becquerel(1852~1908)}}$은 원자가 내는 방사선을 발견하는 또 다른 중요한 역사적 사건을 만들었다.

할아버지와 아버지가 모두 과학자였던 집안에서 태어난 베크렐은 에콜폴리테크니크에서 과학을 공부하고, 다리 및 고속도로 학교에서 공학자로 훈련을 받은 후 1895년에 에콜폴리테크니크의 물리학 교수가 되었다. 베크렐은 인광에 관심이 많았다. 물체에 빛을 쪼였을 때 쬔 빛보다 파장이 긴 빛이 나오는 것을 형광이라 하고, 빛을 쪼였다가 제거한 후에도 한동안 빛을 내는 것을 인광이라고 한다. 낮에 햇빛을 받았다가 밤에 빛을 내는 야광 교통 표지판이나 야광 시계는 모두 인광을 이용한 것이다. 이를 인광이라고 부르는 것은 인에서 이런 현상을 처음 관측했기 때문이다. 뢴트겐의 엑스선 발견 소식을 전해 들은 베크렐은 우라늄 염과 같은 인광을 내는 물질에 햇빛을 비추었을 때도 엑스선처럼 투과성이 강한 복사선이 나올지 모른다는 생각을 하게 되었다.

베크렐은 즉시 이를 확인하기 위한 실험을 시작했다. 초기 실험 결과는 그의 예측이 옳다는 것을 보여주는 듯했다. 베크렐은 사진 감광지를 빛이 들어가지 못하도록 두꺼운 종이로 싼 다음 그 위에 인광 물질을 올려놓고 빛을 쪼여주었다. 그러고는 사진 감광지와 인광 물질 사이에 동전이나 금속 조각을 놓아보기도 했다. 그런 후에 두꺼운 종이로 싸여 있던 감광지를 현상하자 물체의 형상이 나타났고, 금속 조각의 모양도 나타났다. 빛을 쬔 인광 물질에서 두꺼운 종이를 투과하는 엑스선과 비슷한 방사선이 나오는 것이 틀림없다고 생각한 베크렐은 이 실험 결과를 1896년 2월 24일에 프랑스 과학아카데미에 보고했다.

그러나 또 다른 실험 결과는 우라늄 염에 빛을 쬐었을 때 투과력이 큰 복사선이 나온다는 그의 가설을 버리지 않을 수 없게 했다. 베크렐은 이 현상을 더 자세히 관측하기 위해 몇 개의 샘플을 준비했지만 날씨가 좋지 않아 제대로 된 실험을 할 수 없었다. 그는 두꺼운 종이에 싼 감광지를 우라늄 염과 함께 어두운 서랍에 넣어두었다. 며칠 동안 계속 날씨가 좋지 않자 그대로 감광지를 현상해보기로 했다. 그는 매

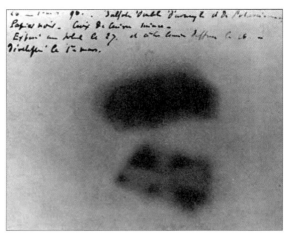

우라늄 염에서 나오는 방사선에 노출된 베크렐의 사진 감광지.

우 흐릿한 영상이 나타날 것이라고 생각했지만 예상했던 것과 달리 선명한 영상이 나타나 있었다. 그것은 우라늄 염에서 나오는 복사선이 외부에서 쪼여준 빛과 관계없다는 것을 뜻하는 것이었다.

베크렐은 이 실험 결과를 1896년 3월 2일에 발표했다. 우라늄을 이용한 여러 가지 실험을 한 베크렐은 1896년 5월에 투과성이 강한 이 복사선이 외부의 빛과는 관계없이 우라늄 원소에서 나온다는 결론에 도달했다.

우라늄 원소에서 복사선이 나온다는 것은 매우 중요한 사실이다. 원자가 더 이상 쪼갤 수 없는 가장 작은 알갱이라면 원자에서 아무것도 나올 수 없어야 한다. 따라서 원자에서 무엇이 나온다는 것은 원자가 복잡한 내부 구조를 가지고 있을지도 모른다는 것을 뜻하는 것이었다. 그러나 뢴트겐이 발견한 엑스선에만 주목하고 있던 과학계에서는 베크렐의 발견을 그다지 심각하게 받아들이지 않았다. 따라서 과학자들이 원자의 내부 구조에 대한 본격적 탐색을 시작하기까지는 더 기다려야 했다. 베크렐이 발견한 방사선은 페에르 퀴리와 마리 퀴리 부부가 방사선을 내는 새로운 원소를 발견한 후에야 사람들의 관심을 끌 수 있었다.

마리 퀴리와 피에르 퀴리

과학자 중에서 가장 널리 알려진 사람은 누구일까? 일반인을 상대로 누구를 가장 위대한 과학자로 보느냐는 설문 조사를 하면 항상 뉴턴과 아인슈타인이 1등과 2등을 한다고 한다. 어떤 때는 뉴턴이 1등이고 어떤 때는 아인슈타인이 1등을 차지해 두 사람 사이의 우열을 가리기가 쉽지 않다는 것이다. 1등과 2등은 아니더라도 이런 설문 조사에서 항상 앞자리를 차지하는 사람이 마리 퀴리다. 마리 퀴리는 특히 우리나라 어린이들에게 인기 있는 과학자다. 마리 퀴리가 이런 인기를 누리게 된 것은 그녀의 이름 앞에 최초라는 수식어가 아주 많이 붙어 있기 때문일 것이다. 마리 퀴리는 최초의 여성 노벨상 수상자였고, 최초로 두 개의 다른 과학 분야에서 노벨상을 받은 사람이었으며, 최초로 박사 학위를 받은 여성이었고, 최초의 파리 대학 여성 교수였다.

마리 퀴리^{Marie Curie(1867~1934)}는 폴란드 바르샤바에서 교육자의 딸로 태어났지만 어려운 가정 형편 때문에 가정교사를 하면서 공부해야 했다. 1891년에는 프랑스 파리로 가서 소르본 대학에 진학하여 물리학과 수학을 공부했다. 1894년 대학 강사로 있던 피에르 퀴리를 만나 다음 해 결혼했고 1897년에는 후에 노벨 화학상을 받은 딸 이렌이 태어났다.

마리 퀴리는 박사 학위 논문을 위한 연구 주제를 무엇으로 할 것인가를 두고 고민했다. 이때 그녀의 관심을 끈 것

피에르 퀴리와 마리 퀴리 부부와 그들의 딸 이렌.

이 1895년에 뢴트겐이 발견한 엑스선과 1896년에 베크렐이 우라늄 염에서 발견한 복사선이었다. 마리 퀴리는 우라늄 염에서 나오는 복사선의 성질을 자세히 밝혀내는 것을 연구 주제로 정한 뒤 남편이 15년 전에 발명한, 전하를 정밀하게 측정할 수 있는 전위차계를 이용하여 기본적인 조사를 진행했다. 피에르의 전위차계를 이용한 마리 퀴리는 우라늄에서 나오는 복사선이 주변의 공기를 이온화시킨다는 것을 알아냈다. 주변 공기를 이온화시키는 정도를 통해 그녀는 우라늄 화합물에서 나오는 복사선의 세기가 우라늄 화합물에 포함된 우라늄 원소의 양에 의해서만 결정된다는 것을 알아냈다. 따라서 이 복사선이 분자의 화학적 반응에 의해 방출되는 것이 아니라 우라늄 원자에서 나오는 것이라고 결론지었다. 이런 생각은 원자는 더 이상 쪼개질 수 없다는 돌턴의 원자론에서 벗어나기 위한

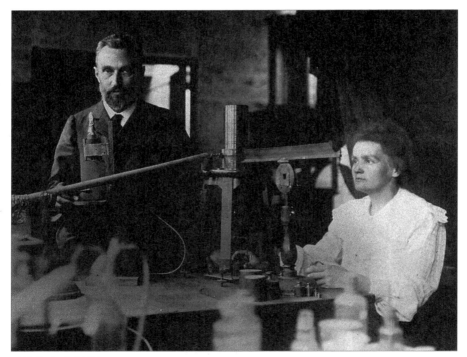

실험 중인 퀴리 부부.

중요한 진전이었다.

마리 퀴리는 전위차계를 이용하여 우라늄 광물인 피치블렌드와 토버나이트를 조사했다. 그런데 놀랍게도 이 두 광석에서는 우라늄보다 더 강한 복사선이 나오고 있었다. 피치블렌드는 우라늄보다 네 배 더 강한 복사선을, 토버나이트는 두 배 더 강한 복사선을 내고 있었다. 복사선의 세기가 우라늄 원소의 양에 의해서만 결정되는 것이라면 우라늄을 소량 포함하고 있는 이 두 광석에서는 우라늄보다 더 강한 복사선이 나올 수 없었다. 마리는 이 두 광석이 우라늄보다 더 강한 복사선을 내는 것은 이 광석에 우라늄보다 더 강한 복사선을 내는 새로운 원소가 포함되어 있기 때문이라고 확신했다. 그녀는 복사선을 내는 물질에 대한 체계적인 조사를 통해 토륨도 우라늄과 마찬가지로 복사선을 낸다는 것을 알아냈다. 그러나 토륨이 복사선을 낸다는 사실은 이미 두 달 전에 독일의 게르하르트 슈미트Gerhard Schmidt(1865~1949)가 발표한 뒤였다. 한발 늦어 토륨이 방사선을 낸다는 것을 발견한 영예를 다른 사람에게 내줄 수밖에 없었던 마리 퀴리는 우선권을 주장하기 위해서는 빠른 발표가 중요하다는 것을 알게 되었다.

1898년 중반에 마리 퀴리의 연구에 흥미를 느낀 남편 피에르 퀴리도 자신의 연구를 중단하고 마리 퀴리의 연구에 동참했다. 남편의 의견을 참고하기는 했지만 연구의 기본적인 아이디어는 마리 퀴리가 생각해낸 것이었다. 마리 퀴리는 이 점을 분명하게 했다. 여성은 창의적인 일을 할 수 없다고 생각하던 당시 사람들의 편견을 의식했기 때문이었다.

퀴리 부부는 우라늄 광석에 포함된 새로운 원소를 찾는 작업을 시작했다. 그들은 석출되는 온도가 다른 것을 이용하여 화합물을 분리해내는 분별 결정법을 이용하여 새로운 원소가 포함된 소량의 화합물을 분리해내기 위해 수 톤의 우라늄 광석을 정제했다. 퀴리 부부는 새로운 원소가 비스무트 화합물과 바륨 화합물에 포함되어 있다는 것을 확인하고, 1898년 7월에 마리 퀴리의 고국인 폴란드의 이름을 따라 폴로늄이라고 이름 붙인 새로운 원소의 발견을 발표했다. 그리고 1898년 12월 26일에는 라듐을 발견했다고 발표했다. 그들은 연구 과정에서 이 원소들이 내는 복사선을 방사선, 방사선을 내는 물질을 방사성물질이라고 불렀다. 그러나 아직 새로운 원소를 순수한 형태로 분리해내는 일이 남아 있었다. 퀴리 부부는 1902년에 염화라듐을 분리해내는 데 성공했고, 1910년에는 마리 퀴리가 순수한 라듐 금속을 분리해냈다. 그러나 반감기가 138일인 폴로늄은 끝내 분리해내지 못했다.

방사선에 대한 연구와 새로운 원소의 발견으로 마리 퀴리는 1903년 6월에 가브리엘 리프만Gabriel Lippmann(1845~1921) 교수를 지도교수로 박사 학위를 받았다. 이로 인해 마리 퀴리는 박사 학위를 받은 최초의 여성이 되었다. 그달에 퀴리 부부는 영국 왕립협회 초청으로 영국을 방문했지만 여성이라는 이유로 마리 퀴리는 강연을 할 수 없었다. 1903년 12월에는 스웨덴 왕립협회가 베크렐과 피에르 퀴리 그리고 마리 퀴리에게 방사선에 대한 연구 업적으로 노벨 물리학상을 수여했다. 처음에는 베크렐과 피에르 퀴리에게만 노벨상을 수여하려고 했지만 피에르 퀴리가 강력히 항의하여 마리 퀴리도 공동 수상자가 될 수 있었다. 그러나 퀴리 부부는 건강상의 이유로 12월 스톡홀름에서 열린 노벨상 수상식에 참석하지 못했고, 1905년 6월이 되어서야 스톡홀름을 방문해 노벨상 수상 연설을 할 수 있었다. 이때도 여성이라는 이유로 마리 퀴리의 연설은 허용되지 않아 피에르 퀴리만 수상 연설을 할 수 있었다. 피에르 퀴리는 수상 연설에서 마리의 업적을 구체적으로 언급했다.

1903년에 퀴리 부부가 받은 노벨상의 수상 업적에는 폴로늄과 라듐의 발견이 제외되어 있었는데 그것은 새로운 원소의 발견에는 물리학상이 아니라 화학상을 수여해야 한다는 화학회의 반대 때문이었다. 따라서 마리 퀴리는 폴로늄과 라듐을 발견한 공로로 1911년 노벨 화학상을 받을 수 있었다. 이로 인해 마리 퀴리는 물리학과 화학 분야에서 두 번의 노벨상을 받은 유일한 사람이 되었다. 물리학이나 화학에서 노벨상을 두 번 받은 사람과 화학상과 평화상을 받은 사람은 있지만 두 개의 다른 과학 분야에서 노벨상을 두 번 받은 사람은 마리 퀴리가 유일하다. 피에르 퀴리가 노벨 화학상을 공동으로 수상하지 못한 것은 1906년 4월 19일 비가 많이 오는 길에서 마차에 치이는 교통사고로 목숨을 잃은 후였기 때문이다.

마리 퀴리는 1906년 5월 13일 피에르 퀴리의 뒤를 이어 파리 대학 물리학 교수가 되었다. 그해 마리 퀴리는 남편의 전기 《피에르 퀴리》를 저술했다. 마리 퀴리의 연구와 후진 양성을 위한 활동은 그녀가 세상을 떠나던 1934년까지 활발하게 계속되었다. 퀴리 부부의 연구는 딸과 사위에게로 이어져 딸 이렌 퀴리와 사위 프레데리크 졸리오퀴리는 1934년 1월 인공 방사성동위원소를 발견하고 1935년 12월 노벨 화학상을 공동으로 수상했다. 딸과 사위 부부는 나란히 서서 노벨상 수상 연설을 할 수 있었다.

퀴리 부부의 연구로 방사선이 분자들의 화학반응에 의해 나오는 것이 아니라 원자에서 나온다는 것이 확실해졌다. 따라서 원자도 내부 구조를 가지고 있는 것이 확실했다. 이제는 원자가 무엇으로 구성되어 있고 어떤 구조를 하고 있는지를 밝혀내는 일을 본격적으로 시작하지 않을 수 없게 되었다. 원자에서 나오는 방사선은 원자의 내부 구조에 대한 중요한 단서를 가지고 있었다.

퀴리 부부의 연구로 많은 사람들이 방사선에 대해 관심을 가지게 되면서 원자 내부에 대한 탐사에 한 발 더 다가갈 수 있게 되었다. 그리고 19세기가 마감되기 직전에 현대 과학의 새로운 이정표가 된 또 다른 발견이 이루어졌다. 그것은 어떤 면에서는 엑스선이나 방사선의 발견보다 더 중요한 발견이었다.

전자의 발견

과학자들 중에는 전자의 발견이 현대 과학의 시작을 알렸다고 주장하는 사람들도 있다. 1897년에 있었던 전자의 발견은 현대 과학의 발전 과정에서 한 획을 긋는 중요한 사건이었다. 우리 주변에서 발견할 수 있는 모든 전자 기기에서 핵심 역할을 하는 것은 모두 전자라는 작은 알갱이다. 우리가 컴퓨터 자판을 두드릴 때마다 수많은 전자들이 우리가 내리는 명령에 따라 일사불란하게 움직여 우리가 원하는 결과를 내놓는다. 20세기의 과학은 한마디로 전자를 이해하고 전자를 마음대로 부리는 것을 가능하게 한 과학이라고 할 수 있다.

그러나 전자가 발견되기 이전에 이미 전자가 하는 작용에 대해서는 거의 대부분 이해하고 있었다. 전자라는 알갱이가 있는지도 모르던 시대에 이미 전자기학의 기본 법칙들이 모두 발견되어 있었던 것이다. 맥스웰 방정식을 중심으로 한 전자기학 법칙들은 전자가 만들어내는 현상들을 완전하게 설명할 수 있었다. 전자의 발견으로 전자기학의 기본 법칙들이 달라지지는 않았다. 그러나 전자의 발견으로 전자기학의 기본 법칙들에 포함된 물리적인 의미를 더욱 확실히 이해할 수 있게 되었다. 그리고 더 중요한 것은 전자의 발견으로 물질을 이루는 원자의 내부 구조를 올바로 이해할 수 있는 길이 열리게 되었다는 것이다.

전자는 음극선에 대한 연구를 통해 발견되었다. 음극선관의 (−)극에서 나와 (+)극으로 흐르는 음극선의 정체를 밝혀내기 위한 실험을 한 사람은 많았다. 음극선이 기체와 부딪힐 때 내는 고유한 빛에 대한 연구가 진행되었고, 음극선이 형광물질에 부딪힐 때 내는 형광에 대한 연구도 이루어졌다. 과학자들은 우선 (−)극과 (+)극의 중간에 고체 물질을 놓아보았다. 그랬더니 뒤쪽 벽에 물체의 그림자가 생기는 것을 볼 수 있었다. 그것은 (−)극에서 나와 (+)극으로 흘러가는 것이 작은 알갱이임을 뜻하는 것이었다. 알갱이는 중간에 놓인 물체를 통과하지 못하기 때문에 뒤에 그림자가 만들어진다.

J. J. 톰슨.

음극선에 대한 이러한 연구를 발전시켜 음극선이 바로 전자의 흐름이라는 것을 밝혀낸 사람은 영국의 조지프 존 'J. J.' 톰슨 Joseph John 'J.J.' Thomson(1856~1940)이었다.

톰슨은 영국 맨체스터의 치담힐에서 태어나 후에 맨체스터 대학으로 바뀐 오언스 칼리지에서 공학을 공부했고, 케임브리지 대학의 트리니티 칼리지로 옮겨 수학 학사 및 석사 학위를 받은 후 캐번디시 연구소의 물리학 교수가 되었다. 톰슨은 전자를 발견하고 원자모형을 제시하여 원자의 구조를 밝히는 일에 크게 공헌하였을 뿐만 아니라 많은 제자들을 길러낸 사람으로도 널리 알려져 있다. 톰슨의 제자나 조수 중에서 일곱 명이나 노벨상을 수상했으며, 톰슨의 아들George Paget Thomson(1892~1975)도 전자의 파동성을 증명하는 실험으로 1937년에 노벨 물리학상을 수상했다.

톰슨은 음극선의 정체를 규명하기 위해 중요한 세 가지 실험을 했다. 첫 번째 실험은 음극선에서 (−)전하를 띤 입자들과 전하를 띠지 않은 입자들을 분리해 낼 수 있는가 하는 실험이었다. 톰슨은 음극선관 주위에 자기장을 걸어 음극선의 흐름을 휘게 하면 똑바로 진행하는 것이 아무것도 없다는 것을 알게 되었다. 그것은 음극선에는 (−)전하를 띠지 않은 입자가 포함되어 있지 않다는 것을 뜻했다.

두 번째 실험은 음극선에 전기장을 걸어주었을 때 음극선이 휘는 것을 조사하는 실험이었다. 이런 실험은 예전에도 다른 사람들에 의해 시도되었지만 실패했었다. 음극선관 안에 남아 있던 기체 때문이었을 것이라고 생각한 톰슨은 관 안의 진공도를 훨씬 높인 다음 실험을 다시 해보았다. 예상했던 대로 음극선이

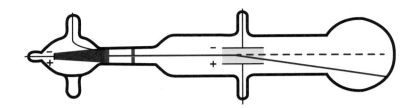

톰슨의 e/m 측정 실험 장치.

(+)극 쪽으로 휘어졌다. 그것은 음극선이 (−)전하를 띤 입자들의 흐름이라는 것을 확실히 하는 것이었다.

톰슨의 마지막 실험은 전기장 안에서 음극선이 휘어가는 정도를 측정하여 음극선을 이루는 알갱이의 전하와 질량의 비(e/m)를 결정하는 실험이었다. 톰슨이 측정한 음극선 입자의 e/m 값은 수소 이온의 e/m 값보다 1840배나 컸다. 그것은 이 입자가 (−)전하를 띠고 있으며 질량에 비해 큰 전하량을 가진 입자라는 것을 뜻했다. 톰슨은 이 입자를 미립자 corpuscles라고 불렀다.

1897년 4월 30일에 영국 왕립연구소에서 톰슨은 4개월간에 걸친 음극선에 대한 실험 결과를 발표했다. 톰슨은 이 미립자가 (−)극을 이루고 있는 물질 안에 포함되어 있는 원자에서 나온다고 주장했다. 그것은 원자가 더 이상 쪼개지지 않는 가장 작은 알갱이가 아니라는 것을 뜻했다. 톰슨이 미립자라고 부른 이 입자를 과학자들은 톰슨이 전자를 발견하기 전인 1894년에 조지 존스톤 스토니 George Johnstone Stoney(1826-1911)가 제안한 전자라는 이름으로 부르기 시작했다. 원자가 가지고 있는 전하량의 개념을 제안하고 계산했던 스토니는 전하량의 기본 단위를 나타내기 위해 1894년에 전자라는 명칭을 최초로 사용했다.

전자가 가지고 있는 전하가 1.6×10^{-19}쿨롱이라는 것을 밝혀낸 사람은 미국의

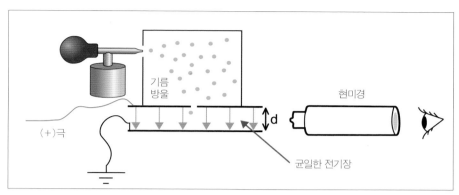

전자의 전하량을 측정한 밀리컨의 기름방울 실험.

로버트 앤드루스 밀리컨$^{Robert\ Andrews\ Millikan(1868~1953)}$이었다. 일리노이 주 출신으로 컬럼비아 대학에서 박사 학위를 취득한 후 시카고 대학 교수로 있던 밀리컨은 1909년 기름방울 실험을 통해 전자의 전하 크기를 정밀하게 측정하는 데 성공했다. 1910년 밀리컨의 실험 결과가 출판된 후에 다른 과학자가 밀리컨이 알아낸 것과 다른 결과를 발표해 밀리컨의 실험 결과에 대한 논란이 일기도 했다. 밀리컨은 1913년에 개선된 실험 장치를 이용하여 더 정밀한 결과를 발표했다.

밀리컨의 기름방울 실험은 두 금속 전극 사이의 전압을 조절하여 기름방울이 받는 중력과 전기력이 평형을 이루도록 한 다음 이를 이용하여 기름방울이 가지고 있는 전하량을 결정하고, 이 전하량이 특정한 전하량의 정수배가 된다는 것을 보여 기본 전하량인 전자의 전하량을 알아내는 실험이었다. 많은 기름방울들을 이용한 실험을 반복한 밀리컨은 기름방울의 전하량이 $1.592 \times 10^{-19} C$의 정수배라는 것을 알아냈다. 이는 오늘날 우리가 알고 있는 전자의 전하량 $1.602 \times 10^{-19} C$보다 약간 작은 값이다. 이 값을 톰슨이 알아낸 e/m 값에 대입하여 전자의 질량이 $9.1 \times 10^{-31} \mathrm{kg}$이라는 것을 알 수 있게 되었다.

러더퍼드와 방사선

원자의 구조를 밝혀내는 연구에서 가장 뚜렷한 업적을 남긴 사람 중 한 사람이 뉴질랜드 출신으로 영국에서 활동한 어니스트 러더퍼드^{Ernest Rutherford(1871~1937)}였다. 영국에서 뉴질랜드로 이민 온 농부의 아들로 태어나 뉴질랜드 대학에서 학사 및 석사 학위를 받고 2년 동안 연구원으로 일하면서 전파 안테나를 개발하기도 했던 러더퍼드는 1895년 영국으로 가서 톰슨이 소장으로 있던 캐번디시 연구소에서 연구를 시작했다. 케임브리지에서 학위를 받지 않

러더퍼드.

은 최초의 캐번디시 연구원이었던 러더퍼드는 학생들과 잘 어울리지 못했지만 톰슨의 격려를 받아 먼 거리에서 수신할 수 있는 전파 안테나를 개발하여 1896년에 발표하기도 했다. 그러나 그는 이 분야에서 굴리엘모 마르코니^{Guglielmo Giovanni Marconi(1874~1937)}가 자신보다 앞서 있다는 것을 알게 되었다.

케임브리지에서 러더퍼드는 톰슨의 지도하에 엑스선이 기체를 이온화하는 것에 대한 연구를 시작했지만 베크렐이 우라늄에서 방사선을 발견했다는 소식을 듣고 방사선에 대한 연구를 시작해 방사선이 두 가지 복사선으로 이루어졌다는 것을 알아냈다. 그러나 방사선에 대한 러더퍼드의 본격적인 연구는 캐나다 맥길 대학에서 이루어졌다.

1898년 톰슨은 러더퍼드에게 캐나다 몬트리올에 있는 맥길 대학에 물리학 교수로 갈 수 있도록 주선해주었다. 맥길 대학에서도 캐번디시 연구소에서 했던 방사선에 관한 연구를 계속한 러더퍼드는 1899년에 그때까지 알려졌던 두 가지

방사선에 알파선과 베타선이라는 이름을 붙였다. 1903년에는 방사선에 알파선이나 베타선보다 투과력이 큰 또 다른 복사선이 포함되어 있다는 것을 발견하고 이를 감마선이라고 불렀다. 러더퍼드는 또한 토륨이 방사성을 가진 기체를 방출한다는 것을 알아내고 이 방사성 기체의 반이 붕괴하는 데는 원소의 물리화학적 상태와 관계없이 항상 같은 시간이 걸린다는 것을 발견했다. 방사성원소의 반이 붕괴하는 데 걸리는 시간을 반감기라고 한다.

1900년부터 1903년까지 러더퍼드는 맥길 대학의 젊은 화학자 프레더릭 소디 Frederick Soddy(1877~1956)와 함께 토륨이 내는 방사성물질의 정체를 규명하는 연구를 했다. 소디는 이 기체가 불활성기체의 하나임을 밝혀내고 토론이라 부를 것을 제안했지만 후에 라돈의 동위원소라는 것이 밝혀졌다. 1902년 러더퍼드와 소디는 그들의 실험 결과를 설명하기 위해 방사성붕괴를 하면서 한 원소가 다른 원소로 변환한다는 원자 분열 이론을 제안했다. 그때까지는 복잡한 내부 구조를 가지고 있을지도 모른다는 많은 실험 결과에도 불구하고 원자는 물질의 가장 작은 단위로 받아들여지고 있었다. 따라서 러더퍼드와 소디가 방사성 붕괴를 통해 한 원소가 다른 종류의 원소로 변환한다는 주장은 급진적이고 새로운 것이었다.

러더퍼드와 소디는 방사성원소가 자발적인 붕괴를 통해 다른 원소로 바뀌는 것을 보여주었다. 이로써 원자가 더 이상 쪼개지지 않는 가장 작은 알갱이라는 돌턴의 원자모형이 공식적으로 폐기되었다. 이제 과학자들은 원자를 내부 구조를 밝혀내는 연구를 본격적으로 시작하게 되었다.

1907년 영국 맨체스터 대학으로 자리를 옮긴 후에도 러더퍼드는 알파선에 관한 연구를 계속했다. 조수였던 요하네스 한스 빌헬름 가이거 Johannes Hans Wilhelm Geiger(1882~1945)의 도움으로 가이거 계수기를 만들어 방사선에 포함된 입자의 수와 전하량을 측정할 수 있도록 했다. 이를 통해 러더퍼드는 아보가드로수의 정확한 값을 계산해낼 수 있었다. 러더퍼드는 1908년에 자신의 학생이었던 토머스 D.

로이스$^{\text{Thomas D. Royds(1884~1955)}}$와 함께 알파선이 헬륨 원자핵이라는 사실을 실험을 통해 증명했다. 원자의 붕괴 현상에 관한 연구 업적으로 러더퍼드는 1908년 노벨 화학상을 수상했다. 그러나 원자핵을 발견하여 원자의 내부 구조를 밝혀내는 데 크게 기여한 그의 핵심적인 실험 연구는 그가 노벨상을 수상한 뒤인 1909년에 이루어졌다. 원자핵을 발견한 금박 실험에 대해서는 뒤에서 다시 자세히 다룰 예정이다.

제2부

양자화된 물리량

7. 흑체복사와 양자화된 에너지

　오래전에 출판사로부터 일본 도서를 번역한 원고 검토를 부탁받은 적이 있었다. 대체로 잘된 번역 원고였지만 양자라는 말을 모두 양성자로 번역해놓은 것을 발견했다. 아마 일본에서는 양성자를 양자라고 부르는 것으로 오해했던 모양이다. 이런 오해가 생긴 것은 양자라는 말이 그 의미를 짐작하기 어려운 용어이기 때문일 것이다. 양자는 양성자나 중성자와 같이 물질을 구성하는 알갱이를 이르는 말이 아니다. 양자가 무엇인지를 한마디로 설명하기는 어렵다.

　원자는 이제 더 이상 쪼개지지 않는 가장 작은 알갱이가 아니라는 것이 밝혀졌다. 그것은 원자를 이루는 더 작은 알갱이가 있음을 뜻한다. 만약 원자를 이루는 더 작은 알갱이들이 크기만 작을 뿐 보통의 입자와 같은 알갱이였다면 우리는 양자라는 낯선 용어를 가지고 고민할 필요가 없었을 것이다. 그러나 원자를 이루는 작은 입자들은 크기만 작은 것이 아니라 우리가 알고 있는 것과는 전혀 다른 물리법칙의 지배를 받는다. 따라서 원자의 구조를 이야기하기 위해서는 양자라는 색다른 용어를 알아야 한다.

물질이 작은 알갱이들로 이루어졌다는 원자론은 1800년대 초에 등장했다. 원자론은 여러 가지 화학반응을 성공적으로 설명했고 분자와 물질의 구조를 밝혀내는 데 크게 공헌했다. 따라서 물질이 원자라는 불연속적인 알갱이로 이루어졌다는 것을 많은 사람들이 받아들이게 되었다. 그러나 에너지나 운동량과 같은 물리량은 당연히 연속적으로 변하는 양이라고 생각했다. 0에서 100까지 속도가 변할 때 당연히 속도가 중간의 모든 값을 거쳐 연속적으로 변한다고 생각했다. 에너지 또한 마찬가지다. 그런데 1900년대 초에 과학자들은 아주 작은 세계에서는 물리량도 연속적인 양이 아니라 최소 단위의 정수배로만 존재하고 주고받을 수 있다는 것을 발견했다. 에너지도 에너지 알갱이로 되어 있다는 것이다. 이렇게 물리량이 최소 단위의 정수배로만 존재하고 주고받을 수 있는 것을 물리량이 양자화되어 있다고 말한다. 물리량이 최소 단위의 정수배로만 존재하고 주고받을 때 물리량의 최소 단위가 양자다. 따라서 에너지 양자는 가장 작은 에너지 알갱이라고 할 수 있다. 물리량이 양자화되어 있으면 물리량이 연속적인 경우와는 상호작용하는 방법이 크게 달라진다. 물리량이 양자화되어 있는 세상에서 일어나는 일들은 연속된 물리량을 다루는 뉴턴역학으로는 다룰 수 없다. 따라서 원자보다 작은 세계로 여행하기 위해서는 양자화라는 새로운 현상에 익숙해져야 한다. 양자역학은 한마디로 말해 양자화된 물리량을 다루는 역학이다. 물리량이 양자화되어 있다는 것은 흑체복사 문제를 설명하는 과정에서 처음 밝혀졌다.

흑체복사의 문제와 에너지의 양자화

물체는 원자와 분자로 이루어져 있다. 물체를 이루는 원자나 분자는 정지해 있는 것이 아니라 빠른 속도로 움직이고 있다. 절대온도는 물체를 이루는 분자들이 가지고 있는 열운동 에너지의 크기를 나타낸다. 따라서 절대온도가 0도일

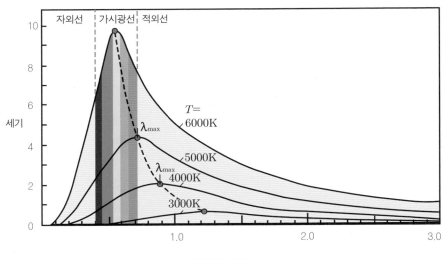

흑체복사 곡선

때는 열운동 에너지가 0이어서 분자들이 정지하게 된다. 하지만 0도가 아닌 온도에서는 분자들이 활발하게 운동하고 있다. 전하를 띤 전자가 활발하게 움직이면 전자기파를 방출한다. 온도가 낮아 입자들이 천천히 움직일 때는 파장이 긴 전자기파를 방출하고, 온도가 높아 입자들이 빠르게 움직일 때는 파장이 짧은 전자기파를 방출한다. 붉은빛은 파장이 긴 전자기파이고, 파란빛은 파장이 짧은 전자기파다. 온도가 낮은 물체는 붉은빛을 내고 온도가 높아지면 파란빛을 내는 것은 이 때문이다.

그런데 어떤 온도에서 물체가 한 가지 파장의 전자기파만 내는 것은 아니다. 붉은빛을 내는 것처럼 보이는 것은 붉은빛이 가장 많이 나오기 때문이지 붉은빛만 내기 때문은 아니다. 마찬가지로 높은 온도에서도 파란빛만 내는 것이 아니다. 파란빛이 가장 강하기는 하지만 파란빛보다 파장이 짧거나 긴 빛도 낸다. 어떤 온도에서 물체가 내는 전자기파의 세기가 파장에 따라 어떻게 달라지는지를 그래프로 그려보면 어떤 파장에서 세기가 가장 강하고 그보다 파장이 짧거나 길어지면 세기가 약해진다. 물체가 내는 전자기파의 세기가 파장에 따라 이렇게 변하는 것을 설명하는 문제가 흑체복사의 문제다. 물체가 내는 빛은 외부에서 빛을 받아서 반사하는 반사광과 스스로 내는 복사선이 있다. 반사하는 빛은 물체의 온도와 관계없이 외부에서 받는 빛의 파장과 표면 상태에 따라 세기가 달라진다. 흑체는 외부에서 오는 빛을 모두 흡수하고 스스로 내는 복사선만 방출하는 물체다. 흑체복사의 문제는 검은 물체가 내는 복사선의 문제가 아니라 물체가 스스로 내는 복사선의 파장에 따른 세기의 변화를 설명하는 것이다.

물체가 내는 복사선의 세기가 특정한 파장에서 최댓값이 되고 그보다 파장이 길어지거나 짧아지면 세기가 약해진다는 것은 실험을 통해 잘 알려져 있었다. 문제는 그것을 기존의 물리학 이론을 이용해 설명할 수 없다는 것이었다. 19세기 말에 흑체복사와 관련된 여러 가지 실험법칙들이 제시되었고, 그것을 설명하려는 이론 분석도 진행되었지만 흑체복사의 문제를 설명하는 데는 실패하고 있었다. 흑체복사 문제를 해결해 양자물리학이라는 새로운 물리학의 기초를 닦은 사람은 베를린 대학의 이론물리학 교수였던 막스 카를 에른스트 루트비히 플랑크 Max Karl Ernst Ludwig Planck(1858~1947)였다.

플랑크.

독일의 킬에서 태어난 플랑크는 가족이 뮌헨으로 이사한 후 그곳에서 고등학교를 다닌 뒤 물리학을 공부하기로 마음먹고 뮌헨 대학의 물리학 교수 필리프 폰 졸리 Phillip von Jolly(1809~1884)와 상담했다. 졸리는 "물리학에서는 거의 모든 것이 발견되어 이제 남은 것은 몇 개의 사소한 틈새를 메우는 일뿐이다"라고 말하며 말렸으나 플랑크는 "저는 새로운 것을 발견하고 싶지 않습니다. 다만 이미 알려진 것을 이해하는 것만으로도 만족합니다"라고 대답했다고 전해진다. 플랑크는 졸리의 지도 아래 수소가 가열된 백금 속에서 확산하는 과정을 밝혀내기 위한 실험을 했지만 이 실험을 마지막으로 이론물리학을 공부하기 시작했다. 1879년 2월에 〈역학의 두 번째 기초적 정리〉라는 제목의 논문을 제출하고 박사학위를 받은 플랑크는 뮌헨 대학에서 강의하면서 열역학에 대한 연구를 계속했다. 1885년 4월 플랑크는 킬 대학의 이론물리학 교수가 되었고, 1889년에는 베를린 대학으로 옮겼으며, 1892년에 베를린 대학의 정교수가 되었다.

플랑크가 흑체복사 문제에 관심을 가지게 된 것은 베를린 대학에 근무하던 1894년부터였다. 당시에는 흑체복사 문제를 연구하는 사람들이 많았다. 실험을 통해 얻은 결과로부터 그 결과를 설명할 수 있는 식을 구하려고 시도한 빌헬름 카를 베르너 오토 프리츠 빈$^{\text{Wilhelm Carl Werner Otto Fritz Franz Wien(1864~1928)}}$도 그중 하나였다.

아헨 대학에서 물리학을 가르치고 있던 빈은 1896년에 실험 결과를 이용하여 실험식을 만들었다. 빈의 실험식을 못마땅하게 생각한 플랑크는 전자기학 이론과 열역학 이론을 이용하여 빈의 법칙을 이론적으로 설명한 빈-플랑크 법칙을 제안했다. 빈-플랑크 법칙은 짧은 파장에서는 잘 들어맞지만 긴 파장에서는 잘 맞지 않았다. 그러나 빈이 발견한 변위법칙은 아직도 널리 사용되고 있는 법칙이다. 빈의 변위법칙은 특정한 온도에서 물체가 내는 전자기파 중 세기가 가장 강한 전자기파의 파장과 온도를 곱한 값이 일정하다는 것이다. 이를 식으로 나타내면 다음과 같다.

$$\lambda_{\text{max}} T = 일정$$

빈의 변위법칙에 의하면 온도가 올라가면 세기가 가장 강한 전자기파의 파장이 짧아진다. 빈은 1898년 이온화된 기체의 흐름을 조사하다가 수소 원자와 같은 질량을 가지는 (+)전하를 띤 입자를 발견했는데 1919년 러더퍼드가 이 입자를 다시 발견하고 양성자라고 이름 붙였다. 빈은 복사선에 대한 연구 업적으로 1911년 노벨 물리학상을 받았다.

한편 영국의 귀족 출신으로 캐번디시 연구소 소장으로 있던 존 윌리엄 스튜어트 레일리$^{John\ William\ Strutt\ Rayleigh(1842~1919)}$는 제임스 홉우드 진스$^{James\ Hopwood\ Jeans(1877~1946)}$와 함께 1900년에 전자기파의 이론을 이용하여 흑체복사 문제를 설명하는 식을 유도해냈다. 그러나 레일리-진스의 식은 파장이 긴 경우에는 실험 결과를 잘 설명할 수 있었지만 파장이 짧은 경우에는 실험 결과와 맞지 않았다.

플랑크는 전혀 다른 방법으로 흑체복사 문제에 접근했다.[5] 그는 1900년 12월 14일 독일 물리학회(DPG) 학술회의에서 전자기파가 모든 에너지를 가질 수 있는 것이 아니라 특정한 양의 정수배의 에너지만을 가질 수 있다는 가정을 바탕으로 흑체복사 문제를 해결했다고 발표했다. 다시 말해 전자기파의 에너지가 양자화되어 있다고 가정하면 흑체복사의 문제가 해결된다는 것이다. 이를 식을 이용하여 나타내면 진동수가 ν인 전자기파의 에너지는 $h\nu$라는 에너지 덩어리로만 방출할 수 있다는 것이다. 여기서 h는 플랑크상수라고 부르는 에너지의 최소 단위로, 그 크기는 $6.6 \times 10^{-33} Jsec$이다. 후에 플랑크는 이 이론을 제안할 때 에너지가 양자화되어 있다는 것에 대해 그다지 심각하게 생각하지 않았다고 회고했다.

"에너지가 덩어리를 이루고 있다는 가정은 순수하게 형식적인 가정이었으며,

(……) 이에 대해 많은 생각을 하지 않았다."

---

5) 앨런 라이트먼 저, 박미용 역, 《과학의 천재들》, 다산북스, 2011.

그러나 이 생각은 고전 물리학과는 전혀 다른 양자물리학을 탄생시키는 계기가 되었으며 플랑크의 가장 중요한 업적으로 평가받고 있다. 플랑크는 이 이론으로 1918년에 노벨 물리학상을 받았다.

양자화 가설과 흑체복사 문제

흑체복사 문제는 특정한 온도에서 물체가 내는 전자기파의 에너지가 파장이나 진동수에 따라 어떻게 달라지는지를 이론적으로 설명하는 문제다. 다시 말해 특정 온도에서의 진동수나 파장에 따른 에너지 밀도 함수를 구하는 것이다. 진동수와 파장은 반비례하므로 진동수에 따른 에너지 밀도 함수를 알면 파장에 따른 에너지 밀도 함수는 자연히 알게 된다. 진동수에 따른 에너지 밀도를 알기 위해서는 진동수 밀도 함수와 각 진동수의 전자기파가 가지고 있는 평균 에너지를 알아야 한다.

일정한 형태의 부피 안에서는 모든 진동수를 가진 전자기파가 다 포함되어 있는 것이 아니다. 양 끝을 고정시킨 줄을 튕길 때 일정한 진동수의 배음만 낼 수 있는 것과 마찬가지로 전자기파의 경우에도 띄엄띄엄한 진동수만 가능하다. 따라서 일정한 크기의 진동수 간격 안에 가능한 진동수가 몇 개 포함되어 있는지를 알아야 한다. 가능한 진동수가 촘촘히 분포해 있으면 일정한 간격의 진동수 안에 더 많은 에너지가 있을 수 있고 띄엄띄엄 분포해 있으면 일정한 간격 안에 적은 에너지가 포함되어 있을 것이다. 이렇게 일정한 간격 안에 얼마나 많은 가능한 진동수를 포함하고 있는지를 나타내는 것이 진동수 밀도 함수다. 플랑크는 레일리－진스와 마찬가지로 고전 전자기학으로 구한 진동수 밀도 함수를 사용했다. 진동수 밀도 함수를 유도하는 과정은 생략하고 그 결과만 보면 다음과 같다.

$$N(\nu) = \frac{8\pi\nu^2}{c^3}$$

이 진동수 밀도 함수는 진동수 ν를 중심으로 하여 단위 진동수 간격 안에 포함된 가능한 진동수의 개수를 나타낸다. 진동수가 작은 부분에는 가능한 진동수가 띄엄띄엄 분포해 있어서 밀도 함수의 값이 작고, 진동수가 큰 부분에서는 가능한 진동수가 조밀하게 분포해 있어 진동수 밀도 함수의 값이 크다.

다음에는 특정한 진동수를 가지는 전자기파가 온도 T에서 평균적으로 얼마의 에너지를 가지는지를 알아야 한다. 이 값을 알기 위해서는 특정한 진동수를 가진 전자기파의 에너지와 그런 에너지를 가질 확률을 알아야 한다. 고전 전자기 이론에 의하면, 진동수가 ν인 전자기파는 진폭이 연속적으로 증가할 수 있어 모든 크기의 에너지를 다 가지는 것이 가능하다. 그리고 특정한 온도에서 어떤 시스템이 특정한 에너지를 가질 확률은 볼츠만 인자, 즉 $e^{-\epsilon/kT}$에 비례한다. 이 식에서 k는 볼츠만상수다.

$$P(\epsilon) = \frac{e^{-\epsilon/kT}}{\int_0^\infty e^{-\epsilon/kT} d\epsilon}$$

따라서 진동수가 ν인 전자기파가 가지는 평균 에너지는 다음과 같다.

$$<\epsilon> = \frac{\int_0^\infty \epsilon e^{-\epsilon/kT} d\epsilon}{\int_0^\infty e^{-\epsilon/kT} d\epsilon} = kT$$

이것은 모든 진동수의 전자기파가 평균적으로 kT의 에너지를 갖는다는 것을 뜻한다. 이런 경우에는 에너지 밀도 함수는 다음과 같이 된다.

$$u(\nu) = \frac{8\pi\nu^2}{c^3} kT$$

이는 진동수가 큰 경우, 에너지 밀도 함수가 아주 큰 값을 가지게 된다는 것을 뜻한다. 이는 실험 결과와 맞지 않는다. 이것이 레일리-진스가 전자기학 이론을 이용하여 얻은 결과였다.

플랑크는 이 문제를 해결하기 위해 특정한 진동수를 가지는 전자기파가 모든 에너지를 가지는 것이 아니라 $h\nu$, $2h\nu$, $3h\nu$, $4h\nu$, …와 같이 $h\nu$의 정수배 값만 가진다고 가정했다. 그렇게 되면 전자기파가 가질 수 있는 에너지와 그런 에너지를 가질 확률은 다음과 같다. 플랑크는 볼츠만의 통계학적 분석을 그다지 신뢰하지 않았지만 평균 에너지 계산에 볼츠만의 분석을 이용했다.

$$E_n = nh\nu \qquad P(E) = \frac{e^{-nh\nu/kT}}{\sum e^{-nh\nu/kT}}$$

이런 경우 진동수가 ν인 전자기파가 가지는 평균 에너지는 다음과 같이 된다.

$$<\epsilon> = \frac{\sum nh\nu\; e^{-nh\nu/kT}}{\sum e^{-nh\nu/kT}} = \frac{h\nu}{e^{h\nu/kT}-1}$$

이렇게 구한 특정한 진동수를 가지는 전자기파의 평균 에너지에 진동수 밀도 함수를 곱하면 에너지 밀도 함수를 얻을 수 있다.

$$u(\nu) = \frac{8\pi h}{c^3}\frac{\nu^3}{e^{h\nu/kT}-1}$$

이 식을 그래프로 나타내면 흑체복사 곡선과 일치한다. 흑체복사의 문제가 해결된 것이다. 이 식에서 h는 플랑크상수로 $6.6261 \times 10^{-34} Js$이다. 단위 부피당 전체 복사에너지는 에너지 밀도를 모든 진동수에 대하여 적분하면 얻을 수 있다.

$$U(T) = \frac{8\pi h}{c^3}\int_0^\infty d\nu \frac{\nu^3}{e^{h\nu/kT}-1} = \frac{8\pi h}{c^3}\left(\frac{kT}{h}\right)^4 \int_0^\infty dx \frac{x^3}{e^x-1} = \sigma T^4$$

상수 σ의 값은 $7.5662 \times 10 - 16 J/m^3 \cdot K^4$이다. 이것은 온도 T인 물체가 내는 전자기파 복사에너지는 온도 네제곱에 비례한다는 스테판-볼츠만의 법칙이다. 이것으로 흑체복사 문제는 해결되었다.

오랫동안 많은 사람들을 괴롭혀온 흑체복사의 문제를 에너지가 양자화되어 있다는 가설을 이용하여 해결한 것은 놀라운 일이었다. 그것은 양자화되어 있는 물리량의 세계로 들어가는 문을 열어젖힌 것이었다. 하지만 흑체복사 곡선을 정확히 예측한 플랑크의 성공에도 불구하고 에너지가 양자화되어 있다는 개념은 쉽게 받아들일 수 없었다. 이에 대해 아인슈타인의 전기[6]에는 다음과 같이 설명되어 있다.

에너지가 양자화되어 있다는 개념은 근본적으로 이상했다. 목이 마르다고 생각해보자. 가게에 가면 맥주를 한 병, 두 병으로 살 수 있다. 가게에서 반병이나 3분의 1병의 맥주를 살 수 없다는 것은 누구나 알고 있다. 그러나 맥주를 병 단위로만 판매한다고 해서 맥주의 최소량이 한 병인 것은 아니다. 꼭지가 달린 큰 통의 맥주를 사서 꼭지를 돌리면 얼마든지 적은 양의 맥주를 마실 수 있다. 그러나 양자가설에 의하면 꼭지를 돌려도 맥주가 한 병 분량씩밖에는 나오지 않는다는 것이다. 이것은 우리 경험과 모순되는, 도저히 이해할 수 없는 현상이었지만 흑체복사 문제를 설명하는 데는 성공적이었다.

흑체복사의 문제를 해결한 플랑크도 흑체복사 문제를 해결한 자신의 방법을 그리 탐탁하게 생각하지 않았다. 양자물리학이 성공적으로 자리 잡은 다음에도 플랑크는 자신이 제안한 에너지 양자를 고전 물리학의 틀 안에서 이해하려고 노력했다. 그는 후에 "여러 해 동안 나는 에너지 양자를 고전 물리학의 틀 안에서 이해하려고 노력했지만 많은 어려움을 겪었다"라고 말했다.

양자물리학 성립에 크게 공헌한 괴팅겐 대학의 막스 보른$^{Max Born(1882~1970)}$은 플

---

6) 레벤슨 저, 김혜원 역, 《알베르트 아인슈타인》, 해냄, 2006.

랑크에 대해 다음과 같이 말했다.

> "그는 논리적 사고력이 뛰어나서 전통에 반대되는 생각을 주저 없이 주장하기
> 도 했다. 다른 방법으로 설명할 수 없다는 것을 잘 알고 있었기 때문이었다. 그
> 러나 그는 성격상 그리고 가문의 전통상 매우 보수적인 사람이어서 새로운 생
> 각을 그다지 좋아하지는 않았다."

플랑크는 양자물리학이 탄생하는 기초를 닦은 사람이었지만 양자물리학이 성
립된 후에도 상식적으로 이해할 수 없는 내용이 많이 포함된 양자물리학을 받아
들이려고 하지 않았다. 양자역학의 발전에 크게 기여한 양자역학의 선구자들이
양자역학을 받아들이지 않는 일은 이후에도 여러 번 있었다. 그것은 새롭게 등장
하는 양자역학의 탄생 과정이 매우 고통스러운 과정이었다는 것을 잘 보여준다.

그러나 당시 스위스 베른에 있는 특허사무소에서 서기로 근무하고 있던 아인
슈타인은 에너지 양자가설을 진지하게 받아들였다. 아인슈타인도 처음 양자가
설을 대했을 때 마치 땅이 내려앉아 건물을 지을 토대가 사라진 것 같은 느낌이
었다고 했다.

1900년 플랑크의 논문이 발표되고 1905년 아인슈타인이 양자화 개념을 이용
해 광전효과를 설명한 논문이 나오기까지 5년 동안 양자화를 다룬 논문은 발표
되지 않았다. 플랑크마저도 이 기간 동안에는 에너지 양자가 계산을 위해 사용
된 것으로 실제적인 의미가 없다는 것을 입증하려고 시도했다. 그러나 1905년
광전효과에 대한 아인슈타인의 논문이 발표된 후에는 사정이 달라지기 시작했다.

8. 광전효과와 광양자설

광전효과의 발견

여러 가지 물질에 가시광선이나 자외선과 같은 전자기파를 비췄을 때 전자가 튀어나오는 현상을 광전효과, 이때 나온 전자를 광전자라고 한다. 광전효과와 관련된 현상은 1800년대에 처음 발견되었다. 빛을 비추면 물질의 전기적 성질이 달라진다는 것은 1800년대 초부터 이미 알려져 있었다. 그러나 과학자들이 광전효과에 관심을 가지고 여러 가지 실험을 하기 시작한 것은 전자기파를 발견한 하인리히 헤르츠Heinrich Hertz(1857~1894)의 실험이 알려진 후부터다.

독일의 함부르크에서 태어난 헤르츠는 드레스덴 대학과 뮌헨 대학에서 공부했고, 1880년 베를린 대학에서 박사 학위를 받은 후 1883년에 킬 대학의 이론물리학 강사를 거쳐 1885년에는 칼스루헤 대학의 교수가 되었다. 영국의 제임스 클러크 맥스웰James Clerk Maxwell(1831~1879)은 빛의 속도로 전파되는 전자기파가 존재하며 빛도 전자기파의 일종이라고 주장했지만 실험을 통해 실제로 전자기파가 존재한다는 것을 확인하지는 못했다. 헤르츠는 맥스웰이 예측한 전자기파를 찾아내기 위해 전자기파를 발생시켜 송신하고 그것을 안테나로 수신하는 실험을 시작했다. 그는 고전압의 유도코일과 축전기(레이던병) 그리고 약간 떨어져 있는 지름 2㎝의 청동 구로 만든 두 극을 이용하여 빠르게 진동하는 전기 방전기를 만들었다. 진동수는 축전기의 용량과 유도코일의 인덕턴스를 이용하여 조정할 수 있었다. 이 회로에 흐르는 진동 전류가 전자기파를 발생시켰다.

이제 남은 문제는 이 전자기파를 수신하는 것이다. 헤르츠는 1㎜ 두께의 구리선을 구부려 지름 7.5㎜의 원을 만든 다음 한쪽 끝에는 작은 청동 구슬을 달아놓고 다른 쪽 끝에는 바늘을 매달아 청동 구슬 가까이 놓았다. 나사를 이용해 바늘을 청동 구슬에 아주 가까이 접근시킬 수 있도록 했다. 이 안테나는 전자기파 발생 장치의 진동수와 같은 진동수를 가지도록 설계되었다. 안테나가 전자기파를 수신하면 안테나에도 진동하는 전류가 흐르게 되고, 그렇게 되면 수백분의 1㎜에 불과한 청동 구슬과 바늘 사이에서 방전이 일어나 작은 불꽃을 볼 수 있을 것이다. 실험은 예상대로 진행되었다. 실제로 전자기파가 발생되어 송신되었고, 이를 안테나로 수신할 수 있었다. 헤르츠는 이 작은 전기불꽃을 더 잘 관측하기 위

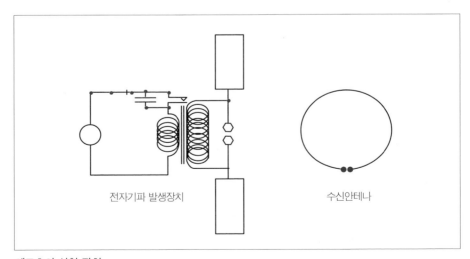

헤르츠의 실험 장치.

해 어두운 상자 안에 넣어놓고 관측했다. 그가 상자 안에 수신기를 넣자 방전 시간이 줄어들었다. 송신기와 수신 안테나 사이에 자외선을 차단할 수 있는 유리판을 놓아두어도 방전 시간이 짧아졌다. 유리판을 제거하자 방전시간이 길어졌다. 그가 유리 대신 자외선을 통과시키는 수정을 놓아두었을 때는 방전 시간에 변화가 생기지 않았다. 이것은 빛이 전기적 성질에 영향을 준다는 것을 나타내는 것이었다.

헤르츠는 더 이상 이 실험을 하지 않았고 그 이유를 설명하려고 시도하지도 않았지만 그의 실험은 많은 사람들이 빛, 특히 자외선이 대전된 물체에 주는 영향을 알아보는 실험을 하도록 하는 계기가 되었다. 헤르츠와 함께 실험했던 독일의 빌헬름 루트비히 프란츠 할바크스Wilhelm Ludwig Franz Hallwachs(1859~1922)는 1988년에 (−)전하로 대전된 물체에 자외선을 비추면 전하가 소실되지만(광전효과), (＋)전하로 대전된 물체에는 자외선을 쬐어도 전하가 소실되지 않는다는 할바크스효과를 발견했다. 1888년부터 1891년 사이에는 러시아의 과학자 알렉산드르 스톨레토프Aleksandr Stoletov(1839~1896)가 광전효과를 자세히 관찰한 논문을 연이어 발표했다.

정교한 실험 장치를 이용해 스톨레토프는 기체에 비춘 전자기파의 세기와 광전효과의 결과로 흐르게 되는 전류가 서로 비례한다는 것을 알아냈다. 이것을 광전효과의 제1법칙 또는 스톨레토프의 법칙이라

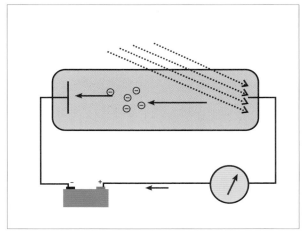

광전효과 실험 장치.

고 부른다. 그는 전류의 세기와 기체의 압력 사이의 관계를 연구하고 가장 큰 전류를 흐르게 하는 기체의 압력을 찾아내기도 했다. 그의 이런 연구 결과는 태양전지 제작에 응용되고 있다.

그러나 이때까지는 금속에 가시광선이나 자외선을 비추었을 때 무엇이 나오는지 모르고 있었다. 가시광선이나 자외선을 비추면 전자가 튀어나오리라는 것을 알아낸 사람은 전자를 발견한 J. J. 톰슨으로, 1899년에 크룩스관을 이용하여 자외선을 금속에 비추었을 때 나오는 광전자에 대한 여러 가지 실험을 했다. 그는 맥스웰의 전자기파 이론을 이용하여 전자기파가 원자를 진동시키게 되고, 원자의 진동이 어떤 한계를 넘으면 원자 속에 들어 있던 미립자(후에 전자로 불리는)가 튀어나온다고 설명하면서, 이 미립자에 의한 전류가 전자기파의 세기뿐만 아니라 파장에 따라서도 달라진다는 것을 확인했다.

음극선관에 창을 달아 여러 가지 음극선 실험을 가능하게 하여 뢴트겐의 엑스선 발견에 도움을 주었던 레나르트는 1902년에 금속에 비춘 빛의 진동수가 커지면 튀어나오는 전자의 에너지가 커지지만 같은 진동수의 빛을 강하게 비추었을 때는 전자의 에너지가 달라지지 않는다는 것을 발견했다. 진동수가 다르다는 것은 빛의 색깔이 다르다는 것을 뜻한다. 빨간색은 진동수가 적은 빛이고 보라색은 진동수가 큰 빛이다. 레나르트는 광전자의 에너지가 빛의 세기와는 관계없이 빛의 색깔에 따라서만 달라진다는 것을 발견한 것이다. 이것은 고전 전자기 이론으로는 설명할 수 없는 현상이었다. 고전 전자기이론에 의하면, 광전자의 에너지는 빛의 진동수가 아니라 빛의 세기에 따라 달라져야 했다. 레나르트는 이런 현상을 발견했지만 왜 그런 현상이 나타나는지를 설명하지는 못했다.

아인슈타인의 광양자설

빛 에너지가 양자화되어 있다는 것을 밝혀내 광전효과를 성공적으로 설명하고 플랑크가 제안한 양자화 가설을 다시 한 번 확인한 사람은 알베르트 아인슈타인Albert Einstein(1879~1955)이었다. 독일에서 태어났지만 스위스 연방공과대학에 진학하여 물리학을 공부한 후 스위스 베른의 특허사무소에서 근무하고 있던 아인슈타인은 아인슈타인의 기적의 해라고 불리는 1905년에 현대 과학의 새로운 지평을 연 세 편의 놀라운 논문을 《물리학 연대기》에 발표했다.

첫 번째 논문은 1905년 6월 9일에 발표한 논문으로, 빛을 금속에 쪼였을 때 전자가 튀어나오는 광전효과를 광양자의 개념을 도입하여 새롭게 분석한 것이었다. 아인슈타인이 1921년에 노벨 물리학상을 수상한 것은 이 논문 때문이었다.

두 번째 논문은 7월 18일에 발표되었는데 브라운운동이라고 알려진 현상을 분석하여 물질이 분자로 이루어졌다는 것을 논증한 것이었다.

9월 26일에 발표된 〈운동하는 물체의 전기역학에 대하여〉라는 제목의 세 번째 논문은 특수상대성이론을 제안한 논문이었다. 아인슈타인은 11월 21일에도 중요한 논문을 발표했는데 〈질량은 포함하고 있는 에너지의 양에 따라 달라지는가?〉라는 제목의 논문으로 질량과 에너지가 같음을 밝힌 논문이었다. 네 번째 논문은 특수상대성이론의 결과 중 하나여서 흔히들 아인슈타인은 이 해에 세 편의 논문을 발표했다고 말한다. 아인슈타인의 기적의 해라고 부르는 1905년에 그가 해낸 발견에 대해 아인슈타인 전기[7]에는 다음과 같이 기록되어 있다.

아인슈타인은 이 모든 연구를 6개월 만에 해냈다. 뉴턴 이후 누구도 그렇게 폭발적으로 새로운 아이디어를 쏟아낸 적이 없었다. 오래전부터 상대성이론과

---

7) 토머스 레벤슨 저, 김혜원 역, 《알베르트 아인슈타인》, 해냄, 2005.

관계된 사고실험을 했지만 실제로 상대성이론에 대해 깨닫고 논문을 쓰기 시작한 것은 1905년 4월이었고, 논문을 완성한 것은 6주 뒤였다. 불과 6주 만에 세상을 바꾼 특수상대성이론이 탄생한 것이다.

아인슈타인의 주요 논문 발표 100주년이었던 2005년은 세계 물리의 해로 정해져 전 세계에서 많은 기념행사가 열렸다.

1905년에 아인슈타인이 발표한 세 편의 논문 중 첫 번째 논문인 광양자를 이용하여 광전효과를 설명한 논문은 빛의 에너지가 양자화되어 있다는 플랑크의 가설을 다시 확인한 것으로, 양자물리학 발전에 중요한 전기가 되었다. 아인슈타인은 물체가 내는 복사선의 에너지가 일정한 값의 정수배로만 방출된다고 주장한 플랑크의 양자화 가설에 흥미를 느끼고 왜 그런 현상이 나타나는지를 생각하다가 복사선이 에너지 알갱이가 아닐까 하는 생각을 하게 되었다. 아인슈타인은 빛이 입자라는 사실을 증명해줄 실험 결과를 찾던 중 1900년에 레나르트^{Philipp} $^{\text{Eduard Anton von Lenard(1862~1947)}}$가 했던 광전효과 실험을 알게 되었다. 광전효과 실험에서는 금속에 특정한 파장보다 긴 파장을 가지는 빛은 아무리 강하게 비추어도 전자가 튀어나오지 않았다. 반면에 파장이 짧은 빛은 약하게 비추어도 전자가 튀어나왔고, 같은 빛을 비추었을 때 튀어나온 전자가 가지는 운동에너지는 빛의 세기에 관계없이 모두 같았다. 강한 빛을 비추면 튀어나오는 전자의 개수는 늘어났지만 전자 하나가 가지는 에너지는 늘어나지 않았던 것이다.

이런 현상은 빛을 파동이라고 생각하면 설명할 수 없었다. 빛이 파동이라면 파장이 긴 빛도 충분히 세기가 강하면 전자를 방출하기에 충분한 에너지를 전달해 전자를 방출해야 한다. 아인슈타인은 빛이 불연속적인 에너지를 가지는 입자이기 때문이라고 생각했다. 빛을 진동수에 따라 결정되는 에너지, $h\nu$를 가지는 알갱이라고 생각하면 광전효과를 성공적으로 설명할 수 있다. 아인슈타인은 이

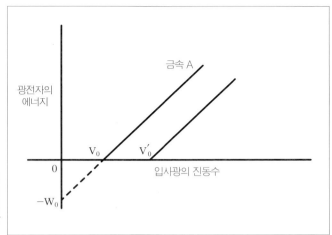

금속 A

광전자의
에너지

V_0 V'_0

0

입사광의 진동수

$-W_0$

광전효과에서 전자의 최
대 에너지는 입사광의 진
동수에 비례하며 문턱진
동수는 금속의 종류에 따
라 달라진다.

빛 알갱이를 광양자라고 불렀다.

빛 알갱이는 전자와 1 : 1로 충돌한다. 따라서 빛 알갱이 하나가 전자를 금속에
서 떼어내는 데 필요한 충분한 에너지를 가지고 있지 않으면 전자를 방출할 수
없다. 금속에 붙잡혀 있는 전자를 떼어내기 위해서는 전자의 결합에너지에 해당
하는 에너지를 공급해주어야 한다. 이 에너지를 일함수라고 한다. 따라서 일함수
보다 작은 에너지를 가지고 있는 빛 알갱이는 전자를 떼어낼 수 없다. 일함수와
같은 에너지를 가지는 빛 알갱이의 진동수를 '문턱진동수'라고 한다. 문턱진동
수보다 큰 진동수를 가지는 빛 알갱이는 금속에서 전자를 떼어낼 수 있다. 이때
금속에서 튀어나오는 전자가 가질 수 있는 에너지의 최댓값은 빛 알갱이가 가지
고 있던 에너지에서 전자를 금속에서 떼어내기 위해 사용한 일함수를 뺀 값이
다. 이를 식으로 나타내면 다음과 같다.

$$E_k = \frac{1}{2} m_e v^2 = h\nu - W_o$$

같은 색의 빛을 비추었을 때 튀어나오는 광전자의 에너지가 모두 같은 것도 쉽게 설명할 수 있다. 같은 색의 빛은 모두 같은 에너지를 가지는 광양자로 이루어졌으므로 전자와의 충돌로 전자에 전해주는 에너지가 같다. 아인슈타인의 광양자설은 광전효과를 성공적으로 설명했다. 따라서 빛의 에너지가 연속적인 에너지가 아니라 불연속적인 알갱이를 이루고 있다는 플랑크의 양자화 가설이 다시 한 번 확인된 것이다. 플랑크는 흑체복사의 문제를 해결하기 위해 양자화 가설을 제안했지만 실제로 에너지 덩어리가 존재한다는 데 대해서는 회의적이었다. 그러나 아인슈타인은 빛 에너지가 양자화되어 있다는 것을 사실로 받아들였다. 따라서 일부에선 물리량이 양자화되어 있다는 사실을 밝혀낸 사람은 플랑크가 아니라 아인슈타인이라고 주장하기도 한다. 빛이 전자와 상호작용할 때 입자로 상호작용한다는 것은 아서 홀리 콤프턴^{Arthur Holly Compton(1892~1962)}이 행한 콤프턴 실험을 통해서도 증명되었다.

콤프턴 실험

미국 오하이오 주 우스터에서 태어나 프린스턴 대학에서 박사 학위를 받은 후 우스터 대학 교수로 일했으며 후에 매사추세츠 공과대학^{MIT}의 총장을 역임하기도 했던 콤프턴이 엑스선 산란에 대한 연구를 시작한 것은 1918년이었다. 1922년 콤프턴은 엑스선을 니켈에 쪼여 반사되어 나오는 엑스선과 입사한 엑스선의 파장을 조사했다. 이 실험에서 콤프턴은 반사된 엑스선의 파장이 반사각에 따라 다르다는 것을 발견했다. 콤프턴은 이 결과를 설명하기 위해 빛을 입자로 가정하고, 빛 입자가 금속 안에서 전자와 탄성충돌하는 것이라고 가정했다.

콤프턴은 각도에 따라 반사된 엑스선의 파장이 다른 것은 엑스선과 니켈 속 전자의 충돌이 당구공의 충돌과 같이 입자 사이의 탄성충돌이기 때문이라고 설명했다. 그는 운동량 보존의 법칙과 에너지 보존의 법칙을 이용하여 반사하는 각도에 따라 다른 파장의 빛이 측정되는 것을 이론적으로 설명했다. 빛과 전자의 충돌을 당구공의 충돌과 같은 방법으로 분석했는데, 그 결과가 실험 결과와 일치했다는 것은 빛과 전자가 당구공들과 마찬가지로 입자로 상호작용한다는 것을 증명하는 것이었다. 이것은 빛이 입자의 흐름이라는 것을 다시 한 번 입증하는 중요한 실험이었다. 콤프턴은 이 실험으로 1927년 노벨 물리학상을 받았다.

양자물리학 강의실 엿보기

콤프턴 산란식의 유도

전자의 에너지를 상대론적으로 취급하면 $E_e = \sqrt{P^2c^2 + m_e^2 c^4}$ 이다. 충돌 전후의 엑스선 광자와 전자의 에너지와 운동량은 다음과 같다.

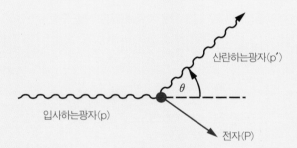

콤프턴 실험

충돌 전의 x−선(엑스선??이하 같음) 광자의 운동량: $\dfrac{h\nu}{c}$

충돌 후의 x−선 광자의 운동량: $\dfrac{h\nu'}{c}$

충돌 전의 x−선 광자의 에너지: $h\nu$

충돌 후의 $x-$선 광자의 에너지 : $h\nu'$

충돌 전 전자의 운동량: 0

충돌 후 전자의 운동량 : $m_e v$

충돌 전의 전자의 에너지 : $m_e c^2$

충돌 후의 전자의 에너지 : $\sqrt{P^2 c^2 + m_e^2 c^4}$

엑스선 광자와 전자의 충돌 전후에 운동량 보존의 법칙을 적용하고 양변을 제곱한 다음 c^2을 곱해서 정리하면 다음과 같은 식을 얻을 수 있다.

$$\vec{p} = \vec{p'} + \vec{P_e}$$

$$|\vec{P_e}|^2 = |\vec{p} - \vec{p'}|^2 = |\vec{p}|^2 + |\vec{p'}|^2 - 2\vec{p} \cdot \vec{p'}$$

$$P_e^2 = \left(\frac{h\nu}{c}\right)^2 + \left(\frac{h\nu'}{c}\right)^2 - 2\frac{h\nu}{c}\frac{h\nu'}{c}\cos\theta$$

$$P_e^2 c^2 = (h\nu - h\nu')^2 + 2(h\nu)(h\nu')(1 - \cos\theta) \quad \cdots \text{①}$$

그리고 에너지 보존의 법칙을 이용하면 다음과 같은 식을 구할 수 있다.

$$h\nu + m_e c^2 = h\nu' + \sqrt{P_e^2 c^2 + m_e^2 c^4}$$

$$m_e^2 c^4 + P_e^2 c^2 = (h\nu - h\nu' + m_e c^2)^2$$

$$= (h\nu - h\nu')^2 + 2m_e c^2(h\nu - h\nu') + m_e^2 c^4$$

$$P_e^2 c^2 = (h\nu - h\nu')^2 + 2m_e c^2(h\nu - h\nu') \quad \cdots \text{②}$$

①식과 ②식에서 실험적으로 측정이 곤란한 전자의 운동량을 소거하고, $\nu = \dfrac{c}{\lambda}$를 이용하여 진동수를 파장으로 바꾸면 입사한 엑스선의 파장과 반사한 엑스선의 파장의 차이가 각도의 함수로 다음과 같이 주어진다는 것을 알 수 있다.

$$\lambda' - \lambda = \frac{h}{m_e c^2}(1 - \cos\theta)$$

이 식은 입사하는 엑스선과 반사된 엑스선의 파장 차이가 산란 각도에 따라 달라진다는 것을 나타내는 식으로 실험 결과와 일치한다.

이로써 빛이 입자처럼 행동한다는 것은 확실해졌다. 그러나 빛이 광양자라는 에너지 알갱이로 전자와 상호작용을 한다고 해서 간섭, 회절, 복굴절, 편광과 같은 파동의 성질이 사라진 것은 아니었다. 따라서 빛이 전자와 상호작용할 때 입자로 작용한다는 것은 빛이 입자와 파동의 성질을 모두 가지고 있음을 뜻했다. 이를 빛의 이중성이라고 한다.

빛이 어떤 때는 파동의 성질을 나타내고 어떤 때는 입자처럼 행동한다는 것은 상식으로 이해하기 어려운 일이다. 입자는 질량을 가지고 있고 특정한 위치를 차지하고 있다. 그러나 파동은 에너지가 전달되는 것으로 질량을 가지고 있지 않으며 대략적인 위치만 정할 수 있을 뿐이다. 전혀 다른 것처럼 보이는 두 가지 성질을 빛이 동시에 가진다는 것은 우리의 직관으로는 납득되지 않는다. 그러나 실험은 그런 결과를 보여주고 있었다. 이것은 원자보다 작은 세계를 탐사하기 위해서는 우리의 경험이나 상식에서 벗어나야 한다는 것을 나타내고 있었다.

어떤 법칙을 받아들이는 것은 그것을 상식적으로 납득할 수 있기 때문이 아니라 그 법칙이 실험 결과를 잘 설명하기 때문이다. 광양자를 이용하여 광전효과를 성공적으로 설명해낸 아인슈타인은 그것을 잘 알고 있었다. 그러나 광전효과를 설명하여 양자물리학의 기초를 닦은 아인슈타인조차 결국에는 상식적으로 설명할 수 없는 양자역학을 받아들이지 않게 된다.

아인슈타인이 분자의 존재를 증명하다

1860년 9월 3일에 칼루스헤에서 열렸던 최초의 국제화학회의를 통해 원자론을 받아들인 화학에서는 원자와 분자를 바탕으로 화학을 크게 발전시켜나갔다. 그러나 물리학자들 중에는 19세기 말까지도 원자의 존재를 인정하지 않는 사람들이 있었다. 실험을 통해 존재가 확실히 증명된 것만을 받아들이던 과학자들은 감각을 통해 확인할 수 없는 원자나 분자의 존재를 받아들이려고 하지 않았다. 그들은 원자나 분자가 실제로 존재한다는 확실한 증거를 요구했다. 원자의 내부 구조에 대한 연구가 시작되던 1900년대 초까지도 원자가 화학반응을 설명하기 위한 가상적인 입자가 아니라 실제로 존재하는 알갱이라는 것을 받아들이지 못하는 과학자들이 있었다는 것은 놀라운 일이다. 당시에는 원자와 분자의 존재에 대한 논쟁으로 우울증에 시달리다 자살하는 물리학자까지 있었다.

오스트리아 빈 대학의 교수였던 에른스트 마흐Ernst Mach(1838~1916)는 원자의 존재를 인정하지 않았던 물리학자 중 한 사람이었다.[8] 1895년부터 1901년까지 빈 대학의 과학철학과 주임교수를 맡았던 마흐는 극단적인 실증주의의 지지자였고, 자신의 신념을 적극적으로 옹호하는 사람이었다. 그는 자연과학에서 감각기관을 통해 경험할 수 없는 모든 요소를 제거하려 하였고, 경험적으로 증명할 수 없는 개념을 적극 반대했다. 마흐는 과학은 다섯 가지 감각을 통한 관측 결과에 기반을 두어야 한다고 생각했다. 다시 말해 과학은 관측된 현상으로부터 귀납적으로 이끌어낸 결론들만을 바탕으로 해야 한다고 확신했다.

마흐는 물리학에서 복잡한 형상이나 실재를 단순한 추상적 모형으로 나타내는 것을 반대했다. 이런 모형은 직접 경험할 수 없는 현상에 대한 이론 체계를 형성하는 데에는 효과적이었지만 그것이 실재를 오해하게 만들 수도 있다고 생

---

8) 멜레 유어그라프 저, 곽영직, 오채환 공역, 《괴델과 아인슈타인》, 지호, 2005.

각한 것이다. 마흐는 수학자들이 실험을 통해 증명된 결과들을 인위적인 기호나 연산으로 바꾸어놓는다고 비난했다. 그래서 이론적 결과물을 인정하지 않았으며 감각 경험들에 바탕을 둔 법칙으로부터 유도되지 않은 결과는 받아들이려 하지 않았다. 따라서 감각 경험을 통해 확인할 수 없는 원자의 존재를 격렬하게 반대했다. 마흐는 성공적인 논쟁가로 대중적인 인지도가 높아 예술가를 포함한 여러 종류의 지식인 추종자들을 이끌고 있었다.

원자의 존재를 바탕으로 통계물리학을 완성시킨 볼츠만.

그러나 같은 빈 대학 교수로 열과 관련된 현상을 분자나 원자의 운동을 통계적으로 분석하는 통계물리학의 기초를 닦은 루트비히 에두아르트 볼츠만$^{Ludwig\ Eduard\ Boltzmann}$$^{(1844~1906)}$은 원자가 실제로 존재하는 입자라는 것을 전제로 이론을 전개해나갔다. 피아노를 잘 치기도 했던 볼츠만은 마흐의 주장을 정면으로 반박했다. 볼츠만은 물리에서 수학적 분석 방법이 매우 중요하다고 믿었다. 그는 물리 이론을 수식화하는 과정을 통해 감각 경험의 주관성에서 벗어날 수 있으며 수학의 연산 방법을 이용하여 감각 경험만으로는 알아내기 어려운 새로운 통찰력을 얻을 수 있다고 믿었다.

과학에 대한 생각이 이처럼 달랐던 볼츠만과 마흐는 서로 적대감을 가지게 되었다. 두 사람 사이의 적대감은 마흐가 1895년 빈 대학 과학철학 주임교수가 되자 볼츠만이 빈 대학의 이론물리학 주임교수직을 사직하고 라이프니츠로 옮겨갈 정도로 심각했다. 그러나 라이프니츠에서 볼츠만은 화학자였던 프리드리히 빌헬름 오스트발트$^{Friedrich\ Wilhelm\ Ostwald(1853~1932)}$라는 또 다른 적을 만나게 되었다.

오스트발트와의 논쟁에 지친 볼츠만은 자살을 기도했지만 실패했다. 1901년에 마흐가 오스트리아 국회의원에 지명되어 자연철학 주임교수 자리를 사임하자 볼츠만은 빈 대학으로 돌아와 마흐의 자리를 차지했다.

볼츠만이 빈으로 돌아온 후에도 두 사람 사이의 불신과 적대감은 계속되었다. 원자가 물리적 실체인가 아니면 물리학자들이 필요에 의해 만든 가상적인 존재인가에 대한 논쟁은 쉽게 끝날 것 같지 않았다. 활동적이며 역동적이었던 마흐는 거의 대부분의 시간을 이 전쟁을 위해 투자하는 것 같았고, 뛰어난 논쟁가가 아니었던 볼츠만은 주로 출판물을 통해 마흐에 대적했다.

1897년 빈 제국과학대학 학술회의에서 두 사람이 다시 만났다. 볼츠만의 발표가 끝난 후 마흐가 일어나 큰 소리로 "나는 원자가 존재한다는 것을 믿지 않습니다"라고 선언했다.

마흐와의 수년 동안에 걸친 논쟁에 지친 볼츠만은 우울증에 시달리게 되었다. 볼츠만은 1906년 9월 6일 이탈리아 북동 지방에 있는 트리티스^{Trieste} 근처에 있는 두인노 만에서 휴가를 보내던 도중 부인과 딸이 수영을 하고 있는 동안 목을 매 자살하고 말았다. 볼츠만의 두 번째 자살 시도였고 이번에는 성공했다. 원자의 존재를 바탕으로 통계물리학이라는 새로운 분야의 기초를 닦았던 볼츠만의 일생은 이렇게 비극적으로 끝났다. 그의 죽음이 직접적으로 마흐와의 논쟁 때문이었는지는 확실하지 않지만 사람들은 마흐와의 논쟁이 볼츠만을 죽음으로 내몬 우울증의 한 원인이었을 것이라 생각하고 있다.

10여 년 전에 《괴델과 아인슈타인》을 번역하면서 볼츠만과 마흐 사이에 있었던 논쟁과 갈등에 대해 처음 알게 된 나는 큰 충격을 받았다. 나는 종교와 달리 과학은 객관적 사실을 다루기 때문에 실험이나 이론을 통해 다른 사람들을 설득시킬 수 있을 것이라고 생각하고 있었다. 그러나 과학도 어느 단계에 가면 객관적 사실보다는 믿음에 바탕을 두고 있는 것이 아닌가 하는 생각을 하게 됐다. 믿음은 객관적 사실에 근거한 것이 아니기 때문에 설득이 가능하지 않다. 양자역학이 큰 성공을 거둔 후에도 양자역학의 해석을 두고 논쟁을 벌인 것은 이 때문일 것이다. 《괴델과 아인슈타인》에서는 괴델이 젊은 시절 논리학을 연구하던 빈의 학문적 분위기를 설명하기 위해 마흐와 볼츠만의 논쟁을 자세히 다뤘다. 나는 여행을 별로 좋아하지 않지만 이 책을 번역하면서 이들이 논쟁을 벌이던 카페에 가서 차를 한 잔 마시고 싶다는 생각을 했었다.

원자의 존재에 대한 마흐의 인식론적 비판에 마지막 일격을 가한 브라운운동을 역학적으로 규명한 아인슈타인의 논문은 볼츠만이 죽기 약 1년 전인 1905년에 발표되었다. 브라운운동은 1827년 영국의 식물학자 로버트 브라운[Robert Brown(1773-1858)]이 수정 과정을 연구하기 위해 물 위에 떠 있는 꽃가루를 현미경으로 관찰하다가 발견한 것으로, 꽃가루가 액체 위에서 끊임없이 하는 불규칙적인 운동을 말한다. 이전에도 이런 운동을 발견한 사람들이 있었지만 그들은 이것을

현미경으로 관찰한
브라운운동.

생명현상과 연관 지어 설명하려고 했다. 그러나 브라운은 유리, 금속, 암석과 같은 무기물질의 미세한 분말을 액체에 뿌려도 꽃가루의 경우와 똑같이 불규칙적인 운동을 멈추지 않고 계속한다는 것을 밝혀냈다. 따라서 브라운운동은 생물학자들의 관심사에서 물리학자들의 연구 과제로 바뀌었다.

아인슈타인 이전의 물리학자들은 열에 의한 대류로 브라운운동을 설명하려 했지만 성공하지 못했다. 아인슈타인은 1905년《물리학 연대기》에 발표한 〈열 분자운동 이론이 필요한, 정지 상태의 액체 속에 떠 있는 작은 부유입자들의 운동에 관하여〉에서 원자의 실재와 통계적 요동을 바탕으로 브라운운동을 설명했다. 그리고 1908에 발표한 〈브라운운동의 기초 이론〉이라는 논문에서는 1905년에 발표한 논문에서보다 더 상세하게 브라운운동을 설명하는 이론을 제시했다. 아인슈타인은 이론적인 분석을 통해 지름 0.001㎜인 입자들이 17℃의 물 위에서 1분 동안 이동한 평균거리가 0.006㎜일 것이라고 예상했다. 프랑스의 물리화학자인 장 바티스트 페랭Jean Baptiste Perrin(1870~1942)은 1908년에 행한 실험을 통해 아인슈타인의 분석이 옳았음을 증명했다. 페랭은 이 연구로 1926년에 노벨 물리학상을 수상했다.

브라운운동에 대한 이론적 설명과 실험적 증명을 통해 아인슈타인과 페랭은 주어진 시간 동안 입자가 움직인 거리를 측정하여 일정한 부피 안에 들어 있는 기체와 액체 분자들의 수를 계산할 수 있었다. 이것은 원자와 분자의 존재를 확실히 증명하는 것이어서 역사적으로 중요한 의미를 가진다.

브라운운동에 대한 설명과 실험적 측정 이후 원자나 분자가 실제로 존재하느냐 하는 논쟁은 사라졌다. 따라서 이제 남은 것은 원자의 내부 구조를 밝혀내는 일뿐이었다.

9. 초기의 원자모형

　원자에서 나오는 방사선을 연구한 마리 퀴리 그리고 러더퍼드와 소디 같은 과학자들의 노력으로 이제 원자는 더 이상 물질을 이루는 가장 작은 알갱이가 아니라는 것이 밝혀졌다. 따라서 1900년대 초부터 원자의 내부 구조에 대한 본격적인 탐사가 시작되었다. 그러나 크기가 100억분의 1m 정도인 원자의 내부를 탐사하는 일은 생각처럼 쉽지 않았다. 원자 내부를 직접 들여다볼 수 있는 방법이 없기 때문이다. 1000배 이상 확대해 보는 것이 불가능한 광학현미경은 물론 배율이 가장 좋은 전자현미경으로도 원자의 내부를 들여다볼 수는 없다. 최근에 개발된 주사투과현미경(STM)을 이용하면 원자가 어디에 있는지 정도는 알 수 있지만 원자의 내부 구조를 볼 수는 없다. 따라서 원자의 내부 구조를 알아내기 위해서는 원자모형을 이용해야 한다.

　측정된 원자의 성질을 설명할 수 있는 원자모형을 제안하고 이 원자모형을 이용하여 원자의 또 다른 성질을 예측한다. 그리고는 새로운 모형에 의한 예측을 확인하기 위한 실험을 한다. 그런 실험에서 이전의 원자모형으로는 설명할 수 없는 새로운 성질이 나타나면 새로운 성질까지 설명할 수 있는 또 다른 원자모형을 만든다. 이런 과정을 거쳐 원자의 모든 성질을 모순 없이 설명할 수 있는 원자모형이 만들어지면 원자의 구조를 밝혀냈다고 할 수 있다.

원자의 내부 구조를 처음 연구하기 시작할 때도 여러 가지 원자모형이 제시되었다. 그러나 원자가 내는 스펙트럼과 원소주기율표를 성공적으로 설명한 원자모형은 양자역학적 원자모형이다. 따라서 양자역학의 발전 과정은 원자가 내는 스펙트럼의 종류와 세기 그리고 주기율표를 설명할 수 있는 원자모형을 만들어가는 과정이었다고 할 수 있다.

톰슨의 플럼 푸딩 모형

최초의 원자모형은 전자를 발견한 톰슨에 의해 제시되었다. 톰슨은 1904년에 원자에서 전자가 나온다는 사실을 바탕으로 한 원자모형을 제시했다. 당시 이미 전자가 발견되어 있었고, 방사선 연구를 통해 원자에서 (−)전하를 띤 베타선(전자)과 (+)전하를 띤 알파선이 방출된다는 사실이 알려져 있었으므로, 원자가 (−)전하를 띤 전자와 (+)전하를 띤 부분으로 이루어졌다고 가정하는 것은 매우 자연스러웠다. 따라서 톰슨은 (+)전하가 균일하게 분포되어 있는 원자에 (−)전하를 띤 전자가 여기저기 박혀 있는 원자모형을 제안했다. 이런 원자는 마치 크리스마스에 주로 먹는 건포도가 여기저기 박혀 있는 플럼 푸딩을 닮았다 하여 플럼 푸딩 모형이라고 부르게 되었다.

플럼 푸딩 원자모형이 포함된 논문은 당시 영국에서 주도적인 학술 잡지였던 〈철학 저널〉 1904년 3월호에 실렸다. 이 논문에서 톰슨은 "…… 원자는 (−)전하를 띤 미립자(전자)들이 (+)전하가 균일하게 분포된 구로 둘러싸여 있다. ……"라고 설명했다. 톰슨은 이때까지도 전자를 미립자라 부르고 있었다. 톰슨의 이런 설명에서 알 수 있는 것처럼 톰슨의 원자모형에서는 원자가 전자를 포함하고 있다는 것은 확실히 했지만 (+)전하를 띤 부분에 대해서는 명확하게 설명하지 못했다. 아직 양성자가 발견되기 전이었기 때문이다. 양전하를 띤 물질은 원자 전체에 수프나 구름처럼 퍼져 있다고 생각

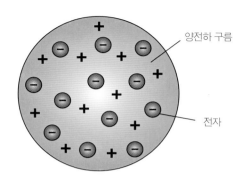

플럼 푸딩 원자모형.

했다. 톰슨은 전자들은 원자 안에서 여러 가지 방법으로 배치될 수 있으며 (+)전하의 중심 둘레를 회전하고 있다고 했다. 전자가 회전하다가 (+)전하 구름의 중심에서 멀어지면 중심으로 향하는 힘이 커져 더 멀리 벗어나지 못하도록 하기 때문에 안정된 상태를 유지할 수 있다고 설명했다. 전자들은 고리를 이루어 원자의 중심으로 돌 수도 있는데 그렇게 되면 전자들 사이의 상호작용으로 전자의 궤도가 더 안정한 상태를 유지할 수 있다고 했다.

톰슨은 전자 고리의 에너지 차이를 이용하여 원자가 내는 스펙트럼을 설명하려고 시도했지만 그다지 성공적이지는 못했다. (+)전하를 띤 물질이 원자 전체에 골고루 분포되어 있는 톰슨의 플럼 푸딩 모형은 1911년에 그의 제자였던 러더퍼드가 제안한 새로운 원자모형으로 대체되었다.

한타로의 토성 모형

톰슨의 플럼 푸딩 원자모형이 제안된 1904년에 일본의 나가오카 한타로[長岡半太郎(1865~1950)]는 토성 모형을 제안했다. 일본 나가사키에서 태어나 도쿄 대학에서

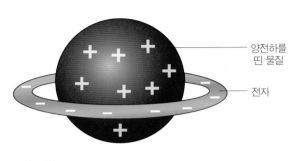

양전하를
띤 물질

전자

토성 모형.

공부했으며 일본에 와 있던 외국 과학자들과 함께 액체 니켈의 자기변형을 연구하기도 했던 한타로는 1893년에 유럽으로 건너가 베를린, 빈 등지에서 공부하며 토성의 고리가 작은 입자들로 이루어졌다고 설명한 맥스웰의 이론과 볼츠만이 기초를 닦은 통계물리학을 배웠다. 한타로는 1900년 파리에서 개최된 제1회 국제 물리학자 대회에 참석해 마리 퀴리의 방사선 강연을 듣고 원자물리학에 관심을 가지게 되었다. 1901년에 일본으로 돌아온 한타로는 1925년까지 도쿄 대학의 물리학 교수로 재직했다.

한타로는 1904년에 톰슨이 제안한 플럼 푸딩 모델 대신 (+)전하를 띤 물질을 중심으로 여러 개의 전자들이 고리를 이루어 돌고 있는 새로운 원자모형을 제안했다. (−)전하를 띤 전자들이 (+)전하를 띤 원자 안으로 들어갈 수 없다고 생각했기 때문이다. 원자 중심을 전자들이 고리를 이루어 도는 모양이 토성과 토성의 고리를 닮았다 하여 토성 모형이라고 부른다. 한타로가 토성 모형을 제안한 것은 토성의 고리가 작은 입자들로 이루어졌다는 맥스웰의 이론을 배웠기 때문이었다.

한타로는 질량이 큰 토성을 작은 입자들이 고리를 이루어 돌고 있는 것처럼 매우 무거운 원자 중심을 전자들이 고리를 이루어 돌고 있다고 했다. 토성과 고리 사이에는 중력이 작용하지만 원자 중심과 전자 사이에는 전기적 인력이 작용하는 것이 다르다고 했다. 무거운 원자 중심을 가벼운 전자들이 돌고 있다는 설명은 후에 러더퍼드의 실험을 통해 옳은 것으로 판명되었다. 그러나 다른 자세한 내용은 옳지 않았다. 특히 (−)전하를 띤 전자로 이루어진 고리는 전기적 반발력으로 인해 안정한 상태로 유지될 수 없었다. 따라서 1908년에 한타로 자신이 토성 모형을 폐기했다. 그런데 1904년에 일본에서 원자모형을 제안했다는 것은 이때 이미 일본의 원자물리학이 유럽과 나란한 수준에 도달했음을 보여주는 것이었다. 이러한 일본 물리학의 전통은 중간자의 존재를 예측하여 1949년 노벨 물리학상을 수상한 유가와 히데키湯川秀樹(1907~1981)와 양자 전자기학의 발전에 기여한 공로로 1965년 노벨 물리학상을 수상한 도모나가 신이치로朝永振一郎(1906~1979)에게로 이어졌다.

원자핵의 발견과 러더퍼드 원자모형

1907년 캐나다 맥길 대학에서 영국 맨체스터 대학으로 옮긴 러더퍼드는 1908년 노벨 화학상을 수상한 직후인 1909년에 그의 가장 중요한 과학적 업적이라고 할 수 있는 원자핵을 발견하는 실험을 시작했다. 이 실험은 그의 학생이었던 한스 가이거Johannes Hans Wilhelm Geiger(1882~1945)와 어니스트 마르스덴Ernest Marsden(1889~1970)이 주로 했기 때문에 가이거-마르스덴 실험이라고도 부른다.

독일 출신이었던 가이거는 1906년 에를랑겐 대학에서 박사 학위를 받고 1907년부터 맨체스터 대학에서 러더퍼드의 연구원으로 일하고 있었으며, 마르스덴은 학부 학생으로 러더퍼드의 연구에 참여했다. 가이거와 마르스덴은 러더퍼드의 지도 아래 알파선을 얇은 금박에 입사시켜 금박에 의해 어떻게 휘어지는지 알아보는 실험을 했다. 금박을 통과한 알파선이 황화아연(ZnS)을 바른 형광 스크린에 도달하면 작은 불꽃을 만들어냈기 때문에 이 불꽃의 위치와 개수를 세어 알파입자가 어떻게 금박을 통과했는지를 알아보는 실험이었다.

그들은 금을 얇게 펴서 두께가 2만분의 1cm 정도의 금박을 만들었다. 금을 사

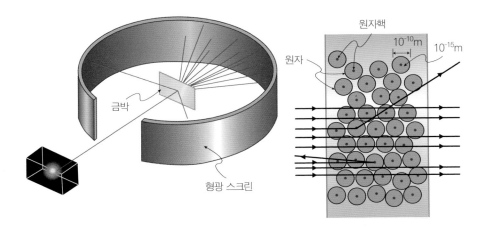

원자핵을 발견한 러더퍼드의 금박 실험.

용한 것은 가공성이 좋아 얇은 막을 만드는 데 적당했기 때문이었다. 금박을 만든 후에는 방사성원소에서 나오는 알파선을 이 금박을 향해 발사했다. 발사라곤 하지만 실제로는 납으로 된 용기 속에 방사성원소를 넣고 금박을 향해 입구를 열어놓은 것이었다. 방사성원소에서 나온 알파입자는 약 1만 6000㎞/s의 속력으로 금박을 향해 달려갔다. 마르스텐과 가이거는 어두운 실험실에서 알파입자가 내는 작은 불꽃의 위치와 수를 기록했다.

어느 날 러더퍼드는 두 사람에게 금박 앞쪽이 아니라 뒤쪽에도 형광 스크린을 놓아보라고 이야기했다. 뒤쪽으로 다시 튀어나오는 알파선이 있을 것이라고 예상했기 때문은 아니었다. 그저 확인해보고 싶었던 것뿐이었다. 한데 그 결과는 놀라웠다. 약 8000개의 알파입자 중 하나꼴로 뒤쪽으로 다시 튀어나오고 있었던 것이다. 볼링공으로 탁구공을 치면 볼링공이 뒤로 튀어 돌아오지 않는다. 그러나 탁구공으로 볼링공을 치면 탁구공이 다시 튀어 뒤쪽으로 돌아온다. 볼링공의 질량이 탕구공의 질량보다 크기 때문이다. 알파입자가 뒤로 다시 튀어 돌아왔다는 것은 알파입자보다 훨씬 질량이 큰 입자에 부딪혔다는 것을 뜻한다. 톰슨의 플럼 푸딩 원자모형에 의하면, 원자는 아주 작은 질량을 가지는 전자와 원자 전체에 퍼져 있는 구름 같은 물질로 이루어져 있었다. 이런 원자에서는 알파입자를 뒤로 튕겨낼 만한 것이 있을 수 없었다. 이 실험 결과에 대해 러더퍼드는 "얇은 종이를 향해 포탄을 발사했는데 포탄이 종이에 의해 다시 튀어나온 것과 같은 놀라운 결과였다"라고 말했다.

톰슨의 원자모형으로는 이런 실험 결과를 설명할 수 없다는 것을 알게 된 러더퍼드는 이 실험 결과를 설명할 수 있는 새로운 원자모형을 만들어 1911년에 발표했다. 러더퍼드가 만든 원자모형에서는 원자 질량의 대부분을 가지고 있는 (+)전하를 띤 작은 원자핵이 원자의 중심에 자리 잡고 있고 가벼운 전자가 원자핵을 돌고 있었다. 다시 말해 원자핵을 발견한 것이다. 아직 중성자가 발견되지 않았던 때라 원자핵의 구조를 제대로 설명할 수는 없었지만 원자핵의 존재를 처음으로 알아낸 것이다. 원자 질량의 대부분을 가지고 있는 원자핵의 지름은 원자 지름의 약 10만분의 1밖에

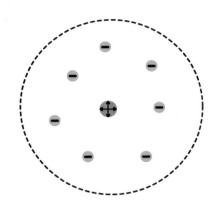

러더퍼드 원자모형.

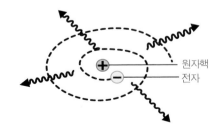

원자핵 주위를 도는 전자는 전자기파를 내고 원자핵으로 빨려들어가야 한다.

안 되었기 때문에 원자는 텅 빈 공간이나 마찬가지였다. 원자를 커다란 체육관이라고 할 때 원자핵은 체육관 중앙에 매달려 있는 작은 구슬에 지나지 않았다. 그리고 넓은 체육관에는 먼지 같은 전자들이 몇 개 날아다닐 뿐이었다. 러더퍼드가 알아낸 원자의 모습은 사람들이 상상하던 것과는 전혀 달랐다.

러더퍼드가 제안한 원자모형은 태양계와 아주 비슷한 모양을 하고 있었다. 태양계에서 질량의 대부분을 차지하고 있는 태양 주위를 여러 개의 행성이 돌고 있는 것처럼 원자에서는 원자 질량의 대부분을 가지고 있는 원자핵 주위를 가벼운 전자들이 돌고 있었다.

그러나 비슷해 보이는 겉모습과는 달리 태양계와 원자는 근본적으로 다른 점이 있다. 태양계에서 행성들이 달아나지 못하도록 붙들어두는 힘은 질량 사이에 작용하는 중력이고, 원자에서 전자들이 달아나지 못하도록 붙들어두는 힘은 전하 사이에 작용하는 전기력이다. 중력과 전기력은 모두 거리 제곱에 반비례하는 힘이다. 태양계와 원자의 구조가 비슷한 것은 두 체계를 구성하는 힘이 모두 거리 제곱에 반비례하기 때문이다. 그러나 중력과 전기력은 전혀 다른 면이 있다. 중력이 작용하는 행성들은 태양 주위를 돌아도 에너지를 잃지 않기 때문에 계속 태양 주위를 돌 수 있다. 하지만 맥스웰의 전자기학 이론에 의하면 가속운동을 하는 전하를 띤 입자는 전자기파를 방출하고 에너지를 잃기 때문에 원자핵 주위를 돌고 있는 전자는 전자기파를 방출하면서 에너지를 잃고 원자핵 속으로 끌려들어가야 한다. 따라서 러더퍼드 원자모형에 의한 원자는 안정한 상태로 존재할 수 없다.

또한 원자핵 주위를 도는 전자가 내는 전자기파의 진동수는 전자의 궤도운동의 진동수와 같아야 한다. 따라서 일정한 궤도에서 원자핵을 도는 전자는 특정한 진동수의 전자기파를 방출할 수 있다. 하지만 원자핵을 돌면서 전자기파를 방출하고 에너지를 잃으면 전자의 궤도운동 주기가 달라져야 하기 때문에 방출하는 전자기파의 진동수도 달라져야 한다. 그렇게 되면 전자는 특정한 진동수만 가지는 선스펙트럼이 아니라 진동수가 연속적으로 변하는 연속 스펙트럼을 내야 한다. 발머와 리드베리를 비롯한 많은 과학자들의 관측에 의하면 원자는 고유한 선스펙트럼을 낸다. 러더퍼드의 원자모형은 원자가 내는 선스펙트럼을 설명할 수 없었다. 원자핵 주위를 전자가 돌고 있는 러더퍼드의 원자모형은 실제로 존재할 수 없는 모형이었다.

러더퍼드 원자모형의 또 다른 문제점은 원자의 크기를 정할 수 없다는 것이었다. 원자핵 주위를 돌고 있는 전자에 대해 알고 있는 것은 질량과 전하뿐이다. 전자의 질량과 전하에 대한 정보만으로는 원자의 크기를 정할 수 있는 방법이 없다. 원자가 물질을 이루기 위해서는 원자가 일정한 크기를 가져야 한다. 따라서 원자의 크기를 설명할 수 없는 러더퍼드의 원자모형은 실제 원자를 나타내는 것이라고 할 수 없다. 이런 문제들을 해결하여 원자의 내부 구조를 이해하는 데 크게 공헌한 새로운 원자모형이 덴마크의 보어에 의해 1913년에 제안되었다.

10. 보어의 원자모형과 고전 양자론

러더퍼드의 원자모형이 가지고 있는 문제점을 해결한 새로운 원자모형을 제시하여 수소 원자가 내는 스펙트럼을 설명하는 데 성공한 사람은 덴마크의 닐스 헨리크 다비드 보어[Niels Henrik David Bohr(1885~1962)]였다. 양자역학적 원자모형의 발판이 된 새로운 원자모형을 제시했을 뿐만 아니라 양자물리학 성립에 중심적인 역할을 하여 현대 과학의 기초를 닦은 보어는 코펜하겐 대학의 생리학 교수였던 아버지 크리스티안 보어[Christian Bohr]와 어머니 엘렌 아들러[Ellen Adler]의 큰아들로 태어나 1903년 코펜하겐 대학에서 물리학을 공부했다. 보어는 1909년에는 금속 내의 전자 이론에 대한 연구로 석사 학위를 받았고, 1911년에는 박사 학위를 받았다. 이 연구를 통해 보어는 맥스웰 방정식으로 대표되는 고전 전자기학

보어.

만으로는 금속 내 전자의 행동을 충분히 설명할 수 없다는 것을 알았다. 박사 학위를 받은 후 전자를 발견한 톰슨의 지도를 받기 위해 박사후 연구생으로 케임브리지 대학의 캐번디시 연구소로 간 보어는 맨체스터 대학에 있으면서 자주 케임브리지를 방문하던 러더퍼드를 만났다. 러더퍼드는 맨체스터 대학에서 더 나은 원자모형을 함께 만들어보자고 보어를 초청했다. 사려 깊고, 집중력이 좋았던 보어는 뛰어난 실험물리학자였으며 명랑하고 활발한 성격이었던 러더퍼드와 좋은 연구 파트너가 되었다.

보어는 러더퍼드의 불안정한 원자를 안정하게 유지할 수 있는 방법을 알아내려고 시도했다. 왜 원자핵 주위를 돌고 있는 전자가 전자기파를 방출한 후 원자핵으로 빨려들어가지 않는 것일까? 어떻게 원자는 안정한 상태를 유지할 수 있을까? 보어는 이 문제를 해결하기 위해 플랑크가 흑체복사 문제를 해결하기 위해 제안했고, 아인슈타인이 광전효과를 설명하기 위해 사용했던 양자 이론을 원자에 적용하는 방법을 진지하게 고려하기 시작했다. 양자 이론에 의하면, 에너지를 비롯한 물리량은 연속적인 양으로 존재하거나 주고받을 수 있는 것이 아니라 특정한 양의 정수배로만 존재하고 주고받을 수 있다. 보어는 아인슈타인이 제안한 빛의 양자와 원자 안에서 원자핵을 돌고 있는 전자의 에너지 사이에 어떤 관계가 있지 않을까 하는 생각을 하게 되었다.

1913년 초 보어가 우연히 발머가 제안한 발머 계열에 속하는 스펙트럼의 파장을 나타내는 식을 알게 된 것은 새로운 원자모형을 만드는 데 결정적인 계기가 되었다. 보어는 러더퍼드와 함께 새로운 원자모형에 대한 연구를 시작하기 전까지 발머의 식을 알지 못했다. 그런데 1912년 2월 코펜하겐의 분광학 전문가 H. M. 한센[H. M. Hansen]으로부터 발머의 식이 가지는 의미를 설명해달라는 요청을 받았다. 발머의 식을 보게 된 것은 보어에게 큰 행운이었다. 보어는 훗날 발머의 식을 보는 순간, 모든 것이 분명해졌다고 회고했다. 원자모형에 양자가설을 적용하기 위해 고심하고 있던 보어에게 수소 원자가 내는 스펙트럼의 파장이 정수의 조합으로 나타난다는 것은 중요한 의미를 가지는 것이었다.

전자가 임의의 에너지를 가지고 임의의 거리에서 원자핵을 돌고 있는 것이 아니라 특정한 궤도 위에서 특정한 에너지를 가지고 원자핵을 돌고 있으며 이 궤도 위에서 원자핵을 돌고 있는 동안에는 에너지를 잃지 않고, 한 궤도에서 다른 궤도로 옮겨갈 때만 에너지를 잃거나 얻는다는 보어의 새로운 원자모형은 1913년에 출판된 〈원자 및 분자의 구성에 관해서〉라는 3부작 형태로 된 세 편의 논문을 통해 발표되었다.

두 번째 논문과 세 번째 논문은 나중에 출판되었지만 실제로는 첫 번째 논문보다 먼저 쓴 논문이었다. 이 논문들에서는 원소들이 주기율표에 규칙적으로 배열되는 이유를 설명하려고 시도했다. 그러나 첫 번째 논문이 매우 수학적인 것이었다면 두 번째와 세 번째 논문은 정성적인 것이었다. 이 논문들에서 제안한 보어의 원자모형은 아직 초보적인 것이었고 수정할 부분이 많았지만 원자의 구조를 이해하는 데 크게 공헌했다.

보어가 새로운 원자모형을 만들기 위해 제안했던 가설은 다음과 같다.

가설 1. 전자는 특정한 궤도에서만 원자핵을 돌 수 있고, 이 궤도에서 원자핵을 도는 동안에는 전자기파를 방출하지 않는다.

가설 2. 전자가 한 궤도에서 다른 궤도로 건너뛸 때만 전자기파를 방출하거나 흡수한다.

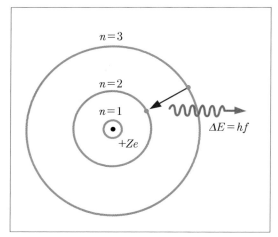

보어의 원자모형.

플랑크의 양자화 가설과 아인슈타인의 광양자설에 의해 진동수가 ν인 전자기파의 에너지는 $h\nu$이고, 전자가 한 궤도에서 다른 궤도로 건너뛸 때 나오는 전자기파의 에너지는 두 궤도의 에너지 차이와 같아야 하므로 다음과 같이 나타낼 수 있다.

전자기파의 에너지$(h\nu) =$

m번째 궤도의 에너지$(E_m) - n$번째 궤도의 에너지(E_n)

따라서 이때 나오는 전자기파의 진동수는 다음과 같다.

$$\nu = \frac{1}{h}(E_m - E_n)$$

그런데 발머의 식을 수정한 리드베리의 식에 의하면 수소 원자에서 방출되는 전자기파의 진동수는 다음과 같이 주어진다.

$$\nu = \frac{Rc}{m^2} - \frac{Rc}{n^2} \quad (R: 리드베리 상수)$$

보어는 이 두 식을 결합하여 수소 원자핵 주위를 도는 전자는 다음과 같은 에너지준위에서만 원자핵을 돌 수 있다고 했다. 이 식에서 n은 n번째 에너지준위를 나타낸다.

$$E_n = \frac{Rhc}{n^2}$$

보어의 이러한 착상은 여러 가지 면에서 놀라운 것이었다. 우선 전자가 특정한 에너지 주위에서만 원자핵을 돌 수 있다는 가정은 뉴턴역학이나 맥스웰의 전자기학 이론으로는 설명할 수 없는 새로운 발상이었다. 그런데 보어는 원자가 내는 스펙트럼을 설명하기 위해 과감하게 고전 물리학의 경계를 뛰어넘었다. 전자가 같은 궤도 위에서 원자핵을 돌 때는 에너지를 잃지 않고 한 궤도에서 다른 궤도로 건너뛸 때만 에너지를 얻거나 잃는다는 것 역시 고전 물리학으로는 설명할 수 없는 현상이었다. 원자핵을 도는 궤도운동은 가속운동이므로 전자기파를 방출해야 한다는 것이 고전 물리학의 설명이지만 보어는 고전 물리학에 구애받지 않았다.

전자가 에너지를 잃거나 얻으면서 한 궤도에서 다른 궤도로 건너뛰는 과정도 상식으로 설명하기 어려운 현상이었다. 고전 물리학에 의하면 에너지를 잃거나 얻을 때는 연속적으로 에너지가 증가하거나 감소해야 한다. 따라서 에너지가 변하는 동안 중간의 모든 값을 거쳐야 한다.

그러나 보어가 제안한 원자에서는 전자가 일정한 양의 에너지 덩어리를 내보내거나 흡수하고, 중간 단계를 거치지 않고 다음 에너지준위로 건너뛴다. 보어의 새로운 원자모형은 원자의 세계가 고전 물리학으로부터 멀어지는 분기점과 같은 것이었다. 하지만 보어의 원자모형은 우리 상식으로는 설명할 수 없는 세상으로 들어가는 것을 겨우 시작했을 뿐이었다.

보어의 원자모형이 처음 제안되었을 때 많은 사람들이 수소 원자가 내는 스펙트럼의 종류를 성공적으로 설명해낸 이 원자모형의 독창성과 놀라운 발상에 찬사를 보내면서도 그다지 신뢰하지는 않았다. 그러나 이러한 초기의 무관심에도 불구하고 보어의 원자모형이 널리 수용된 데는 아르놀트 요하네스 빌헬름 조머펠트Arnold Johannes Wilhelm Sommerfeld(1868~1951)의 역할이 컸다.

조머펠트의 고전 양자론

1914년에 제1차 세계대전이 발발하자 많은 과학자들이 전쟁에 참가하여 정상적인 과학 활동은 사실상 중단되었다. 이 기간 동안 많은 약점을 내포하고 있던 보어의 원자모형은 시간적 여유를 가지고 보완될 수 있었다. 보어의 원자모형을 발전시키는 데 결정적인 역할을 한 조머펠트는 독일 쾨니히스베르크에서 태어나 알베르티나 대학에서 수학과 물리학을 공부했다. 그는 박사 학위를 받은 후 괴팅겐 대학과 아헨 대학을 거쳐 1906년 뮌헨 대학 교수 겸 이론물리연구소 소장이 되어 32년간 근무하면서 현대 물리학의 기초를 닦는 데 크게 공헌한 많은 제자들을 길러냈다. 조머펠트의 지도로 박사 학위를 받은 학생들 중에 노벨상을 수상한 사람들

조머펠트.

로는 베르너 하이젠베르크$^{Werner\ Heisenberg}$, 볼프강 파울리$^{Wolfgang\ Pauli}$, 피터 디바이$^{Peter\ Debye}$ 그리고 한스 베테$^{Hans\ Bethe}$가 있다. 특히 하이젠베르크와 파울리는 양자물리학 성립에 핵심 역할을 했다. 이 밖에 노벨상을 수상하지는 않았지만 자신의 분야에서 이름을 널리 알린 학생들이 아주 많아서 1930년을 전후해서 독일어를 사용하는 이론물리학 교수들 중 3분의 1은 조머펠트의 제자라는 이야기가 있을 정도였다. 양자물리학의 발전에 크게 공헌한 괴팅겐 대학의 막스 보른$^{Max\ Born(1882~1970)}$은 조머펠트가 재능 있는 인재를 발굴하고 발전시키는 특별한 능력을 가지고 있었다고 평가했다. 조머펠트는 시간 나는 대로 학생들과 스스럼없이 함께 시간을 보내며 물리학 이론에 대한 토론을 벌였고, 학생들의 의견을 존중해주었다. 그가 소유하고 있던 스키장 부근의 오두막은 스키를 타기도 하고 물리학에 대한 토론도 벌이는 학생들로 항상 북적였다.

20세기 초까지 독일에서는 실험물리학이 이론물리학보다 우월한 위치를 차지하고 있었다. 그러나 조머펠트와 같은 사람들의 노력으로 20세기 초에 이론물리학과 실험물리학의 위치가 역전되어 실험물리학은 앞서가는 이론을 증명하는 역할을 맡게 되었다. 조머펠트는 아인슈타인이 제안한 상대성이론을 수학적으

로 정교하게 만드는 데 공헌했고, 고전 양자 이론을 제안해 보어 원자모형을 일반화하여 양자물리학 발전에도 기여했다. 1919년에 조머펠트가 출판한 《원자와 스펙트럼》은 양자 이론과 원자물리학을 발전시키는 데 중요한 역할을 한 새로운 세대의 모든 물리학자들이 읽는 고전이었다. 조머펠트는 물리학의 다양한 분야에서 이룬 업적으로 과학자들 중에서 가장 많이 노벨상 후보로 선정되었지만 노벨상을 수상하지는 못했다.

1915년과 1916년 사이에 조머펠트가 제안한 고전 양자 이론은 주기운동을 하는 경우 한 주기 동안에 운동량을 적분한 값이 플랑크상수의 정수배가 되는 운동만 가능하다는 것이다. 예를 들어 보어의 원자모형에서 원자핵 주위를 돌고 있는 전자는 한 주기 동안 각운동량을 적분한 값이 플랑크상수의 정수배가 되는 궤도운동만 할 수 있다는 것이었다.

조머펠트가 제안한 이러한 양자 조건을 이용하면 발머와 리드베리의 식으로부터 추정한 보어의 원자 궤도를 유도해낼 수 있다. 발머와 리드베리의 식을 토대로 전자가 가질 수 있는 에너지준위를 추정한 것이나 조머펠트가 양자 조건에서 전자궤도를 유도한 것은 모두 기존의 물리학으로 설명할 수 없는 새로운 이론이었다. 그러나 조머펠트의 양자 조건은 좀 더 근본적인 내용을 담고 있는 듯했다. 따라서 조머펠트가 제안한 고전 양자역학을 이용하여 보어의 에너지준위를 유도해내자 보어의 원자모형이 좀 더 설득력을 가질 수 있게 되었고 많은 사람들이 받아들이는 이론이 되었다.

고전 양자론

고전 양자 이론은 1900년 플랑크의 양자가설이 제안된 이후 새로운 양자물리학이 성립하기 전인 1925년까지의 양자 이론을 하나의 이론 체계로 종합한 이론이다. 물리량이 양자화되었다는 것은 물리량이 연속적으로 모든 값을 가지는 것이 아니라 불연속적인 특정한 값만 가질 수 있다는 것이다. 양자 이론은 어떤 물리량은 가질 수 있고 어떤 물리량은 가질 수 없는지를 설명하는 이론이다.

보어가 처음 제안한 원자모형에서는 발머와 리드베리의 식을 토대로 원자핵을 도는 전자는 특정한 에너지 값만을 가질 수 있다고 했다. 그러나 조머펠트는 전자의 각운동량을 한 주기 동안 적분한 값, 즉 각운동량(mvr)에 궤도의 둘레를 곱한 값$(2r\pi)$이 플랑크상수(h)의 정수배가 되는 궤도에서만 전자가 원자핵을 돌 수 있다고 제안했다.

이러한 조머펠트의 고전 양자 이론은 완성된 이론도 아니고 자체 모순을 모두 해결한 이론도 아니어서 양자물리학이 성립한 후에는 더 이상 받아들여지지 않았지만 최초로 제안된 체계적인 양자 이론이었다. 조머펠트는 원자 내부에서 일어나는 운동은 양자화되어 있다는 것을 제외하면 나머지는 고전 역학에 따른다고 가정했다.

고전 양자 이론과 이 이론으로 분석한 몇 가지 문제들의 예를 들면 다음과 같다. 조머펠트가 제안한 양자 조건을 식으로 나타내면 다음과 같다.

$$\oint p\,dq = nh$$

이 식에서 p는 운동량을 나타내고, q는 운동량에 대응하는 좌표계를 나타내며, n은 정수이고 h는 플랑크상수다. 고전 양자 이론으로 설명할 수 있는 가장 간단한 운동은 조화진동이다. 조화진동하는 물체의 총에너지는 다음과 같이 나타낼 수 있다.

1. 조화진동자의 에너지

$$E = \frac{p^2}{2m} + \frac{1}{2}kq^2$$

$$1 = \frac{p^2}{2mE} + \frac{q^2}{\frac{2E}{k}}$$

이 식은 타원의 식이므로 다음 적분은 타원의 면적을 이용하면 쉽게 구할 수 있다.

$$\int p\,dq = \pi\sqrt{\frac{2E}{k}}\,\sqrt{2mE} = 2\pi E\sqrt{\frac{m}{k}} = 2\pi\frac{E}{\omega} = nh$$

따라서 양자 조건에 의해 조화진동을 하는 물체는 다음과 같은 에너지만 가질 수 있다.

$$E_n = \frac{\omega}{2\pi}nh = n\hbar\omega$$

이렇게 구한 조화진동의 에너지는 후에 양자역학으로 구한 조화진동의 에너지와 똑같지는 않지만 매우 가까운 값을 가지고 있다. 양자역학적으로 구한 조화진동의 에너지는 $E_n = \left(n + \frac{1}{2}\right)\hbar\omega$이다. 이것은 진동하는 물체는 진폭에 따라 모든 에너지를 가질 수 있다고 했던 뉴턴역학의 결과와는 전혀 다른 것이다.

2. 상자 안에서 운동하고 있는 입자의 에너지

한 변의 길이가 L인 정육면체 밖에서는 퍼텐셜이 무한대이고 정육면체 안에서는 퍼텐셜이 0이어서 안에서 자유롭게 운동하고 있는 입자에도 고전 양자 이론을 적용할 수 있다.

$$E = \frac{p^2}{2m}, \qquad p = \sqrt{2mE}$$

이런 입자는 정육면체의 벽과 탄성충돌하면서 왕복운동을 하게 된다. 따라서 고전 양자론의 양자 조건을 적용하면 다음과 같다.

$$\oint pdq = 2\int_0^L \sqrt{2mE}\, dq = 2L\sqrt{2mE} = nh$$

이에 따라 이런 입자들은 다음과 같은 운동량과 에너지만 가질 수 있다.

$$p = \frac{nh}{2L}, \quad E_n = \frac{n^2 h^2}{8mL^2}$$

후에 성립된 양자역학적인 계산에 의하면 이런 입자가 가질 수 있는 에너지는 $E_n = \frac{n^2 h^2}{2mL^2}$ 이다. 고전 역학에 의하면 상자 안에 들어 있는 입자는 연속적인 모든 에너지를 다 가질 수 있다.

3. 원운동하고 있는 입자의 양자 조건

고전 양자 이론으로는 2차원 평면에서 회전하고 있는 물체도 다룰 수 있다. 관성모멘트가 I인 경우 총에너지와 각운동량은 다음과 같다.

$$E = \frac{1}{2} I\dot{\theta}^2, \quad L = I\dot{\theta}$$

따라서 고전 양자 이론의 양자 조건을 대입하면 다음과 같은 에너지와 각운동량을 가지는 운동만 가능하다는 것을 알 수 있다.

$$\oint L_\theta d\theta = \int_0^{2\pi} I\dot{\theta} d\theta = 2\pi I\dot{\theta} = nh, \quad L_\theta = n\hbar, \quad \dot{\theta} = \frac{n\hbar}{I}, \quad E_n = \frac{n^2 \hbar^2}{2I}$$

질량이 m인 물체가 반지름이 r인 원운동을 하고 있는 경우에는 관성모멘트가 $I = mr^2$이 므로 총에너지와 각운동량은 다음과 같다.

$$E = \frac{1}{2} mr^2 \dot{\theta}^2, \quad L = mr^2 \dot{\theta}^2$$

따라서 고전 양자 이론의 양자 조건은 다음과 같다.

$$\int_0^{2\pi} L d\theta = 2\pi L = nh$$

$$\int_0^{2\pi r} pdl = \int_0^{2\pi r} mvdl = mv2\pi r = nh$$

이 식이 보어의 원자모형에 적용되는 양자 조건이다.

$$mvr = n\hbar \quad (\hbar = h/2\pi)$$

고전 양자론은 양자역학이 성립하는 단계에서는 중요한 역할을 했지만 양자역학이 성립된 후에는 더 이상 다루어지지 않게 되었다.

보어의 원자모형과 수소 스펙트럼

보어의 원자모형과 고전 양자 이론을 이용하면 수소 스펙트럼을 성공적으로 설명할 수 있다. 원자핵 주위를 돌고 있는 전자는 모든 에너지를 가질 수 있는 것이 아니라 양자 조건을 만족하는 에너지만을 가질 수 있다. 이런 에너지를 에너지준위라고 한다. 수소 원자에 대해 풀어보면 전자가 가질 수 있는 에너지는 다음과 같다.

$$E_n = -\frac{13.6}{n^2}(eV) \quad (n은 \ 정수)$$

전자가 가질 수 있는 에너지가 음수 값인 것은 원자핵에서 무한대 떨어져 있는 전자, 즉 원자핵의 전기적 속박으로부터 완전히 벗어나 있는 전자의 에너지를 0이라고 보았기 때문이다. 따라서 보어의 에너지준위 에너지는 이 궤도에 있는 전자를 원자핵으로부터 완전히 분리해내기 위해 외부에서 제공해야 할 에너지의 크기를 나타낸다. eV는 원자보다 작은 세계에서의 에너지를 다룰 때 자주 사용하는 에너지의 단위로 $1eV$는 $1.6 \times 10^{-19}J$이다. 에너지준위를 나타내는 식에 의하면 원자핵에 가장 가까이 있는 첫 번째 에너지준위의 에너지는 $-13.6eV$이고, 두 번째 에너지준위의 에너지는 $-3.40eV$이며, 세 번째 에너지준위의 에너지는 $-1.51eV$이다. 원자핵에서 먼 궤도일수록 큰 에너지를 갖는다는 것을 알 수 있다. 따라서 전자가 아래 궤도에서 위에 있는 궤도로 올라가려면 에너지를 흡수해야 하고 위에 있는 궤도에서 아래 궤도로 떨어질 때는 에너지를 방출해야 한다. 양자 조건을 만족시키는 궤도 위에서 원자핵을 돌고 있는 동안에는 전자가 전자기파를 방출하지 않고 에너지를 잃지 않는다.

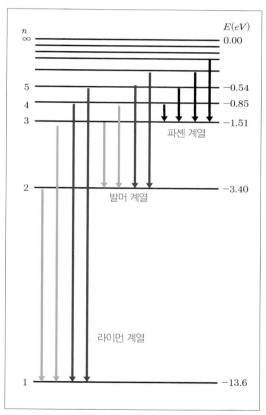

보어의 원자모형과 스펙트럼 계열.

수소 원자가 내는 스펙트럼은 에너지준위의 차이를 이용하여 설명할 수 있다. 에너지준위의 차이를 전자기파의 에너지와 같다고 놓으면 두 에너지준위 사이에서 방출하거나 흡수하는 전자기파의 진동수를 구할 수 있다.

$$\nu = -\frac{13.6 \times 1.6 \times 10^{-19}}{h}\left(\frac{1}{m^2} - \frac{1}{n^2}\right)$$

그런데 에너지준위 사이의 간격은 모두 같지 않다. 1번 준위와 2번 준위 사이의 에너지 차이는 크지만 위로 갈수록 에너지준위 사이의 차이가 작아진다. 따라서 다른 궤도에서 1궤도로 떨어질 때 가장 큰 에너지를 가진 전자기파가 방출된다. 이것이 자외선에 해당되는 라이먼 계열의 스펙트럼이다. 다음으로 에너지가 큰 스펙트럼은 다른 궤도에서 2궤도로 떨어질 때 방출되는 스펙트럼이다. 이것이 가시광선에 해당되는 발머 계열의 스펙트럼이다. 적외선에 해당되는 파센 계열은 다른 궤도에서 3궤도로 떨어질 때 방출되는 스펙트럼이다. 이것으로 수소가 내는 스펙트럼이 계열을 이루는 것도 설명할 수 있었다. 보어 원자모형이 수소 원자가 내는 스펙트럼의 종류를 성공적으로 설명한 것은 에너지를 비롯한 물리량이 양자화되어 있다는 것을 다시 한 번 확인시켜주는 것이었다.

양자물리학 강의실 엿보기

보어 원자모형의 수학적 분석

조머펠트의 고전 양자 조건과 전자와 양성자 사이에 작용하는 전기력이 구심력과 같다는 조건을 이용하면 다음과 같은 두 식을 얻을 수 있다.

$$\int_0^{2\pi} mr^2\dot{\theta}\,d\theta = 2\pi mr^2\dot{\theta} = 2\pi mrv = nh,$$

양변을 2π로 나누면,

$$mvr = n\hbar \qquad \cdots ①$$

이 식에서 $\hbar$는 플랑크상수 h를 2π로 나눈 값으로 양자역학에서 자주 사용하는 상수다. 전자의 에너지준위를 계산하기 위해서는 양자 조건 외에 또 하나의 식이 필요하다. 전자와 원자핵 사이에 작용하는 전기력이 원운동을 계속하기 위한 구심력과 같다는 것을 이용하면 다음 식을 얻을 수 있다.

$$m\frac{v^2}{r} = \frac{ke^2}{r^2}$$

이 식의 양변에 r^2을 곱하면 다음 식을 얻는다,

$$mrv^2 = ke^2 \qquad \cdots ②$$

이 식에서 k는 전하량과 힘의 단위에 따라 결정되는 상수로 $9 \times 10^9 N \cdot m^2/C^2$이며, e는 전자의 전하량을 나타내고 r은 궤도 반지름이다. ①식과 ②식을 연립하여 v를 소거하면 전자궤도의 반지름을 구할 수 있고, r을 소거하면 그 궤도에서의 전자의 속력을 구할 수 있다. n번째 궤도의 반지름과 그 궤도에서의 전자의 속력을 각각 r_n, v_n이라고 나타내면 r_n과 v_n은 다음과 같다.

$$r_n = \frac{n^2 \hbar^2}{mke^2}$$

$$v_n = \frac{ke^2}{n\hbar}$$

이 식으로부터 전자의 궤도 반지름은 궤도 번호가 증가함에 따라 크게 증가하는 것을 알 수 있다. 첫 번째 궤도의 반지름을 나타내는 $n=1$인 경우의 반지름을 수소 원자의 반지름이라고 할 수 있다. 안정한 수소 원자의 전자는 대부분 첫 번째 궤도에 있기 때문이다. 이 반지름을 보어의 반지름이라고 부르는데 보어의 반지름은 약 0.51Å 이다.

반지름이 r인 궤도 위에서 돌고 있는 전자는 전기적 위치에너지와 운동에너지를 가지는데 앞에서 구한 궤도 반지름과 속도에 대한 식을 이용하면 두 에너지를 더한 전자의 에너지는 다음과 같이 된다.

$$E_n = \frac{1}{2}mv^2 - \frac{ke^2}{r_n} = -\frac{e^4mk^2}{2\hbar^2}\frac{1}{n^2}$$

이 식에서 $-\dfrac{e^4mk^2}{2\hbar^2}$에 해당 상수의 값을 대입하여 계산하면 각 에너지준위의 총에너지 값은 다음과 같이 나타낼 수 있다.

$$E_n = -\frac{2.176 \times 10^{-18}}{n^2}(J) = -\frac{13.6}{n^2}(eV)$$

$1eV = 1.6 \times 10^{-19} J$을 이용하여 환산했다.

부양자수의 도입

원자핵 주위를 도는 전자가 특정한 에너지를 가지는 궤도 위에서만 돌 수 있다는 보어의 원자모형은 수소 원자가 내는 스펙트럼을 성공적으로 설명했지만 수소 원자 스펙트럼이 자기장 안에서 여러 개의 선으로 갈라지는 제만효과나 분자가 내는 스펙트럼을 설명할 수는 없었다. 이런 문제를 해결하기 위해 조머펠트와 보어는 새로운 양자수를 도입했다. 2궤도에 있는 전자가 1궤도로 떨어질 때는 두 궤도의 에너지 차이만큼의 에너지를 가지는 전자기파가 방출된다는 것이 보어의 원자모형이다. 그러나 자기장 안에서는 2궤도에서 1궤도로 떨어지는 전자기파의 파장이 하나가 아니라 여러 개로 나누어진다는 것은 2궤도에 있는 전자들이 모두 같은 상태에 있지 않고 조금씩 다른 상태에 있다는 것을 뜻한다.

이런 문제를 해결하기 위해 조머펠트는 주양자수 외에 또 다른 양자수인 부양자수를 제안했다. 이제 전자의 상태를 나타내기 위해서는 두 가지 양자수가 필요하게 된 것이다. 따라서 전자의 궤도는 주양자수(n)와 부양자수(k)를 이용하여 n_k라는 기호로 나타낼 수 있게 되었다. 조머펠트의 설명에 의하면, 전자는 원궤

도 위에서 원자핵
을 도는 것이 아니
라 타원궤도를 따
라 원자핵을 돌고
있는데 주양자수가
같으면 궤도의 장
축 길이가 같아 비
슷한 에너지를 가
지게 된다. 부양자
수는 초점에 근접

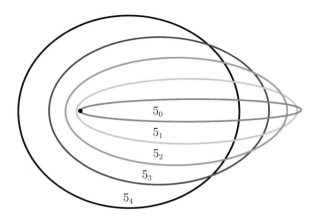

보어와 조머펠트가 도입한 부양자수는 궤도의 모양과 관련이 있었다.
주양자수는 5이지만 부양자수가 다른 다섯 가지 궤도 모양.

하는 거리와 관련이 있다. 따라서 주양자수(n)가 같고 부양자수(k)가 다르면 조금 다른 에너지를 가지기 때문에 같은 궤도에서 떨어지는 전자가 내는 스펙트럼의 에너지가 조금씩 다를 수 있다고 했다. 조머펠트는 이런 방법으로 수소 스펙트럼의 미세구조를 실험 오차 내에서 설명할 수 있었다. 후에 주양자수와 부양자수에 대한 조머펠트의 설명은 옳지 않은 것으로 밝혀졌지만, 원자의 상태를 나타내기 위해 주양자수 외에 또 다른 양자수가 필요하다는 그의 생각은 옳은 것이었다.

몇 개의 허용된 전자궤도만 가지고 있던 보어의 원자모형은 이로써 에너지 껍질 모형으로 바뀌게 되었다. 다시 말해 하나의 주양자수로 나타나는 궤도에 부양자수가 다른 여러 개의 상태가 있다는 것이다. 따라서 하나의 궤도에도 여러 개의 전자가 들어갈 수 있게 되었다. 그러자 1, 2, 3 등으로 부르던 궤도 번호 대신 K-껍질, L-껍질, M-껍질 등으로 부르게 되었다. 그러나 에너지 껍질 모형은 양자역학이 완성된 후에야 완성되었다.

1924년에 파울리는 전자의 상태를 나타내기 위해서는 주양자수와 부양자수

외에 두 개의 양자수가 더 필요하다고 제안하여 양자수는 모두 네 개가 되었다. 이 양자수들이 어떤 물리적 의미를 가지는지는 슈뢰딩거방정식이 등장한 후에 밝혀지게 되었다. 보어가 양자 이론을 적용한 그의 원자모형을 이용하여 수소 원자가 내는 스펙트럼을 설명한 것은 원자의 구조를 이해하기 위한 놀라운 진전이었다. 하지만 그것은 원자보다 작은 세계가 우리가 알고 있던 물리법칙으로부터 점점 멀어지고 있음을 보여주는 것이기도 했다. 이는 새로운 물리학을 위한 토대를 마련한 것이기도 했지만 동시에 우리가 오랫동안 든든하다고 믿고 서 있던 토대가 무너지는 것을 뜻하는 것이기도 했다.

1700년부터 1900년까지 200년 동안의 과학을 근대 과학이라고 한다. 근대 과학은 뉴턴역학이라는 든든한 버팀목이 지탱하고 있었다. 근대 과학이 뿌리를 내리고 있는 동안에는 뉴턴역학에 대한 신뢰가 대단했다. 뉴턴역학을 수학적으로 분석하는 데 크게 기여한 조제프 루이 라그랑주$^{Joseph Louis Lagrange(1736~1813)}$ 같은 과학자는 인류에게 이제 뉴턴 이외의 과학자는 필요 없다고까지 했다. 앞에서 언급했던 플랑크의 스승 졸리는 뉴턴역학과 전자기학의 성립으로 물리학에서는 더 이상 발견할 법칙이 없고 이제는 이 법칙들을 이용하여 작은 틈을 메우는 일만 남았다고 했다. 그러나 20세기 초에 뉴턴역학이 무너져 내리고 있었다. 뉴턴역학은 1905년에 아인슈타인이 제안한 상대성이론으로 인해 상처를 입었다. 빠른 속도로 운동하는 계에서는 뉴턴역학을 수정해야 한다는 것이 상대성이론이기 때문이다. 그리고 지금 양자 이론에서는 원자보다 작은 세계를 기술하는 데는 뉴턴역학이 아무 쓸모가 없다는 것이 밝혀지고 있었다.

그러나 아직은 갈 길이 멀었다. 그만큼 놀랄 일도 많이 남아 있었다. 보어의 원자모형은 수소 원자가 내는 스펙트럼의 종류를 설명하는 데 성공했지만 스펙트럼의 세기는 설명하지 못하고 있었다. 더구나 스펙트럼이 자기장이나 전기장 안에서 미세한 여러 개의 선들로 갈라지는 제만효과와 슈타르크효과도 모두 설명하지 못하고 있었다. 주기율표를 설명하는 데도 역부족이었다. 따라서 원자를 완전히 이해하는 양자역학이 성립하기까지는 아직도 좀 더 기다려야 했다.

프랑크-헤르츠 실험

보어의 원자모형이 제안된 직후인 1914년에 독일 출신의 미국 물리학자 제임스 프랑크$^{James Franck(1882~1964)}$와 구스타프 루트비히 헤르츠$^{Gustav Ludwig Hertz(1887~1975)}$(전자기파를 발견한 헤르츠의 조카)는 원자핵 주위를 도는 전자들이 불연속적인 에너지 준위를 가지고 있음을 보여주는 실험을 했다. 프랑크-헤르츠 실험이라고 부르는 이 실험에서는 낮은 압력의 기체가 들어 있는 관에 (−)극과 (+)극을 설치하고 중간에 그물망을 설치한다. (−)극에서 발생한 열전자는 (−)극과 그물망 사이에 걸린 전압에 의해 가속되어 그물을 통과한다. 그물망을 통과한 다음에는 그물망보다 낮은 전압이 걸린 (+)극으로 다가가면서 감속된다. 이때 전자가 그물망과 그물망 뒤쪽에 있는 (−)극 사이의 전압 차이를 이길 수 있는 충분한 에너지를 가지고 있으면 (−)극에 도달하여 회로에 전류가 흐르게 된다. 다시 말해 (−)극과 그물망 사이에 걸리는 높은 전압은 전자에 에너지를 제공하기 위한 것이고, 그물망과 뒤쪽 (−)극 사이에 걸리는 약한 전압은 전자가 이 전압을 이길 수 있는 충분한 에너지를 가지고 있는지를 알아보기 위한 것이다.

관 안에 수은 증기를 넣고 전압을 걸어주면 가속

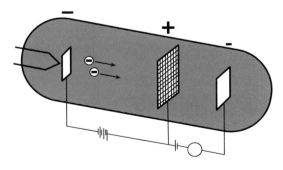

프랑크-헤르츠 실험 장치.

전압이 4.9V가 될 때까지는 가속전압이 높아짐에 따라 전류도 일정하게 증가했다. 그것은 전압을 올림에 따라 그물망을 통과한 다음 전압 차를 이기고 뒤쪽 (−)극에 도달하는 전자의 수가 증가한다는 것을 나타낸다. 그러나 가

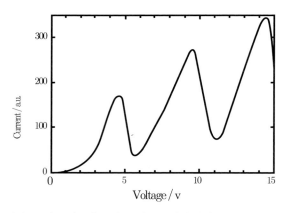

수은 증기를 이용한 프랑크-헤르츠 실험 결과.

속전압이 4.9V에 이르자 전류가 급격히 0 가까이 떨어졌다. 4.9V에서는 전자가 갑자기 에너지를 잃어 그물망을 통과한 전자들이 뒤쪽 (−)극까지 도달할 수 있는 에너지를 가지고 있지 않다는 것을 뜻했다. 그러나 전압을 4.9V 이상으로 올리면 9.8V가 될 때까지는 다시 전류가 증가하다가 9.8V에서 다시 급격하게 0으로 떨어졌다. 이처럼 전압이 100V까지 오르는 동안 4.9V마다 전류가 급격히 감소하는 현상이 발견되었다. 그물망을 통과한 전자의 수가 이처럼 변하는 현상을 어떻게 설명할 수 있을까?

이것은 수은 증기가 모든 에너지를 흡수하는 것이 아니라 4.9eV에 해당하는 에너지만 흡수한다고 하면 설명할 수 있다. 관 안을 통과하는 전자는 수은 원자 안의 전자와 충돌하여 에너지를 잃는다. 만약 수은 원자 안의 전자가 모든 에너지를 가질 수 있어 임의의 작은 양의 에너지를 흡수할 수 있으면 이런 실험 결과가 나올 수 없다. 그러나 수은 원자 안의 전자의 에너지준위의 차이가 4.9eV라면 전자는 이보다 작은 에너지는 흡수할 수 없다. 따라서 전자는 에너지를 잃지 않고 수은 증기를 통과할 수 있다. 하지만 4.9eV보다 큰 에너지를 가지는 전자는 수은 원자 안의 전자를 더 높은 에너지준위로 올려 보내면서 에너지를 잃

을 수 있다. 에너지를 잃은 전자는 가속전압에 의해 다시 가속되겠지만 에너지가 4.9eV에 이르면 다시 수은 원자 안의 전자와 상호작용으로 에너지를 잃게 된다. 따라서 가속전압을 높임에 따라 4.9V 간격으로 전류가 갑자기 크게 떨어지는 현상이 나타나는 것이다.

수은 대신 네온 기체를 넣으면 전류가 급격히 떨어지는 간격이 약 18.7V가 되는 것을 알 수 있다. 에너지를 흡수해 들뜬 네온 원자는 원래의 상태로 돌아가면서 빨간빛을 낸다. 네온을 이용한 실험에서는 빛이 나오지 않다가 가속전압이 18.7V에 이르면 빛을 낸다. 그리고 전압을 약 39V로 올리면 빨간빛이 나오는 부분이 두 곳 생긴다. 프랑크-헤르츠 실험은 원자핵 주위를 돌고 있는 전자의 에너지준위가 불연속적이라는 것을 확인한 중요한 실험이었다. 프랑크와 헤르츠는 이 실험으로 1925년에 노벨 물리학상을 수상했다.

모즐리의 법칙과 주기율표

보어의 원자모형을 널리 받아들이게 하는데 크게 기여한 것은 영국 물리학자인 헨리 귄 제프리스 모즐리$^{Henry\ Gwyn\ Jeffreys\ Moseley(1887\sim1915)}$가 발견한 모즐리의 법칙이었다. 어려서부터 뛰어난 학생이었던 모즐리는 장학금을 받고 이튼 대학을 다녔으며 1906년 옥스퍼드 대학의 트리니티 칼리지에 진학하여 학사 학위를 받았다. 이후 맨체스터 대학에서 러더퍼드의 연구원이 되어 연구에 참여했다. 1913년부터 모즐리는 많은 금속 원소들이 내는 엑스선 스펙트럼을 측정했다. 모즐리는 관측 결과들을 바탕으로 엑스선을 발생시키는 금속원소의 원자번호와 엑스선의 파장 사이의 관계를 나타내는 식인 모즐리의 법칙을 발견했다. 모즐리의 법칙은 원자가 내는 엑스선 스펙트럼 중에서 가장 세기가 강한 K-알파선의 진동수 ν와 원자번호 Z 사이에 다음과 같은 관계가 있다는 법칙이다.

$$\sqrt{\nu} = a\,(Z-b)$$

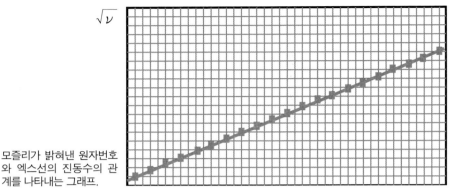

$\sqrt{\nu}$

모즐리가 밝혀낸 원자번호
와 엑스선의 진동수의 관
계를 나타내는 그래프.

원자번호

이 식에서 a와 b는 금속에 따라 정해지는 상수이다. 엑스선이 계열을 이루는
것은 전자궤도의 에너지 간격이 일정하지 않고 위로 갈수록 좁아져 전자가 위
에 있는 여러 궤도에서 1궤도(K궤도)로 떨어질 때 내는 엑스선들은 좁은 간격으
로 분포되어 있고, 2궤도(L궤도)로 떨어질 때 내는 엑스선들도 따로 떨어져 좁은
간격으로 분포되어 있기 때문이다. 1궤도로 떨어질 때 나오는 엑스선들을 K-계
열이라 부르고, 2궤도로 떨어질 때 나오는 엑스선들을 L-계열이라고 부른다. 각
계열에서 세기가 가장 강한 엑스선을 알파선이라고 한다. 따라서 K-알파선은 1
궤도로 떨어질 때 나오는 엑스선 중에서 세기가 가장 강하다. 모즐리의 법칙에
포함된 상수 a와 b는 계열에 따라 결정되는 상수다.

  모즐리의 법칙은 원소의 원자번호와 특성 엑스선의 파장 사이에 밀접한 관계
가 있다는 것을 나타낸다. 모즐리의 법칙이 발표되기 이전에는 원자번호는 원자
들을 원자량 순서로 배열했을 때 몇 번째 원소인지를 나타내기 위한 숫자로 생
각했기 때문에 특별한 물리적 의미를 가지지 못했다. 그러나 모즐리의 발견으로

원자번호가 물리적으로 중요한 의미를 가지고 있다는 것을 알게 되었다. 모즐리는 원자번호가 원자핵 안에 포함되어 있는 (+)전하의 양을 나타내는 것이라는 것을 알아냈다. 모즐리의 법칙은 원소의 화학적 성질을 결정하는 것은 원자량이 아니라 원자번호라는 것을 나타내는 것이었으며, 원자 중심에 (+)전하를 띤 원자핵이 존재한다는 사실을 증명하는 것이었고, 보어의 원자모형의 사실성을 입증하는 것이었다. 반면에 보어의 원자모형은 모즐리의 법칙을 이론적으로 설명할 수 있도록 했다.

멘델레예프는 자신의 주기율표에 원소들을 원자량의 순서로 배열하면서도 일부 원자들의 순서는 원자량이 아니라 원자의 성질을 감안하여 순서를 바꾸어놓았다. 예를 들면 원자량 순서로 배열하면 28번 니켈이 27번 코발트보다 앞에 와야 하지만 물리화학적 성질을 고려하여 코발트를 앞에 놓고 니켈을 뒤에 놓았다. 모즐리의 법칙이 발견되자 이렇게 순서를 바꾸는 것이 물리적으로 정당하다는 것을 알게 되었다. 모즐리는 또한 43번과 61번 그리고 72번과 75번 자리가 비어 있다는 것을 알아냈다. 43번과 61번은 자연에는 존재하지 않는 반감기가 짧은 방사성원소인 테크네튬과 프로메튬이라는 것이 후에 밝혀졌고, 72번과 75

모즐리.

번은 하프늄과 레늄으로 지구 상에 극히 소량 존재하는 원소여서 1923년과 1925년이 되어서야 발견되었다.

1914년에 모즐리는 옥스퍼드로 돌아가 연구를 계속할 생각으로 맨체스터 대학을 사임했다. 그러나 1914년 제1차 세계대전이 발발하자 옥스퍼드로 가는 대신 군에 입대하여 통신장교로 근무했다. 1915년 4월부터 모즐리는 전투 지역이던 터키의 갈리폴리에서 근무하다 1915년 8월 10일 작전 중 전사했다. 많은 사람들이 뛰어난 과학자가 젊은 나이에 전쟁으로 목숨을 잃은 것을 애석해했다. 모즐리의 전사 후 영국 정부는 뛰어난 과학자가 전투에 참가하는 것을 금지했다.

양성자의 발견

1919년에는 원자의 구조를 밝혀내는 데 중요한 계기가 된 양성자의 발견이 있었다. 1909년 금박 실험을 통해 원자핵을 발견한 러더퍼드는 1919년 알파선을 질소 원자와 충돌시켜 산소 원자를 만들어내 최초로 원자를 인공적으로 변환하는 데 성공했다. 이것은 한 원소를 다른 원소로 바꾸려고 노력했던 연금술사들의 꿈을 이루어낸 실험이었다. 이 반응을 식으로 나타내면 다음과 같다.

$$N_7^{14} + He_2^4 \rightarrow O_8^{17} + p_1^1$$

러더퍼드는 이 반응에서 수소 원자로부터 수소 원자핵을 끄집어내기 위해 수소 기체에 알파선을 충돌시켰을 때 나왔던 것과 같은 수소 원자핵이 나오는 것을 확인했다. 이것은 수소 원자핵이 질소 원자핵에 포함되어 있으며 다른 원자핵 안에도 수소 원자핵이 포함되어 있을 수 있다는 것을 뜻했다. 실제로 오래전부터 실험을 통해 확인된 원자의 질량이 수소 원자 질량의 정수배에 가까운 값이어서 원자가 수소 원자로 이루어져 있을지 모른다고 생각하는 사람들이 있었다.

돌턴의 원자론이 제안된 지 얼마 되지 않은 1815년과 1816년에 영국의 화학자 윌리엄 프라우트William Prout(1785-1850)는 그때까지 발견된 원소의 원자량이 수소 원자량의 정수배라는 것을 지적하고 수소 원자만이 기본적인 입자이고 다른 원소의 원자들은 수소 원자가 여러 가지 방법으로 결합하여 만들어졌다는 프라우트의 가설을 발표했다. 그는 수소 원자를 프로타일^{protyle}이라고 불렀다.

　1820년대에는 프라우트의 가설이 화학 분야에서 많은 영향을 주었지만 원자량을 정밀하게 측정하면서 프라우트의 가설은 더 이상 받아들여지지 않게 되었다. 특히 염소의 원자량이 35.45인 것은 프라우트의 가설로는 설명할 수 없었다. 동위원소가 발견되어 원자량이 동위원소들의 가중 평균치라는 것이 밝혀지기 전까지는 원자량이 수소 원자량의 정수배가 아닌 것을 설명할 수 없었다.

　프라우트의 가설을 잘 알고 있던 러더퍼드는 수소 원자핵이 모든 원자핵을 구성하는 기본 입자일지 모른다고 생각했다. 원자핵에서 수소 원자핵보다 더 가벼운 입자는 발견되지 않았으므로 수소 원자핵이 모든 원자핵을 이루는 기본 입자 중 하나일 것이라고 생각하게 된 것이다. 따라서 러더퍼드는 1920년에 수소 원자핵에 양성자^{proton}라는 이름을 붙였다. 이렇게 해서 원자의 구성 요소 중 하나인 양성자가 발견되었다.

　그러나 양성자만으로는 원자핵의 구성을 설명할 수 없었다. 양성자는 (＋)전하를 띠고 있다. 그러므로 양성자끼리는 전기적 반발력으로 서로 밀어내야 한다. 따라서 원자핵과 같이 작은 공간에 양성자들이 모여 있는 것을 설명할 수 없었다. 그래서 러더퍼드는 1921년에 양성자들의 전기적 반발력을 상쇄할 전하를 띠지 않은 중성자의 존재를 예측했다. 만약 양성자가 흩어지지 않도록 하는 중성자가 없다면 양성자들의 전기적 반발력을 상쇄할 전자가 원자핵에 포함되어 있어야 했다. 그러나 이 전자들이 어떻게 원자핵에 잡혀 있는지를 설명할 수가 없었다. 그뿐이 아니었다. 원자핵의 질량과 전하량도 양성자만으로는 설명할 수 없었다. 원자핵의 전하량이 양성자 전하량의 n배라면 원자핵의 질량은 양성자 질량의 $2n$배였다. 따라서 원자핵의 구성을 설명하기 위해서는 전하는 가지고 있지 않으면서도 질량은 양성자와 비슷한 중성자의 존재가 필요했다. 중성자는 1932년이 되어서야 러더퍼드의 제자인 채드윅에 의해 발견되었다.

11. 드브로이의 물질파 이론

　원자의 구조는 보어의 원자모형에 의해 어느 정도 밝혀진 것처럼 보였다. 그러나 아직은 설명할 수 없는 것이 많이 남아 있었다. 조머펠트와 보어는 주양자수 외에 부양자수를 도입하여 원자가 내는 스펙트럼의 미세구조까지 설명하려 했고, 어느 정도 성공한 것 같아 보였다. 하지만 그것은 아직 성공이라고 할 수 없었다. 원자가 내는 스펙트럼의 미세구조를 설명하기 위해 도입한 부양자수는 왠지 땜질식 처방처럼 보였다. 그리고 원자가 내는 스펙트럼의 세기가 모두 다른 것도 아직 설명할 수 없었다. 따라서 원자를 제대로 이해하기 위해서는 좀 더 근본적인 이론이 필요해 보였다. 양자물리학의 기초가 되는 이런 근본적인 이론은 조금은 다른 방향에서 해결의 실마리가 보이기 시작했다. 그것은 전자와 같은 입자도 파동의 성질을 가진다는 물질파 이론이었다.

입자와 파동의 이중성

아인슈타인은 광전효과를 통해 빛이 전자와 상호작용할 때 입자로 행동한다고 주장했다. 이후 많은 실험을 통해 빛이 입자의 성질을 가진다는 것이 확인되었다. 그렇다고 빛이 가지고 있던 파동의 성질이 없어진 것은 아니었다. 간섭이나 회절과 같은 빛의 성질은 빛을 파동이라고 해야 설명할 수 있었다. 결국 빛은 어떤 때는 입자로 행동하고 어떤 때는 파동으로 행동한다는 것이 밝혀진 셈

드브로이.

이다. 그렇다면 이러한 빛의 이중성은 빛만 가지고 있는 성질일까? 빛이 가지고 있는 이런 이중성이 빛만의 성질이 아니라 전자나 양성자와 같은 작은 입자들도 가지고 있는 일반적인 성질이라는 물질파 이론을 처음으로 주장한 사람은 프랑스의 루이 빅토르 피에르 드브로이Louis Victor Pierre de Broglie(1892~1987)였다.

17세기부터 장군, 정치가, 외교관을 많이 배출한 프랑스 브로이 공작 가문의 둘째 아들로 태어난 드브로이는 형 모리스 드브로이가 사망하자 공작 지위를 물려받았다. 드브로이가 형과 함께 과학을 직업으로 선택한 것은 정치가를 배출해온 가문의 전통을 깨뜨린 파격적인 것이었다. 물리학자로 원자핵의 실험적 연구를 했던 형 모리스 드브로이는 파리의 저택에 훌륭한 장비를 갖춘 실험실을 가지고 있었다. 루이 드브로이가 물리학에 관심을 가지게 된 것도 형의 영향 때문이었다. 그러나 형과 달리 그는 실험보다는 이론물리학에 관심을 가졌으며 스스로를 "실험가나 기술자보다는 보편적이고 철학적인 견해를 사랑하는 순수 이론가의 정신을 더 많이 가졌다……"고 평가했다.

처음 드브로이는 역사학을 공부했다. 가문의 전통에 따라 외교관이 되는 데는 역사학을 공부하는 게 좋을 것 같다고 생각했기 때문이었다. 그는 1910년에 역사학 학사 학위를 받고 다시 물리학을 공부하기 시작하여 1913년에 물리학 학사 학위도 받았다. 그 뒤 군에 입대한 드브로이는 제1차 세계대전(1914~1918년) 동안 에펠탑에 있던 무선국에서 근무하며 물리학과 관계된 기술을 많이 접할 수 있었다. 전쟁이 끝나자 그는 다시 물리학 공부를 시작했다.

물질파 이론

이론물리학에 관심을 가지고 있던 드브로이는 형으로부터 플랑크와 아인슈타인의 연구에 대해 들은 후로는 에너지 양자와 광양자에 관심을 가지게 되었다. 그는 박사 학위 논문 주제로 양자 이론을 선택하고 보어의 원자모형에서 시작했다. 보어의 원자모형에는 각운동량을 한 주기 동안 적분한 값이 플랑크상수의 정수배가 되어야 한다는 고전 양자역학의 양자 조건이 포함되어 있다. 하지만 누구도 왜 이 값이 플랑크상수의 정수배가 되어야 하는지, 같은 에너지준위에서 원자핵을 도는 전자는 왜 전자기파를 방출하지 않는지 설명하지 못하고 있었다. 드브로이는 빛이 입자와 파동의 성질을 가지는 것과 같이 전자도 파동의 성질을 가진다고 생각하면 이 문제를 해결할 수 있을지도 모른다고 생각했다.

만약 전자가 파동의 성질을 가진다면 전자도 파장을 가지고 있어야 한다. 그렇다면 전자의 파장은 얼마일까? 드브로이는 전자의 궤도 둘레가 전자 파장의 정수배가 되는 것이 아닐까 하는 생각을 했다. 그렇게 되면 전자 파동은 정상파가 될 수 있다. 궤도의 반지름을 r이라고 하면 궤도의 둘레는 $2\pi r$이다. 따라서 궤도 둘레를 전자 파동의 정수배라고 하면 전자의 파장은 다음과 같이 나타낼 수 있다.

$$2\pi r_n = \lambda_e n \qquad \lambda_e = 2\pi \frac{r_n}{n}$$

그런데 궤도 반지름은 $r_n = \dfrac{n^2\hbar^2}{mke^2}$ 이고, 이 궤도에서 전자의 속도는 $v_n = \dfrac{ke^2}{n\hbar}$ 이므로 이 식을 대입하면 전자의 파장을 다음과 같이 구할 수 있다.

$$\lambda_n = 2\pi \frac{n^2\hbar^2}{mke^2} \frac{1}{n} = \frac{nh^2}{2\pi mke^2} = \frac{h}{mv} = \frac{h}{p}$$

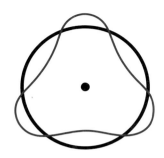

궤도 둘레가 전자파장의 정수배가 되는 궤도는 허용된다.

이것은 전자를 파장이 $\dfrac{h}{p}$ 인 파동으로 보면 보어의 양자 조건은 궤도의 둘레가 전자의 파장의 정수배가 되어야 한다는 것과 같은 의미가 된다. 따라서 보어의 양자 조건에 물리적 의미를 부여할 수 있게 되었다. 1923년에 드브로이는 전자가 파동의 성질을 가진다는 물질파 이론이 담긴 논문을 발표했다. 1924년에는 그의 이론을 정리하여

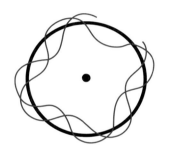

궤도 둘레가 전자 파장의 정수배가 아니면 소멸 간섭으로 인해 허용되지 않는다.

〈양자에 대한 연구〉라는 제목의 박사 학위 논문을 제출했다.

빛이 이중성을 가지는 것처럼 전자도 입자의 성질과 함께 파동의 성질도 가질 것이라는 물질파 이론은 순수한 추론이었다. 전자와 같은 입자도 파동의 성질을 가질 것이라는 물질파 이론이 담긴 드브로이의 논문을 읽은 아인슈타인은 이 논문이 가지고 있는 중요성을 알아차렸다. 아인슈타인은 물질파 이론을 긍정적으로 평가하고 이 이론의 중요성을 강조했다.

실험을 통한 증명

드브로이의 물질파 이론에 의하면, 모든 물질은 파장이 질량과 속도를 곱한 값(운동량)에 반비례하는 파동의 성질을 갖는다. 전자나 양성자 같은 입자들뿐만 아니라 사람이나 자동차 같은 물체들도 달리는 동안에는 파동의 성질을 가진다. 그러나 계산에 의하면 사람이나 자동차처럼 커다란 물체가 달릴 때 나타나는 파동의 파장은 아주 작아 우리가 관측할 수 없다. 따라서 우리는 우리 주변의 물체가 가지는 파동의 성질을 알지 못하고 살아간다.

그러나 전자나 양성자와 같이 작은 입자는 측정 가능한 파동의 성질을 나타낸다. 물질파 이론이 제안된 후 많은 과학자들이 전자의 파동성을 측정하기 위한 실험을 시작했다. 1927년 3월에 미국의 클린턴 조지프 데이비슨Clinton Joseph Davisson(1881~1958)과 레스터 할버트 거머Lester Halbert Germer(1896~1971)가 니켈 단결정을 이용하여 전자의 회절 현상을 확인하는 데 성공했다. 벨 연구소 연구원이었던

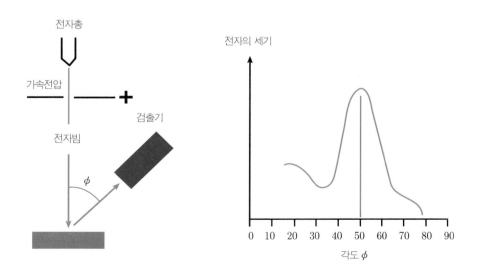

데이비슨과 거머는 전자 회절 실험을 통해 전자가 파동의 성질을 갖는다는 것을 증명했다.

데이비슨과 거머는 니켈 표면을 조사하기 위해 니켈 표면에 전자를 입사시켜 반사되는 전자들을 측정하는 실험을 하고 있었다. 그들은 매끈한 표면도 전자의 크기에서 보면 매우 거칠어 전자가 모든 방향으로 난반사될 것으로 생각하고 그것을 확인하기 위해 진공상태에서 실험하고 있었다. 그런데 실수로 공기가 들어가는 바람에 니켈 표면에 산화막이 생겼다. 그들은 이 산화막을 제거하기 위해 고온에서 열처리를 했다. 이 열처리 과정에서 다결정이던 니켈이 단결정으로 변했다. 단결정으로 변한 니켈에 전자를 입사시키고 반사되어 나오는 전자를 조사한 그들은 놀라운 사실을 발견했다.

54V로 가속된 전자를 니켈 표면에 수직으로 입사시키자 입사선과 50도의 각도를 이루는 방향에서 많은 전자들이 검출되었다. 엑스선을 이용한 실험을 통해 금속 단결정이 입체 회절격자 역할을 하여 회절 무늬를 만들어낸다는 것은 이미 알려져 있었다. 데이비슨과 거머는 자신들의 실험 결과를 이용하여 전자의 파장을 계산했다. 그 결과 전자의 파장은 0.167nm라야 했다. 데이비슨과 거머가 드브로이의 식을 이용하여 54eV의 에너지를 가지는 전자의 파장을 계산해보았더니 그 결과는 0.165nm였다. 드브로이의 물질파 이론이 옳다는 것을 확인하는 실험에 성공한 것이었다. 두 사람은 이 실험으로 1937년 노벨 물리학상을 받았다.

1927년 11월에는 영국의 조지 패짓 톰슨George Paget Thomson(1892~1975)(전자를 발견한 J. J. 톰슨의 아들)이 알루미늄, 금, 셀룰로이드 등의 분말을 이용하여 전자회절 사진을 찍는 데 성공했다. 이 실험으로 톰슨은 1937년 데이비슨, 거머와 함께 노벨 물리학상을 공동으로 수상했다. 드브로이는 물질파 이론을 제안하고 5년 뒤인 1929년에 노벨 물리학상을 수상했다.

드브로이의 물질파 이론은 양자물리학 성립에 크게 공헌했다. 이 이론 덕분에 전자와 같은 입자를 파동으로 다룰 수 있게 되었다.

이렇게 해서 입자들도 빛과 마찬가지로 입자와 파동의 이중성을 가진다는 것

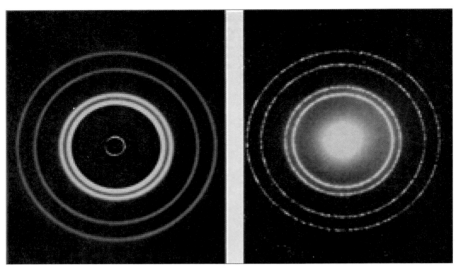

알루미늄 포일에 x−선을 쪼였을 때의 회절 무늬(좌)와 같은 포일에 비슷한 파장을 가지는 전자를 쪼였을 때의 회절 무늬(우)

이 증명되었다. 빛이 이중성을 갖는다는 것도 당황스러운 일이었는데 이제 입자까지 이중성을 가진다는 사실이 밝혀진 것이다.

우리의 감각은 생각보다 정밀하지 않다. 어쩌면 우리가 살아가는 데 큰 불편이 없을 정도만큼만 정밀한 것인지도 모른다. 그런 감각 경험을 바탕으로 형성된 상식을 우리는 절대적인 진리처럼 생각해왔다. 그래서 우리 상식에 맞지 않는 것은 옳지 않다거나 비정상적인 것이라고 단정했다. 그러나 우리의 감각이 미치지 못하는 세상에서는 우리의 감각 경험과 다른 일들이 벌어지고 있었던 것이다. 입자의 이중성을 밝혀낸 물질파 이론을 통해 우리는 이런 세상으로 한 발 더 다가갈 수 있게 되었다.

입자와 파동 그리고 파동함수

우리는 일상 경험을 통해 입자와 파동은 전혀 다른 물리적 대상으로 알고 있다. 입자는 질량을 가지고 있으며 위치를 결정할 수 있다. 그러나 파동은 에너지가 전달되는 것으로 질량을 가지고 있지 않으며 위치를 한 점으로 특정할 수 없다. 우리는 바다에 넘실거리는 파도를 보면서 파동에 대한 감각을 형성했고, 콩이나 모래알처럼 작은 알갱이들을 보면서 입자가 어떤 것인지에 대한 생각을 가지게 되었다. 그러나 입자와 파동에 대한 우리의 이러한 직관은 우리가 살아가는 큰 세상에서는 사실이지만 원자나 전자와 같은 작은 세상에서는 더 이상 적용되지 않는다는 것이 밝혀진 것이다. 입자도 에너지와 운동량을 가질 수 있고, 파동도 에너지와 운동량을 가질 수 있다. 따라서 작은 세상에서는 입자를 파동으로 기술할 수도 있고, 파동을 입자로 기술할 수도 있다.

소리가 매질의 떨림에 의해 전파되는 파동이라는 것은 누구나 잘 알고 있는 사실이다. 그러나 총을 쏘는 사람 곁에 있는 사람은 총소리가 고막을 아프게 때리는 것을 느낄 수 있다. 총소리가 마치 빠르게 날아온 입자처럼 고막을 아프게 때린다. 이때 총소리는 우리가 파도를 보면서 알게 된 파동과 같은 방법으로 고막에 작용하지 않는다. 그보다는 하나의 강한 충격으로 작용한다. 파동에는 바다의 파도처럼 계속해서 에너지를 전달하는 것도 있지만 총소리처럼 하나의 에너지 알갱이처럼 전달되는 파동도 있다. 이런 파동을 펄스 파동이라고 부른다. 계속해서 에너지가 전달되는 파도와 같은 파동보다는 총소리와 같은 펄스 파동이 입자를 기술하기에 더 적당하리라는 것은 쉽게 짐작할 수 있다.

특정한 위치(x)에 있는 매질이 특정한 시간(t)에 평형 위치에서 얼마나 멀리 벗어나 있는지를 나타내는 식이 파동함수다. 파동함수는 주로 삼각함수를 이용하여 나타낸다. 용수철에 물체를 매달고 잡아당겼다가 놓으면 물체는 평형점을 중심으로 진동을 한다. 용수철에 물체를 매달아 진동시키는 조화진동자의 운동방정식을 풀면 물체의 위치는 삼각함수로 나타난다. 파동은 기본적으로 매질의 조화진동을 통해 에너지가 전달되므로 파동함수도 삼각함수로 나타낼 수 있다. 파동함수는 다음과 같이 약간씩 다른 형태의 식으로 나타낼 수 있지만 기본적으로는 모두 삼각함수다. 초기 조건에 따라 결정되는 진폭(A)과 초기 위상(ϕ)을 대입한 후 정리하면 서로 다른 형태로 나타나는 아래 파동함수들이 사실은 모두 같은 식이라는 것을 알 수 있다.

$$\Psi(x, t) = A\sin(kx - \omega t + \phi)$$
$$= A\cos(kx - \omega t + \phi')$$
$$= A'\sin(kx - \omega t) + B'\cos(kx - \omega t)$$

지수함수도 지수가 허수인 경우에는 삼각함수로 바꾸어 쓸 수 있으므로 파동함수는 다음과 같이 지수함수로도 나타낼 수 있다.

$$e^{ix} = \cos x + i\sin x$$
$$\Psi(x, t) = A e^{i(kx - \omega t + \phi)}$$

그러나 삼각함수를 이용하여 나타낼 수 있는 파동은 바다의 파도처럼 계속해서 에너지가 전달되는 파동이다. 그렇다면 입자와 훨씬 더 유사해 보이는 총소리와 같은 펄스 파동은 수학적으로 어떻게 나타낼 수 있을까? 다행히도 수학은 총소리와 같은 펄스 파동도 삼각함수를 이용하여 나타낼 수 있는 방법을 제공하고 있다. 수학에서는 이를 푸리에 급수라고 한다. 푸리에 급수는 펄스 파동과 같이 수학적으로 복잡한 함수를 진동수가 다른 여러 가지 삼각함수의 합으로 나타내는 방법이다. 푸리에 급수는 한마디로 복잡한 파동을 단순한 파동의 합으로 나타내는 방법이라고 할 수 있다. 펄스 파동도 푸리에 급수를 이용하면 간단한 파동의 합으로 나타낼 수 있다. 입자는 펄스 파동처럼 다룰 수 있으므로 입자 역

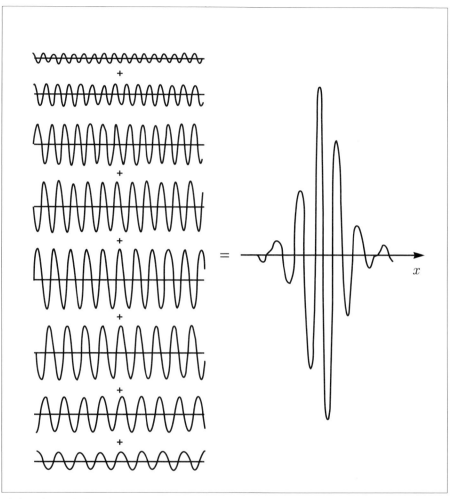

입자는 진동수가 다른 단순한 파동을 합하여 만든 파속(웨이브 파켓)으로 나타낼 수 있다.

시 간단한 삼각함수로 나타난 간단한 파동들의 합으로 나타낼 수 있다. 입자를 진동수가 다른 파동의 합으로 나타낸 것을 파동 묶음이라는 뜻으로 파속(웨이브 파켓)이라고 한다. 특정한 지점에서 시간에 따라 변하는 파동함수는 다음과 같이 기본 진동수의 배수의 진동수를 가지는 단순한 파동함수들의 합으로 나타낼 수 있다.

$$\phi(t) = A_1 e^{i\omega t} + A_2 e^{i2\omega t} + A_3 e^{i3\omega t} + \cdots$$

이 식에서 ω는 1초 동안 몇 도를 돌아가는지를 나타내는 각진동수로, 1초 동안 몇 번 진동하는지를 나타내는 진동수와는 $\omega = 2\pi\nu$의 관계가 있다. 따라서 이식의 각 항은 기본 진동수(ω)의 정수배 진동수를 가지는 파동을 나타낸다. 원하는 형태의 파동함수를 구하기 위해서는 이 식에서 각 파동의 진폭을 나타내는 $A_1, A_2, A_3, \cdots$를 적당히 결정하면 된다.

수학에서 푸리에 급수를 배울 때는 주로 원하는 형태의 파동을 만들기 위해서 필요한 계수들의 크기를 결정하는 것을 연습한다. 양자물리학에서 입자는 푸리에 급수를 이용하여 파속으로 나타내므로 푸리에 급수는 양자물리학에서 매우 중요한 수학적 기법이다.

13. 파울리의 배타 원리

　보어의 원자모형에는 여러 개의 에너지준위가 있다. 그렇다면 전자들은 많은 에너지준위 중에서 어느 준위에 들어가 있는 것일까? 보어는 수소 원자가 내는 스펙트럼을 설명하기 위해 양자화된 에너지를 기반으로 하는 새로운 원자모형을 제안했다. 그리고 스펙트럼을 더 잘 설명하기 위해 주양자수 외에 부양자수도 제안했다. 그러나 원자모형은 스펙트럼뿐만 아니라 주기율표에 원소들이 주기적으로 배열되는 것도 설명해야 한다. 다시 말해 원소의 화학적 성질이 주기적으로 변하는 것을 설명할 수 있어야 한다. 보어의 원자모형이 제안된 후 많은 사람들이 보어의 원자모형을 이용하여 주기율표를 설명하려고 시도했다.

　20세기 초에 이미 짝수 개의 전자를 가지고 있는 원자들이 홀수 개의 전자를 가지고 있는 원자들보다 안정하다는 것이 알려져 있었다. 미국 물리학자 겸 화학자인 길버트 뉴턴 루이스^{Gilbert Newton Lewis(1875~1946)}는 1916년에 발표된 논문 〈원자와 분자〉에서 원자들은 전자껍질에 짝수 개의 전자를 가지려는 경향이 있으며 특히 육면체의 각 꼭짓점에 하나씩의 전자가 대칭적으로 배치되어 있는 구조를 선호한다고 주장했다. 1899년 하버드 대학에서 박사 학위를 취득했고, 독일 라이프치히와 괴팅겐에서도 공부했던 루이스는 1916년경부터 분자를 이루는 원자는 최외각전자가 8개일 때 가장 안정된 상태라고 하는 옥텟 규칙, 전자쌍 결합 이론, 루이스산 등의 개념들을 화학결합에 도입하였으며, 1933년에는 중수소를 분리하여 순수한 중수를 만들어내기도 했다.

미국 물리학자로 독일 괴팅겐 대학에서 공부했고 계면현상에 대한 연구를 통해 1932년 노벨 화학상을 수상한 어빙 랭뮤어$^{\text{Irving Langmuir(1881~1957)}}$는 1919년에 원자 안의 전자들이 전자껍질을 채우는 방법을 일정한 방법으로 조직화하면 주기율표를 설명할 수 있을 것이라고 제안했다. 1922년에 보어는 2, 8, 18과 같은 특정한 수의 전자들이 안정한 전자껍질을 채우도록 하면 주기율표를 설명할 수 있다고 했다.

영국의 이론물리학자로 케임브리지에서 공부하였으며 강자성체에 대한 연구를 주로 했던 에드먼드 스토너$^{\text{Edmund C. Stoner(1899~1968)}}$는 1924년에 발표한 논문〈원자 준위 사이의 전자 분포〉에서 특정한 주양자수(n)를 가지고 있는 알칼리금속이 외부 전기장 안에서 방출하는 선스펙트럼의 수가 같은 주양자수를 가지고 있는 불활성기체의 전자껍질에 들어 있는 전자의 수와 같다고 했다. 이 논문에는 후에 파울리가 제안한 배타 원리의 초기 형태라고 할 원리도 포함되어 있었다.

하지만 이러한 주장이나 이론들은 경험에 의한 것이거나 가정 이상의 의미를 가지지 못했다. 간단한 규칙을 통해 에너지준위에 들어갈 전자의 수를 알아내 주기율표를 설명하고 여러 가지 원자가 내는 스펙트럼을 설명할 수 있도록 한 사람은 오스트리아 출신 물리학자 볼프강 파울리$^{\text{Wolfgang Pauli(1900~1958)}}$였다.

파울리의 배타 원리

오스트리아의 빈에서 태어나 1918년에 빈에 있는 되블링거 김나지움을 졸업한 파울리는 김나지움을 졸업하고 두 달 후에 첫 번째 논문인 아인슈타인의 일반상대성이론에 관한 논문을 발표했다. 그 후 뮌헨에 있는 루트비히-막시밀리안 대학에 다니면서 고전 양자역학을 제안한 조머펠트의 지도를 받아 수소 이온을 양자 이론으로 설명한 논문을 제출하고 1921년에 박사 학위를 받았다.

파울리.

파울리는 수리과학 백과사전에 실릴 상대성이론에 관한 해설 원고를 써달라는 조머펠트의 부탁을 받고 박사 학위를 받고 두 달 후 237쪽에 달하는 상대성이론 해설 원고를 썼다. 단행본으로도 출판된 이 원고는 아인슈타인으로부터도 찬사를 받았고 오늘날까지도 널리 읽히는 책이 되었다. 그 후 파울리는 양자물리학을 완성시키는 데 중심 역할을 한 괴팅겐 대학에서 보른의 연구원으로 1년을 보냈고, 양자물리학의 또 다른 중심지인 코펜하겐의 이론물리연구소에서 보어의 지도를 받으며 연구하기도 했다. 1923년부터 1928년까지는 함부르크 대학에서 강사로 일하며 연구를 계속했는데 양자물리학 성립에 중요한 역할을 한 파울리의 배타 원리와 스핀 이론을 제안한 것은 파울리가 함부르크 대학에 머물던 시기였다.

파울리는 1928년에 스위스 취리히에 있는 연방공과대학의 물리학 교수가 되었다. 스위스 연방공과대학에 있던 1930년에는 중성미자의 존재를 예측하기도 했다. 이때 정신과 의사였던 카를 구스타프 융Carl Gustav Jung(1875~1961)과 교류하면서 꿈의 해석과 관련한 토론을 벌인 것은 널리 알려진 일화다. 400개 이상의 파울리의 꿈에 대한 융의 분석은 책으로 출판되었다.

그는 제2차 세계대전이 발발한 후인 1840년에 미국으로 이주하여 고등과학연구소 이론물리학 교수가 되었다. 그리고 전쟁이 끝난 1946년에 스위스로 돌아와 1958년 사망할 때까지 취리히에 머물렀다. 1958년 암으로 입원했을 때 그가 입원한 병실 번호는 137번이었다. 파울리는 일생 동안 양자물리학에 등장하는 차원이 없는 미세구조상수의 값이 왜 137분의 1에 가까운 값을 가질까에 대해 생각했었다. 그는 137호 병실에서 1958년 12월 15일, 세상을 떠났다. 조머펠트가 처음 발견한 미세구조상수는 양자역학의 계산에 자주 등장하는 상수로, 차원이 없는 양이어서 사용하는 단위에 관계없이 항상 일정한 값을 가지는 상수다.

물리학 분야, 특히 양자물리학 분야의 발전에 크게 공헌했던 파울리는 논문을 쓰기보다는 보어나 하이젠베르크 같은 동료들과 편지를 통해 의견을 교환하는 것을 좋아했다. 그가 제안한 많은 중요한 아이디어들이 동료들 사이에 회람된 편지에 포함되어 있었다. 1924년에 파울리는 관측된 분자스펙트럼을 설명하기 위해 또 다른 양자수를 제안했다. 이미 제안되었던 주양자수와 부양자수에 두 개의 양자수를 더해 전자의 상태를 나타내는 양자수가 이제 네 개로 늘어났다. 파울리가 배타 원리를 제안하기 2년 전인 1922년에 오토 슈테른과 발터 게를라흐는 실험을 통해 원자가 가지는 각운동량이 양자화되어 있다는 것을 증명했다. 그리고 1925년에는 레이던 대학의 대학원생이던 조지 윌렌베크$^{George\ Uhlenbeck(1900\sim1988)}$와 새뮤얼 구드스미트$^{Samuel\ Goudsmit(1902\sim1978)}$가 전자는 업(up) 상태와 다운(down) 상태 중 하나만 가지는 스핀 각운동량을 가진다고 제안했다.

윌렌베크과 구드스미트가 전자의 스핀을 발견한 것은 원자 안에서의 전자의 행동은 네 개의 기본적인 양자수로 기술될 수 있다고 한 파울리의 제안을 바탕으로 한 것이었다. 그러나 아직 네 가지 양자수가 가지는 의미를 충분히 이해하지 못하고 있었다.

첫 번째 양자수는 보어의 에너지준위를 나타내는 것이었고, 두 번째 양자수는 기하학과 관계있다고 생각했으며, 세 번째 양자수는 제만효과라고 부르는 자기장 안에서 스펙트럼이 여러 개의 선으로 갈라지는 현상과 관계있다고 생각했다. 그러나 아무도 네 번째 양자수가 무엇인지는 모르고 있었다. 월렌베크와 구드스미트는 네 번째 양자수가 전자의 스핀과 관계있다고 생각한 것이다.

1924년에 파울리는 그의 업적 중 가장 중요한 것이라고 할 수 있는 파울리의 배타 원리를 제안했다. 배타 원리는 동일한 양자역학적 상태에는 두 개 이상의 전자가 들어갈 수 없다는 것이다. 같은 양자역학적 상태란 네 가지 양자수가 동일한 상태를 말한다. 따라서 많은 전자를 가지고 있는 원자가 가장 안정한 에너지 상태에 있기 위해서는 전자들이 에너지가 낮은 궤도부터 차례로 채워나가야 한다. 아래 궤도가 다 채워진 다음에 다음 궤도에 전자가 채워지므로 가장 바깥쪽 전자껍질에 들어가는 전자(최외각전자)의 수가 주기적으로 변하게 된다. 그런데 원소의 화학적 성질은 가장 바깥쪽 전자껍질에 들어가 있는 전자의 수에 의해 결정되므로 원자번호(원자에 포함된 전자의 수) 순서대로 원자를 배열하면 주기적으로 같은 화학적 성질이 반복해서 나타나는 것을 볼 수 있다. 이것이 주기율표다.

양자물리학이 성립된 후 네 개의 양자수가 가지는 물리적 의미를 확실히 이해할 수 있었고, 파울리의 배타 원리도 수학적으로 유도해낼 수 있었다. 그리고 파울리의 배타 원리의 적용을 받는 입자들은 스핀 값이 $\frac{\hbar}{2}$의 홀수 배인 입자들이라는 것도 알게 되었다. 이런 입자들을 페르미온이라고 한다. 양성자, 중성자, 전자, 쿼크와 같이 물질을 구성하는 입자들은 모두 파울리의 배타 원리가 적용되는 페르미온이다. 그러나 스핀 값이 $\frac{\hbar}{2}$의 짝수 배인 입자들에는 파울리의 배타 원리가 적용되지 않아 같은 양자역학적 상태에 얼마든지 많은 입자들이 들어갈 수 있다. 이런 입자들을 보존boson이라고 한다. 힘을 매개하는 입자들인 포톤이나 글루온과 같은 입자들은 보존이다. 페르미온이 결합해서 만들어진 입자들 중에 스핀 값이 $\frac{\hbar}{2}$의 짝수 배인 입자는 보존이다.

파울리의 배타 원리를 이용하면 원자의 구조를 좀 더 잘 이해할 수 있고, 원소의 화학적 성질이 주기적으로 달라지는 것도, 그리고 원소들이 주기율표에 규칙적으로 배열하는 것도 설명할 수 있다. 네 개의 양자수와 파울리의 배타 원리를 포함한 보어의 원자모형은 이제 원자에 대해 많은 것을 설명할 수 있었다. 그러나 아직 원자가 내는 스펙트럼의 세기는 설명하지 못하고 있었다. 이는 양자물리학이 성립된 후에나 가능한 일이었다.

슈테른-게를라흐 실험

전자와 같은 입자의 각운동량이 양자화되어 있다는 것을 실험적으로 증명한 슈테른-게를라흐 실험은 1922년에 독일 프랑크푸르트 대학에서 오토 슈테른[Otto Stern(1888~1969)]과 발터 게를라흐[Walther Gerlach(1889~1979)]에 의해 이루어졌다. 당시 슈테른은 프랑크푸르트 대학의 이론물리연구소 소장이던 보른의 조교였고, 게를라흐는 실험물리학연구소의 조교였다.

당시에 널리 받아들여지고 있던 보어 원자모형에서는 전자들이 (+)전하를 띤 원자핵 주변을 허용된 에너지준위에서만 돌고 있었다. 전자들이 공간의 모든 부분에 존재하는 것이 아니라 특정한 궤도 위에만 존재할 수 있으므로 이것은 공간의 양자화라고도 했다. 보어와 조머펠트는 전자의 각운동량이 양자화되어 있다고 했다. 슈테른-게를라흐의 실험은 전자의 각운동량이 양자화되어 있다는 보어-조머펠트의 가설을 확인하기 위한 실험이었다. 이 실험은 파울리가 네 번째 양자수를 제안하기 2년 전이고, 윌렌베크과 구드스미스가 전자의 스핀을 제안하기 3년 전에 이루어졌다. 슈테른-게를라흐 실험은 결과적으로 입자의 스핀 각운동량이 양자화되어 있다는 것을 확인한 실험이 되었지만 당시에는 각운동

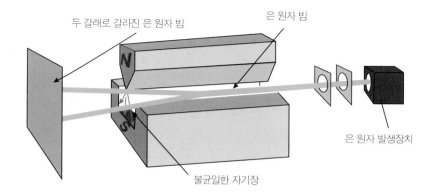

두 갈래로 갈라진 은 원자 빔

은 원자 빔

N

불균일한 자기장

S

은 원자 발생장치

슈테른-게를라흐 실험.

량이 양자화되어 있다는 보어-조머펠트의 가설을 증명하는 실험으로 생각했다.

　슈테른-게를라흐 실험은 입자 빔이 불균일한 자기장을 통과할 때 어떻게 휘어지는지를 알아보는 실험이다. 전하를 띤 입자는 자기장에 의해 크게 휘어지기 때문에 각운동량의 영향을 알아보기 위한 이 실험에서는 전기적으로 중성인 입자나 원자를 이용한다. 만약 입자가 회전하고 있는 고전적인 입자처럼 행동한다면 자기장 안에서 자기 쌍극자에 작용하는 힘에 의해 세차운동을 하게 된다. 이런 입자가 균일한 자기장을 통과한다면 쌍극자의 양 끝에 작용하는 힘이 상쇄되어 입자는 똑바로 진행하게 된다. 그러나 자기장이 균일하지 않으면 쌍극자 양 끝에 작용하는 힘이 달라 입자의 진행 방향이 휘어지게 된다. 만약 입자의 각운동량이 모든 방향을 향할 수 있고 모든 값을 가질 수 있다면 모든 입자들이 다른 정도로 휘어지게 되어 스크린에는 연속적인 입자 분포가 나타날 것이다.

　슈테른-게를라흐 실험에서는 은 원자 빔을 이용했다. 그러나 다른 원자나 입자를 이용해도 같은 결과를 얻을 수 있다. 슈테른과 게를라흐는 자기장의 세기를 0에서부터 조금씩 증가시키면서 은 입자가 어떻게 휘어지는지 살펴보았다.

자기장의 세기가 0일 때는 스크린에 도달한 은 입자들이 하나의 띠를 형성했다. 그러나 자기장의 세기를 증가시키자 띠의 가운데 부분이 두 부분으로 갈라져 마치 입술 자국 같은 모양이 만들어졌다. 이것은 은 원자가 모든 값의 각운동량을 가지는 것이 아니라 허용된 특정한 값만 가질 수 있음을 증명하는 것이었다. 후에 이 실험은 전자가 두 가지 스핀 각운동량만 가질 수 있다는 것을 증명한 실험이었다는 것을 알게 되었다.

슈테른-게를라흐 실험은 이후의 물리학 발전에 많은 영향을 주었다. 이 실험에 사용된 것과 비슷한 장비와 기술을 이용하여 일부 원자의 원자핵도 양자화된 각운동량을 갖는다는 것이 증명되었다. 이로 인해 원자가 내는 스펙트럼에 나타나는 미세구조는 원자핵의 스핀 각운동량과 전자의 각운동량 사이의 상호작용에 의한 것이라는 것을 알게 되었다.

슈테른-게를라흐 실험에 사용된 장치를 확장하여 이지도어 아이작 라비^{Isidor Isaac Rabi(1898~1988)}와 그의 동료들은 변해가는 자기장을 이용하여 한 각운동량 상태에서 다른 각운동량 상태로 바뀌게 할 수 있다는 것을 알아냈다. 1919년 미국 코넬 대학에서 화학 학사 학위를, 1927년 컬럼비아 대학에서 박사 학위를 받은 라비는 2년 동안 유럽에서 보어, 하이젠베르크, 파울리 등과 함께 일한 후 미국으로 돌아가 컬럼비아 대학에서 학생을 가르치며 연구를 계속했다. 원자핵이 특정한 파장의 전파를 흡수하여 각운동량의 상태를 전환시키는 것이 핵자기공명(NMR)이다. 핵자기공명은 현재 병원에서 질병 진단에 널리 사용되고 있는 MRI의 기본 원리가 되고 있다. 라비는 핵자기공명을 발견한 공로로 1944년 노벨 물리학상을 받았다.

제3부

양자물리학의 성립

13. 하이젠베르크와 행렬역학

보어의 원자모형으로는 수소가 내는 스펙트럼의 종류는 설명할 수 있었지만 스펙트럼의 세기를 계산할 수는 없었다. 수소 스펙트럼의 세기를 계산하는 문제는 두 그룹의 과학자들에 의해 다른 해결 방법이 시도되고 있었다. 한 그룹은 독일의 괴팅겐 대학의 막스 보른Max Born(1882~1970)과 볼프강 에른스트 파울리Wolfgang Ernst Pauli(1900~1958), 베르너 카를 하이젠베르크Werner Karl Heisenberg(1901~1976) 그리고 코펜하겐에 있던 이론물리연구소의 보어를 중심으로 한 젊은 과학자들의 연구 그룹이었으며, 다른 한 그룹은 드브로이의 물질파 이론을 바탕으로 전자의 운동 상태를 나타내는 파동함수를 구하기 위한 연구를 하고 있던 오스트리아의 에르빈 슈뢰딩거Erwin

하이젠베르크.

Schrodinger^(1887~1961)를 주축으로 한 연구 그룹이었다. 수소가 내는 스펙트럼의 세기를 계산할 수 있는 식을 먼저 찾아낸 사람은 보어 그룹의 하이젠베르크였다.

1901년 고대 언어학 교수의 아들로 태어난 하이젠베르크는 어릴 때부터 총명한 아이로 주위 사람들의 주목을 받으며 자랐다. 청소년기에 그리스 문학과 철학 서적을 읽었고, 고대 그리스의 원자론에 매력을 느꼈던 그는 열아홉 살이던 1920년에 대학에 진학하여 뮌헨 대학과 괴팅겐 대학에서 물리학을 공부했다. 뮌헨 대학에서는 고전 양자 이론을 만든 조머펠트와 흑체복사 문제를 연구했던 빌헬름 카를 베르너 오토 프리츠 빈^{Wilhelm Carl Werner Otto Fritz Franz Wien(1864~1928)}에게 배웠으며, 괴팅겐에서는 양자물리학 완성에 중요한 역할을 한 막스 보른^{Max Born}에게 물리학을 배웠고 다비트 힐베르트^{David Hilbert}에게는 수학을 배웠다.

하이젠베르크는 조머펠트의 강의실에서 파울리를 만났다. 하이젠베르크는 회고록《부분과 전체》⁹⁾에서 파울리를 처음 만났을 때를 다음과 같이 회상했다.

> 뮌헨 대학에 입학하고 며칠 뒤 조머펠트 교수의 강의실에서 검은 머리에 약간 불안한 것처럼 보이면서도 사려 깊은 얼굴의 한 학생을 발견했다. 그는 내가 조머펠트 교수와 첫 대면을 끝낸 뒤 조머펠트 교수의 세미나실에서 본 인상 깊은 학생이었다. 조머펠트 교수는 그를 자신의 학생들 중에서 가장 유능한 학생이라고 소개하면서 이 학생에게 많은 것을 배울 수 있을 것이라고 했다. 그래서 나는 물리학에서 무엇인가 이해하기 곤란한 것이 있으면 안심하고 그에게 질문할 수 있었다. 그의 이름은 볼프강 파울리였다. 그는 평생 동안 나에게 날카로운 비판자와 항상 변함없는 친구라는 두 가지 역할을 해주었다.

---

9) 하이젠베르크 저, 김용준 옮김,《부분과 전체》, 지식산업사, 1982.

조머펠트는 하이젠베르크를 1922년 6월 괴팅겐에서 열렸던 보어 강연에 참석하도록 주선해주었다. '보어의 축제'라고도 불리는 이 강연에서 하이젠베르크는 보어를 처음 만났다. 괴팅겐에서의 보어와 하이젠베르크의 만남은 두 사람의 연구 생애는 물론 양자물리학의 발전 과정에 큰 영향을 준 역사적인 사건이었다. 하이젠베르크는 보어의 강의에서 큰 감명을 받았다. 보어와 하이젠베르크의 이 첫 만남에 대해서는 《부분과 전체》에 자세히 기록되어 있다.

> 첫 강의 정경은 평생 내 머리에서 지울 수 없는 인상 깊은 것이었다. 강의실은 만원이었다. 북유럽 사람 특유의 몸매를 가진 이 덴마크 물리학자는 가볍게 머리를 기울인 채 약간 당황한 듯한 미소를 지으면서 단상에 나타났다. 단 위로 활짝 열린 창문을 통해 괴팅겐의 여름빛이 흘러들어오고 있었다. 보어는 조용하고 부드러운 목소리로 강의를 시작했다. 그는 조머펠트 교수보다 훨씬 주의 깊고 조심성 있게 자기 이론의 가정을 하나하나 설명했다. 조심성 있게 표현되는 말 한마디 한마디에는 긴 사색의 흔적을 엿볼 수 있었다. 강의 내용은 새로운 것 같기도 하고 그렇지 않은 것 같기도 했다. 우리는 이미 조머펠트 교수에게서 보어의 이론을 배웠고, 따라서 무엇이 문제인지 알고 있었기 때문이었다. 그러나 보어에게서 직접 듣는 내용은 조머펠트 교수를 통해 듣는 것과는 다르게 들렸다. 보어는 결과를 계산과 증명을 통해서가 아니라 직관과 추측을 통해 얻은 것이라는 것, 그리고 괴팅겐의 뛰어난 수학자들 앞에서 자기 이론을 변호하는 것이 그에게는 매우 어려운 과제였다는 것을 나는 바로 감지할 수 있었다. 각 강의마다 토론이 전개되었으며 제3의 강의가 끝난 뒤에 나는 감히 비판적인 의견을 제시했다.

보어는 하이젠베르크의 비판적 견해가 자기 이론을 면밀히 검토한 결과에서 비롯되었다는 것을 바로 알아차렸다. 토론이 끝난 뒤 보어는 하이젠베르크에게 그가 제안했던 문제에 대해 더 많은 대화를 나누기 위해 오후에 하인베르크 산을 산책하자고 제안했다. 그날 오후 두 사람은 하인베르크 산을 산책하면서 새롭게 등장하고 있는 양자 이론에 대해 많은 이야기를 나누었다. 이 산책에서 두 사람이 나눈 대화는 하이젠베르크의 생애에 큰 영향을 주었다. 하이젠베르크는 이에 대해 다음과 같이 회상했다.

> 이 산책은 그날 이후 나의 학문 발전에 가장 강한 영향력을 발휘했다. 아니, 나의 본격적인 학문적 성장이 이 산책과 더불어 비로소 시작되었다고 하는 것이 더 타당한 표현일는지도 모르겠다.

이 산책에서 보어는 하이젠베르크에게 코펜하겐의 자기 연구소에 와서 같이 연구하자고 초청했다. 이 제안은 하이젠베르크가 학위 과정을 마친 1년 6개월 뒤에 실현되었다. 하이젠베르크는 1923년 뮌헨에서 조머펠트의 지도 아래 정상류의 안정성과 와류의 성질을 연구한 논문으로 박사 학위를 받았고, 1924년에는 괴팅겐으로 가서 보른의 조수로 있으면서 비정상 제만효과에 대해 연구했다.

박사 및 연수 과정을 마친 하이젠베르크는 1924년 9월 보어가 소장으로 있던 코펜하겐의 이론물리연구소에 가서 1925년 5월까지 보어와 함께 연구했다. 1925년 5월, 괴팅겐으로 돌아온 하이젠베르크는 약 6개월 동안 머물면서 보른, 파스쿠알 요르단 Pascual Jordan(1902~1980)과 함께 원자가 내는 스펙트럼의 세기를 구하는 방법을 알아내기 위한 연구를 계속했다.

괴팅겐에 머무는 동안 하이젠베르크는 건초열이 심해져 피부가 빨갛게 부어올라 견디기 어려울 정도가 되었다. 그래서 보른 교수와 의논한 후 2주 동안 북해에 멀리 떨어져 있어 건초열을 일으키는 꽃가루가 없는 헬골란트 섬으로 갔다. 건초열 치료를 위한 요양 여행이었지만 조용한 그곳에서 하이젠베르크는 양자역학을 완성하는 데 필요한 계산을 할 수 있었다. 하이젠베르크는 1925년 7월 이곳에서 대응원리를 이용하여 스펙트럼의 세기를 계산할 수 있는 식을 찾아냈다.

보어의 원자모형에서 n이 큰 경우, 즉 원자핵에서 멀리 떨어져 있는 전자궤도는 궤도 사이의 간격이 아주 좁아 고전 역학의 결과와 같을 것으로 가정하고 대응원리를 적용하여 수소 스펙트럼의 세기를 계산했다. 대응원리에 의하면, 에너지 궤도의 사이가 멀리 떨어져 있는 안쪽 궤도에서는 양자 효과가 뚜렷이 나타나지만 궤도 사이의 간격이 촘촘한 바깥쪽 궤도에서는 고전 물리학에서와 같은 결과가 나와야 한다. 하이젠베르크는 많은 노력 끝에 드디어 전자의 전이 확률을 계산할 수 있었고 그것은 바로 스펙트럼의 세기를 나타내는 것이었다. 하이젠베르크는 《부분과 전체》에서 헬골란트 섬에서 스펙트럼의 세기를 계산하는 식을 완성했을 때의 감격을 다음과 같이 표현했다.

처음에는 매우 놀라지 않을 수 없었다. 모든 원자 현상의 표면 밑에 깊숙이 간직되어 있는 내적인 아름다움의 근거를 바라보는 것 같은 느낌이었다. 나는 이제 자연이 내 눈앞에 펼쳐 보여준 수학적 구조의 풍요함을 추적해야 한다는 데 생각이 이르자 현기증을 느낄 정도였다. 흥분의 도가니에 빠진 나는 잠을 이룰 수 없었다. 그래서 새벽의 여명을 뚫고 여관이 자리 잡고 있는 고지의 남단에 있는 산봉우리를 향해 걷기 시작했다. 그곳에는 바다에 돌출하여 고고하게 자리 잡은 채 항상 내게 등반의 유혹을 안겨주곤 했던 바위 탑이 있었다. 어렵지 않게 정상까지 오르는 데 성공한 나는 암벽 끝에 서서 해가 떠오르기를 기다렸다.

헬골란트 섬에서의 요양을 마치고 괴팅겐으로 돌아온 하이젠베르크는 7월에 자신의 계산을 정리한 논문을 보른 교수에게 제출했다.

하이젠베르크의 계산

헬골란트 섬에서 하이젠베르크가 했던 계산의 핵심은 대응원리다. 대응원리는 양자 조건의 극한에서는 고전 물리학의 결과와 같아진다는 것이다. 이것은 고전 역학의 결과가 양자역학의 결과 안에 포함된다는 것을 뜻한다. 다시 말해 고전 역학은 양자역학의 특수한 경우에 해당된다는 것이다. 대응원리는 많은 경우 양자역학으로 얻은 결과가 정당한지를 시험하는 데도 사용되는 중요한 원리다. 고전 물리학에 의하면 원자핵 주위를 원운동하는 전자의 회전속도를 알면 이 전자가 내는 전자기파의 진동수를 알 수 있다. 전자가 빠르게 회전하면 진동수가 큰 전자기파가 방출되고 천천히 회전하면 진동수가 작은 전자기파가 방출된다. 그러나 보어의 원자모형에 의하면 원자에서 방출되는 전자기파의 진동수는 전자의 회전속도와는 관계가 없고, 에너지준위 사이의 에너지 차이에 의해서만 결정된다. 에너지 차이가 크면 진동수가 큰 전자기파가 방출되고 에너지 차이가 작으면 진동수가 작은 전자기파가 방출된다. 다시 말해 고전 역학에서와 양자가설을 적용한 보어의 원자모형에서는 원자가 전자기파를 방출하는 메커니즘이 전혀 다르다. 보어의 원자모형은 수소원자가 내는 스펙트럼의 진동수를 성공적으로 설명해냈다. 그러나 전자기파의 세기를 설명하지는 못하고 있었다. 보어의 원자모형에서 특정 진동수를 가진 전자기파의 세기는 한 궤도에서 다른 궤도로 전이할 확률이 얼마나 큰가에 따라 결정된다. 그러나 보어의 원자모형에서는 특정한 궤도에서 다른 궤도로 전자가 전이할 확률을 설명할 수 없었고, 따라서 원자가 내는 스펙트럼의 세기를 설명할 수 없었다.

원자핵 주위를 돌고 있는 궤도의 번호가 커지면 궤도 사이의 간격이 작아져 전자는 거의 같은 간격으로 촘촘하게 배열된 궤도에서 원자핵을 돌게 된다. 이런 전자들이 내는 전자기파는 거의 연속 스펙트럼을 이룬다. 이런 상태에는 대응원리를 적용할 수 있다. 다시 말해 고전 물리학적으로 계산한 전자기파의 진동수와 세기는 양자역학적으로 계산한 결과와 같아야 한다. 고전 역학에 고전 양자역학의 가정을 대입하면 높은 궤도를 도는 전자가 내는 전자기파의 스펙트럼의 세기를 계산해낼 수 있다. 이렇게 구한 전자기파의 세기는 양자역학적 계산의 결과와도 같아야 한다. 양자역학적 원자모형에서의 전자기파의 세기는 전자가 전이할 확률

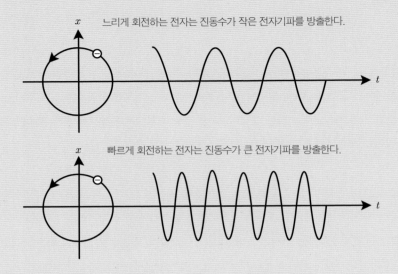

느리게 회전하는 전자는 진동수가 작은 전자기파를 방출한다.

빠르게 회전하는 전자는 진동수가 큰 전자기파를 방출한다.

전자의 회전속도가 다르면 방출되는 전자기파의 진동수가 달라진다.

을 나타내므로 고전 역학적 방법으로 구한 전자기파의 세기는 높은 궤도를 도는 전자가 전이할 확률을 나타내야 한다. 다시 말해 대응원리를 이용하면 높은 궤도에서의 전자의 전이 확률을 구할 수 있다. 하이젠베르크는 이 계산법을 낮은 궤도에도 적용하여 모든 궤도에서의 전자의 전이 확률, 즉 전자기파의 세기를 구하는 식을 만들어내는 데 성공했다.

따라서 하이젠베르크의 계산을 이해하기 위해서는 고전 역학적 방법으로 높은 궤도를 돌고 있는 전자가 내는 전자기파의 세기를 계산하는 방법을 알고, 양자역학적 메커니즘을 적용하여 같은 결과를 얻어내는 식을 어떻게 만들어냈는지 알아보면 된다.

고전 역학적으로 전자의 위치는 다음과 같이 푸리에 급수를 이용하여 나타낼 수 있다.

$$x = \sum_{\tau=-\infty}^{\infty} A(n, \tau) e^{i\omega(n, \tau)t}$$

이 식에서 $A(n, \tau)$는 n번째 궤도의 τ배수 파동을 나타내고, $\omega(n, \tau)$는 이 파동의 각진동수를 나타낸다. 이 식을 조화진동을 나타내는 운동방정식에 대입하여 해를 구한다. 원운동의 x축 운동은 조화진동이므로 조화진동의 식에 대입하여 구할 수 있다.

$$\ddot{x} + \omega_o x = 0$$

이 식에서 ω_o는 $\sqrt{\dfrac{k}{m}}$을 나타낸다. 이 식의 해를 구하면 다음과 같다.

$$x = A(n, 1)e^{i\omega t} + A(n, -1)e^{-i\omega t}$$

이 식에서 ω는 n번째 궤도를 돌고 있는 파동의 기본 진동수를 나타낸다. 이 식은 기본 진동수로 서로 반대 방향으로 진행하는 두 파동만이 가능하다는 것을 나타낸다. 이 전자가 내는 전자기파의 세기는 진폭 $A(n, 1)$의 제곱에 의해 결정된다. 그렇다면 진폭은 어떻게 구할 수 있을까? 진폭을 계산하기 위해서는 고전 양자 조건을 이용한다.

$$\oint pdq = nh$$

$$\int_0^T m\dot{x}dx = \int_0^T m\dot{x}\ddot{x}dx = nh$$

이 식에 앞에서 구한 x를 대입하여 계산하면 다음과 같은 결과를 얻을 수 있다.

$$|A(n, 1)|^2 = \frac{nh^2}{2m\omega^2}$$

이것은 n번째 궤도를 도는 전자가 내는 전자기파의 세기를 나타내며 실험 결과와 일치한다. 대응원리에 의해 이 결과는 양자역학적으로도 옳아야 한다. 그러나 양자역학적 원자모형에서는 같은 궤도를 도는 전자는 전자기파를 방출하지 않는다. 따라서 이 식은 n번째 궤도를 도는 전자의 전이 확률이 되어야 한다. 어떻게 하면 원자가 스펙트럼을 내는 메커니즘을 적용하여 이런 결과를 얻어낼 수 있을까?

하이젠베르크는 이 일을 해내기 위해 기발한 아이디어를 생각해냈다. 고전 전자기학에 의하면 n번째 궤도를 도는 전자는 기본 진동수의 배수로 나타나는 여러 가지 진동수를 가지고 돌 수 있고, 이에 따라 진동수가 기본 진동수의 배수인 전자기파를 방출할 수 있다. 다시 말해 n번째 궤도를 돌고 있는 전자가 낼 수 있는 전자기파의 진동수는 다음과 같다.

$$\omega(n, 1), \omega(n, 2), \omega(n, 3), \omega(n, 4), \cdots$$

그러나 보어의 원자모형에 의하면 n궤도의 전자는 $n-1, n-2, n-3, \cdots$ 등의 궤도로 전이할 때만 전자기파를 낸다. 이때 내는 전자기파를 각각 $\omega(n, n-1), \omega(n, n-2), \omega(n, n-3), \cdots$ 등으로 나타내면 이 전자기파의 진동수들은 앞에서 설명한 고전 전자기학에 의한 전자기파 $\omega(n, 1), \omega(n, 2), \omega(n, 3), \cdots$에 대응시킬 수 있다. 하이젠베르크는 앞에서 n번째 궤도를 돌고 있는 전자의 위치를 푸리에 급수를 나타내 운동방정식에 대입했던 것과 같이 이번에는 전이에 의해 방출되는 전자기파로 이루어진 푸리에 급수를 운동방정식에 대입하여 앞에서 했던 것과 같은 계산을 해보았다. 다시 말해 앞에서 사용한 x 대신 다음 식을 운동방정식에 대입했다.

$$q = \sum_{\tau} A(n, n-\tau) e^{i\omega(n, n-\tau)t}$$

이 식에서 $A(n, n-\tau)$는 n번째 궤도에서 $n-x$ 번째 궤도로 전이할 때 방출되는 전자기파의 진폭을 나타내고 $\omega(n, n-\tau)$는 n번째 궤도에서 $n-\tau$번째 궤도로 전이할 때 방출되는 전자기파의 각진동수를 나타낸다. q는 전자의 위치를 나타내는 것이 아니므로 운동방정식에 대입하는 것이 논리적으로 타당하지 않았지만 하이젠베르크는 구애받지 않고 앞에서와 같은 계산을 통해 다음과 같은 결과를 얻어냈다.

$$|A(n, n-1)|^2 = \frac{nh}{2m\omega}$$

이것은 n궤도를 돌고 있는 전자가 $n-1$ 궤도로 전이할 때 방출하는 전자기파의 세기, 즉 n번째 궤도를 돌고 있는 전자의 전이 확률을 나타낸다. 이렇게 얻은 전이 확률은 모든 궤도를 도는 전자가 전이할 때 방출하는 전자기파의 세기를 성공적으로 설명할 수 있었다. 따라서 하이젠베르크는 원자가 내는 전자기파의 세기를 성공적으로 설명한 양자물리학을 완성한 것이다.

보른과 행렬역학

막스 보른[Max Born(1882~1970)]은 양자물리학 성립에 크게 공헌한 독일의 물리학자 겸 수학자였다. 1882년에 독일의 유대인 가정에서 해부학자 겸 발생학자의 아들로 태어난 보른은 브레슬라우 대학과 하이델베르크 대학 그리고 취리히 대학에서 공부했고, 1904년에 괴팅겐 대학에서 박사 학위를 받았으며, 1908~1909년에는 케임브리지의 곤빌앤드케이스 칼리지[Gonville & Caius College]에서 공부하기도 했다. 괴팅겐에서 공부하는 동안 보른은 다비트 힐베르트[David Hilbert(1862~1943)]와 헤르만 민코프스키[Hermann Minkowski(1864~1909)]의 지도를 받았다. 보른은 힐베르트의 조교로 일했으며 민코프스키와 가까운 관계를 유지하며 많은 영향을 받았다. 공부를 마친 보른은 1909년 괴팅겐 대학의 강사가 되었다. 1915~1919년에는 베를린 대학의 이론물리학 교수를 지내기도 했는데 이 시기에 아인슈타인과 친구가 되었다. 보른의 집을 자주 방문했던 아인슈타인은 보른과 오랫동안 편지를 주고받았으며 편지로 나눈 이야기 중에는 지금까지도 사람들의 입에 오르내리는 '신은 주사위 놀이를 하지 않는다'도 포함되어 있다. 1919년에는 프랑크푸르트 대학의 과학 교수가 되었고 1921년에는 괴팅겐 대학의 이론물리학 교수 겸 이론물리연구소 소장이 되었다.

수학자이며 이론물리학자였던 보른은 실험물리학자들과도 긴밀한 관계를 유지해 실험물리학자들과 이론물리학자들이 얻은 결론을 종합하는 역할을 했다. 그는 또한 고전 양자 이론을 제안한 뮌헨 대학의 조머펠트와도 가깝게 지내며 의견을 교환했다. 조머펠트는 1922년 미국의 위스콘신 대학에서 강의하기 위해 가 있는 동안 자신의 학생이었던 하이젠베

보른.

르크를 보른의 조교로 보내기도 했다. 조머펠트의 지도로 박사 학위를 받은 하이젠베르크는 1923년 괴팅겐으로 와서 보른의 지도 아래 연구 과정을 마친 후 1924년 괴팅겐 대학의 강사가 되었다.

1925년 7월 헬골란트 섬에서 요양을 마치고 돌아온 하이젠베르크가 제출한, 원자핵을 돌고 있는 전자가 한 준위에서 다른 준위로 전이할 확률을 계산할 수 있는 식이 포함된 논문을 검토한 보른은 행렬을 이용하면 하이젠베르크의 계산을 체계적으로 나타낼 수 있다는 것을 알아차렸다. 보른은 그의 학생이었던 파스쿠알 조르단$^{\text{Pascal Jordan(1902~1980)}}$의 도움을 받아 하이젠베르크의 논문을 새롭게 구성한 논문을 1925년 9월에 출판했다. 이들의 논문은 하이젠베르크의 논문보다 60일 늦게 출판되었다. 또 1925년 11월에는 보른, 하이젠베르크, 조르단은 세 사람의 공동 명의로 행렬역학을 정리한 논문을 발표했다.

1932년에 하이젠베르크는 양자물리학을 만들고 이를 적용하여 수소의 동위원소를 발견하도록 한 공로로 노벨 물리학상을 수상했다. 1933년에 하이젠베르크는 보른에게 보낸 편지에서 괴팅겐에서 보른과 조르단이 공동으로 한 연구에 대해 자신만 노벨상을 받은 것에 대해 미안하다는 뜻을 전했다. 그는 "노벨상 위원회의 이러한 결정에도 불구하고 양자물리학에 대한 보른과 조르단의 공헌은 변하지 않을 것"이라고 말했다. 1954년에 플랑크의 에너지 양자화 가설을 평가하기 위해 쓴 글에서도 하이젠베르크는 보른과 조르단의 공헌이 일반인들에게 제대로 인정받지 못하고 있다고 주장했다. 보른의 동료 과학자들은 여러 차례에 걸쳐 보른을 노벨상 후보자로 추천했다. 보른이 '양자역학의 기초적인 연구, 특히 파동함수의 통계적 해석에 대한 공로'로 노벨 물리학상을 수상한 것은 그가 은퇴한 뒤인 1954년이었다.

하이젠베르크가 계산하고 보른이 행렬로 정리한 행렬역학은 원자가 내는 스펙트럼의 진동수와 세기를 계산할 수 있도록 하였지만 전자의 행동을 설명한 것이라기보다는 전자가 내는 스펙트럼을 설명하는 식을 만들어낸 것이었다. 하이젠베르크의 계산을 행렬로 정리하여 아름다운 식을 만들어내기는 했지만 그 식들과 숫자의 배열에 물리적 의미를 부여하는 것은 쉬운 일이 아니었다. 그들은 원자가 내는 스펙트럼의 세기를 계산할 수 있는 식은 얻었지만 원자 내부 구조에 대한 이미지는 잃었다. 원자를 분해해보니 전자의 궤도와 같은 이미지는 모두 사라지고 전자가 내는 스펙트럼을 설명하는 행렬식만 남았던 것이다.

하이젠베르크는 1926년 봄에 베를린 대학에서 새로운 양자역학에 대해 강의해달라는 초청을 받았다. 양자역학에 대한 연구가 보어가 있던 코펜하겐과 괴팅겐 대학을 중심으로 활발하게 이루어지고 있었지만 아직도 물리학의 중심은 베를린 대학이었다. 흑체복사 문제를 해결하여 양자역학의 기초를 닦은 것도 베를린 대학이었고, 상대성이론이 발표된 곳도 베를린 대학이었다. 따라서 하이젠베르크의 베를린 강의에는 당시 물리학계의 유명 인사들이 많이 참석했다. 그중에는 아인슈타인도 있었다.

하이젠베르크는 새로운 이론의 개념과 수학적 기초를 설명했고, 이것은 아인슈타인의 관심을 끌었다. 아인슈타인은 강의가 끝난 뒤 새로운 이론에 대해 좀 더 상세히 토론하기 위해 하이젠베르크를 집으로 초대했다. 《부분과 전체》에는 두 사람이 그날 아인슈타인의 집에서 나눈 대화가 자세히 소개되어 있다. 두 사람의 대화는 아인슈타인의 질문으로 시작되었다.

"당신이 강의에서 들려준 이야기는 비상한 것입니다. 당신은 원자 안에 전자가 있다고 가정합니다. 그 점에 대해서는 나도 동의합니다. 그러나 안개상자 안에서 전자의 궤도를 직접 볼 수 있는데 당신은 전자의 궤도를 전적으로 무시하고 있습니다. 당신이 이런 이상한 가정을 하게 된 근거를 좀 더 명확하게 설명해줄 수 있습니까?"

"원자 안에 있는 전자의 궤도는 관찰할 수가 없습니다. 그러나 원자가 방출하는 복사선의 진동수와 진폭을 계산할 수는 있습니다. 관찰할 수 없는 것은 그대로 두고 관찰 가능한 양들만을 이론에 받아들이는 것이 합리적이라고 생각합니다."

이렇게 시작된 두 사람의 대화는 오랫동안 이어졌지만 서로 상대방을 설득시키지는 못했다. 아인슈타인은 전자의 운동을 직관적으로 설명하지 못하고 전자가 방출하는 스펙트럼만 설명하는 데 불만을 표시했다. 하이젠베르크의 행렬역학에는 원자핵 주위를 도는 전자 운동에 대한 이미지가 사라지고 그 자리에는 스펙트럼의 세기를 구할 수 있는 행렬식만 남아 있었기 때문이다. 전자 운동에 대한 이미지가 사라진 것 외에도 또 다른 문제가 있었다. 행렬역학에는 전자가 한 상태에서 다른 상태로 순간적이고 불연속적으로 변하는 양자 도약의 개념이 포함되어 있었다. 양자 도약은 보어의 원자모형에서 전자가 한 에너지준위에서 다른 에너지준위로 순간적으로 건너뛰면서 에너지를 흡수하거나 내놓은 것과 같이 순간적이고 불연속적으로 상태가 변하는 것을 말한다. 예를 들어 2층에서 아래층으로 내려올 때 계단을 통해 내려온다거나 줄을 타고 내려오면 2층과 1층 사이에 있는 점들을 통과해서 아래로 내려오므로 경로가 존재한다. 그러나 양자 도약의 경우에는 2층에서 사라지고 동시에 1층에 나타난다. 따라서 2층에서 1층으로 내려오는 경로가 존재하지 않는 순간적인 이동이다. 양자 도약은 상식적으로 이해할 수 있는 내용이 아니었지만 전자가 내는 스펙트럼을 설명하는 데는 성공적이었다. 그렇다면 원하는 결과를 얻었다고 해서 그런 결과가 나타나도록 하는 물리적 과정은 이해하지 못해도 된다는 것인가? 이에 대해 아인슈타인은 다음과 같이 말했다.

"당신은 자연에 관해서 알고 있는 것은 이야기하면서도 자연이 실제로 작용하는 방법에 대해서는 이야기하지 않고 있습니다. 그러나 자연과학에서는 자연이 실제로 작용하는 방법을 이해하는 것이 중요합니다. (……) 따라서 당신의 이론이 옳다고 주장하려면 원자가 한 정상상태에서 전자기파를 방출하고 다른 정상상태로 바뀔 때 원자 내에서 실제로 어떤 일이 일어나는지를 설명할 수 있어야 할 것입니다."

전자기파가 광양자라는 입자로 이루어졌다는 광양자설을 주장하여 양자역학의 기초를 닦은 아인슈타인이었지만 이때부터 양자역학에서 멀어지기 시작한 것으로 보인다. 후에 보른이 파동함수를 확률 파동으로 해석하고, 하이젠베르크가 불확정성원리를 제안한 후에 아인슈타인은 다시 돌이킬 수 없을 정도로 양자역학과 멀어지게 되었다.

원자 안에서 일어나는 일을 직관적으로 설명할 수 없는 행렬역학에 불만을 가진 사람은 아인슈타인만이 아니었다. 오스트리아의 슈뢰딩거가 원자가 내는 스펙트럼의 세기를 계산하는 새로운 방법을 연구하기 시작한 것은 그런 불만 때문이었다.

14. 슈뢰딩거방정식

양자화되어 있는 물리량을 다룰 수 있는 새로운 물리학을 만들기 위해 고심하고 있던 물리학자들은 드브로이가 제안한 물질파 이론에서 새로운 가능성을 찾았다. 드브로이의 물질파 이론을 받아들여 전자의 운동을 나타내는 파동함수를 구하려고 시도했던 오스트리아의 에르빈 슈뢰딩거$^{\text{Erwin Schrodinger(1887~1961)}}$는 하이젠베르크와는 다른 방향에서 양자역학을 완성하는 데 결정적인 역할을 했다. 슈뢰딩거는 1887년 8월 12일 오스트리아의 빈에서 화학 공장을 운영하던 아버지와 영국 태생의 어머니 사이에서 외아들로 태어났다. 가정교사에게 지도를 받던 슈뢰딩거는 열한 살 때 빈의 베토벤 광장에 있는 인문 학교에 입학하여 그리스와 로마의 고전을 배웠고 1906년에는 빈 대학의 물리학과에 입학하여 물리학을 공부하기 시작했다.

슈뢰딩거.

슈뢰딩거는 1914년 3월 5일 《물리학 연대기》에 〈탄성적으로 결합된 질점계의 동역학에 관하여〉라는 제목의 논문을 발표했다. 이 논문은 제1차 세계대전 이전에 슈뢰딩거가 발표한 가장 우수한 논문으로 초기 슈뢰딩거의 관심사를 잘 보여주고 있다. 제1차 세계대전이 발발하자 슈뢰딩거는 포병 장교로 이탈리아 전선에 배치되었지만 1917년 봄에는 빈 근교에 있는 장교 학교에서 기상학과 물리학을 가르치며 물리학 연구를 계속할 수 있었다.

전쟁이 끝난 후 슈뢰딩거는 한때 동양과 서양의 다양한 철학에 관심을 가지기도 했다. 동양철학 특히 인도 철학에 대한 관심은 후에 파동역학을 창안하는 데 영향을 주었다. 1918~1920년에는 빈 대학에 머물면서 색채 이론에 대한 논문을 발표했다. 1920년에는 슈트르가르트 대학에 잠시 머물면서 조머펠트의 고전 양자론 수정 작업을 하였는데, 이것이 슈뢰딩거가 양자론 연구에 본격적으로 뛰어든 계기가 되었다. 1921년에 슈뢰딩거는 취리히 대학의 물리학 교수가 되었다.

드브로이의 물질파 이론을 접한 슈뢰딩거는 곧 드브로이의 물질파가 가지는 중요성을 알아차렸다. 슈뢰딩거는 물질파 이론을 바탕으로 전자를 파동으로 다루어 물리학적으로 이해 가능한 방법으로 전자가 내는 스펙트럼의 종류와 세기를 설명할 수 있는 파동역학을 완성하는 일을 시작했다. 슈뢰딩거가 슈뢰딩거방정식을 만들어내는 과정에 대해서는 슈뢰딩거의 전기인 《슈뢰딩거의 삶》[10]에 자세히 설명되어 있다. 슈뢰딩거의 전기에 수록되어 있는 내용을 바탕으로 1925년 말부터 1926년까지 파동역학을 완성하던 시기에 슈뢰딩거의 활동 내용을 정리해보면 다음과 같다.

슈뢰딩거가 물질파 이론이 포함되어 있던 드브로이의 논문을 연구하기 시작한 것은 1925년 가을이었다. 드브로이의 물질파 이론을 공부한 슈뢰딩거는 입자

---

10) 월터 모어 지음, 전대호 역, 《슈뢰딩거의 삶》, 사이언스북스, 1997.

는 세상의 기반을 이루는 파동 위에 솟아 있는 거품에 지나지 않는다는 생각을 하게 되었다. 세상은 파동 현상에 기반을 두고 있고, 입자는 단지 부수적인 현상이라고 생각하게 된 것이다. 그는 분자나 빛 양자를 평면파의 간섭으로 나타낼 수 있는 방법에 대해 생각했다. 이러한 생각은 입자를 파속으로 보는 그의 파동역학의 기초가 되었다. 1925년 11월 3일 아인슈타인에게 쓴 편지에는 다음과 같은 내용이 포함되어 있었다.

> 며칠 전에 나는 드브로이 논문을 무척 흥미롭게 읽었습니다. 그리고 마침내 그 논문을 완전히 이해했습니다.

11월 16일 튀빙겐 대학의 알프레트 란데Alfred Lande에게 쓴 편지에는 다음과 같은 내용이 들어 있다.

> 요즈음 나는 드브로이의 천재적인 이론을 집중적으로 공부하고 있습니다. 그 이론은 너무나도 멋집니다. 하지만 아직 매우 중대한 난제들이 남아 있기도 합니다.

슈뢰딩거가 처음 유도해낸 파동방정식은 상대성이론에 기반을 두고 있었다. 그러나 슈뢰딩거는 그 방정식을 발표하지 않았다. 그는 다양한 주제에 대하여 다양한 노트를 썼지만, 작성 일시가 명시된 체계적인 연구 노트를 작성하지 않았다. 현재 남아 있는 이 시기(1925년 12월)의 기록으로는 '수소 원자 고유 진동'이라 불리는 정리되지 않은 세 장짜리 노트와 '원자의 고유치 문제 1'이라는 제목이 붙은 72쪽짜리 연구 노트가 있다. 72쪽짜리 노트는 3쪽짜리 노트보다 먼저 작성된 것으로 보이는데 이 노트에 수소 원자에 대한 파동방정식이 처음 등장한다. 그 노트에 나타나 있는 방정식은 상대론적 방정식이었다.

슈뢰딩거는 1925년 11월에 상대론적 방정식을 완성한 것으로 보인다. 성탄절을 며칠 앞두고 슈뢰딩거는 이전에도 종종 간 적이 있던 휴양지 아로사에서 1926년 1월 9일까지 머물면서 파동방정식을 만드는 연구를 계속했다. 슈뢰딩거는 이후 6개월 동안 과학사에서 유례를 찾아보기 힘들 정도로 왕성하게 창조적인 연구를 했으며, 중요한 문제에 부딪힐 때마다 놀라운 집중력을 발휘하여 문제를 해결했다.

12월 27일 아로사에서 뮌헨에 있는 친구 빌리 빈$^{Willy\ Wien}$에게 쓴 편지에는 다음과 같은 내용이 들어 있다.

> 나는 지금 새로운 원자 이론을 가지고 씨름하고 있다. 내가 수학을 좀 더 많이
> 알고 있었으면 좋았을 텐데. (⋯⋯) 나는 이 이론이 성공할 것이라고 기대한다.
> 그리고 성공한다면 그것은 매우 아름다울 것이다.

이 편지는 슈뢰딩거가 이미 모든 양자수의 양자화 조건이 어떻게 파동방정식의 고유치 문제가 되는지를 이해했다는 것을 알려준다. 아마도 슈뢰딩거는 이때쯤 3차원 파동방정식을 유도해냈고, 궤도 양자수와 자기 양자수가 방정식의 각 성분에서 어떻게 발생하는지를 이해했던 것 같다. 그는 주양자수도 비슷한 방법으로 파동방정식의 지름방정식(r-방정식)에서 나온다는 것을 직관적으로 인식했지만 그때까지는 아직 그 문제를 풀 수 없었던 것 같다(r-방정식에 대해서는 수소형 원자 풀이에서 소개할 예정이다). 슈뢰딩거는 1월 9일 취리히로 돌아온 후까지도 지름방정식을 푸는 방법을 발견하지 못했던 것 같다. 슈뢰딩거는 파동역학에 관한 첫 번째 논문에서 방정식을 푸는 방법을 알려준 헤르만 바일^{Hermann} $^{Weyl(1885-1955)}$에게 감사의 뜻을 표했다. 그리고 1월 11일에는 상대론적 파동방정식

의 해를 얻은 상태였던 것 같다(상대론적 파동방정식은 오늘날 클라인-고든 방정식이라고 부른다). 그 후 슈뢰딩거는 수소 원자에 관한 실험 자료와 일치하지 않은 상대론적 방정식을 취소하고 비상대론적 이론만을 발표했다.

슈뢰딩거방정식

1926년 1월부터 슈뢰딩거는 여섯 편의 파동역학 논문을 발표했다. 첫 번째 논문(Q1)은 1926년 1월 27일 《물리학 연대기》에 제출한 논문 〈고윳값 문제로서의 양자화〉였다. 이 논문에는 양자물리학의 핵심적 식인 슈뢰딩거방정식이 포함되어 있었다. 슈뢰딩거방정식은 다음과 같다.

$$-\frac{\hbar^2}{2m}\nabla^2\phi + V\phi = E\phi$$

여기서 ∇^2는 라플라시안 연산자를 나타내고 ϕ는 파동함수다. 첫 번째 논문의 주된 목표는 이 방정식이 수소 원자의 에너지준위의 양자화를 정확하게 함축하고 있다는 것을 증명하는 것이었다. 이에 대해 《슈뢰딩거의 삶》에는 다음과 같이 설명되어 있다.

> 이 논문에서 나는 우선 가장 단순한 수소 원자의 경우에 잘 알려진 양자화 법칙이 정수를 전혀 언급하지 않는 다른 요구 조건으로 대체될 수 있다는 것을 보이려고 한다. 새로운 요구 조건에서는 자연스러운 방식으로 정수가 등장한다. 이 새로운 개념은 일반화될 수 있다. 나는 이 새로운 개념이 양자 법칙의 가장 깊은 의미를 나타내고 있다고 믿는다.

여기서 슈뢰딩거방정식이 유도되는 과정과 슈뢰딩거방정식의 형태에 대해 살펴보고 지나가는 것이 좋을 듯싶다. 이 과정을 이해하기 위해서는 약간의 수학적 지식이 필요하다. 그러나 실제로 계산 과정을 모두 따라가지 않고 방정식이 만들어지는 과정이나 방정식의 모양만 구경하는 것으로도 양자물리학에 한 발더 가까이 다가간 느낌을 받을 수 있을 것이다. '양자물리학 강의실 엿보기'라는 부제로 계산 과정을 넣은 것은 이런 느낌이 양자물리학을 어느 정도 이해했다는 생각으로 연결될 것이라고 보기 때문이다.

양자물리학 강의실 엿보기

슈뢰딩거방정식의 유도

에너지 관계식에 드브로이의 식과 플랑크의 양자화 가설을 대입하면 다음과 같은 식을 얻을 수 있다.

$$E = \frac{p^2}{2m} + V \rightarrow p = \sqrt{2m(E-V)}$$

$$E = h\nu = \frac{h}{2\pi} 2\pi\nu \equiv \hbar\omega$$

$$p = \frac{h}{\lambda} = \frac{h}{2\pi} \frac{2\pi}{\lambda} = k\hbar$$

$$k = \frac{\sqrt{2m(\hbar\omega - V)}}{\hbar}$$

그런데 파동의 속도는 $v = \lambda\nu = \frac{\lambda}{2\pi} 2\pi\nu = \frac{\omega}{k}$ 이므로 위에서 구한 k값을 이용하여 다음과 같이 구할 수 있다.

$$v = \frac{\hbar\omega}{\sqrt{2m(\hbar\omega - V)}}$$

고전 역학에서 잘 알려진 파동방정식과 파동방정식의 해인 파동함수는 다음과 같다.

$$\frac{\partial^2 \Psi}{\partial x^2} - \frac{1}{v^2}\frac{\partial^2 \Psi}{\partial t^2} = 0, \quad \Psi(x,t) = Ae^{ikx}e^{-i\omega t}, \quad v = \frac{\omega}{k}$$

따라서 파동함수를 x로 두 번 편미분하면 다음과 같은 관계식이 성립한다는 것을 알 수 있다.

$$\frac{\partial^2 \Psi}{\partial x^2} = -k^2 \Psi - \left(\frac{\omega}{k}\right)^2 \Psi,$$

이 식에 앞에서 구한 속도의 식을 대입하면 다음 식이 얻어진다.

$$\frac{\partial^2 \Psi}{\partial x^2} = -\frac{2m(\hbar\omega - V)}{\hbar^2}\Psi,$$

$$-\frac{\hbar^2}{2m}\frac{\partial^2 \Psi}{\partial x^2} + V\Psi = \hbar\omega\Psi$$

이번에는 파동함수를 t로 편미분하면 다음과 같은 식을 구할 수 있다.

$$\frac{\partial^2 \Psi}{\partial t^2} = \omega^2 \Psi, \quad \frac{\partial \Psi}{\partial t} = -i\omega\Psi, \quad \omega\Psi = i\frac{\partial \Psi}{\partial t}$$

이 식을 위에서 구한 파동함수에 대입하면 다음과 같은 식이 얻어진다.

$$-\frac{\hbar^2}{2m}\frac{\partial^2 \Psi}{\partial x^2} + V\Psi = i\hbar\frac{\partial \Psi}{\partial t}$$

이 식은 1차원에서의 시간 의존적 슈뢰딩거방정식이다. 이 식을 3차원으로 확장하고 다음과 같이 정의된 라플라시안 연산기호를 사용하면 3차원에서의 슈뢰딩거방정식은 다음과 같이 쓸 수 있다.

$$-\frac{\hbar^2}{2m}\left(\frac{\partial^2}{\partial x^2}+\frac{\partial^2}{\partial y^2}+\frac{\partial^2}{\partial z^2}\right)\Psi+V\Psi=i\hbar\frac{\partial\Psi}{\partial t}$$

$$\nabla^2=\frac{\partial^2}{\partial x^2}+\frac{\partial^2}{\partial y^2}+\frac{\partial^2}{\partial z^2}$$

$$-\frac{\hbar^2}{2m}\nabla^2\Psi+V\Psi=i\hbar\frac{\partial\Psi}{\partial t}$$

이 방정식이 3차원에서의 시간 의존적 슈뢰딩거방정식이다.

슈뢰딩거방정식을 유도해낸 슈뢰딩거의 연구는 20세기 물리학의 가장 위대한 업적 중 하나로 인정받고 있다. 후에 폴 디랙Paul Adrien Maurice Dirac(1902~1984)은 슈뢰딩거방정식에는 물리학과 화학에서 다루는 내용의 대부분이 포함되어 있다고 말했다.

1960년대까지 슈뢰딩거의 방정식을 기초로 해서 쓰인 논문은 무려 10만 편이 넘는다. 발표 직후부터 슈뢰딩거방정식은 물질의 구조를 연구하는 데 전례 없는 힘을 가진 수학적 도구로 인정받았다. 많은 과학자들은 슈뢰딩거방정식에 포함되어 있는 물리적 의미가 무엇인지를 탐구하기 시작했다.

이 논문의 마지막 부분에서 슈뢰딩거는 새로운 이론에 대한 자신의 해석을 제시했다.

당연한 일이지만 파동함수 ψ를 원자 내의 진동과 연관시켜야 한다는 것은 명백하다. 원자 내 진동은 오늘날 그 실재성이 의심되고 있는 전자궤도보다 훨씬 그럴듯하다. 나는 보다 직관적인 방정식을 이용하여 양자 법칙의 토대를 새롭게 확립하려고 시도했다. 그러나 후에 나는 이 논문에 제시되어 있는 보다 수학적인 식을 선택했다. 왜냐하면 수학적인 식이 요점을 보다 명료하게 보여주기 때문이다.

논문의 마지막 두 쪽에서는 복사선 방출과 흡수에 대한 보어의 진동수 조건이 원자 내 진동으로부터 어떻게 생겨나는지를 보여주는 모델을 제시하려고 시도했다. 슈뢰딩거는 원자의 파동함수가 여러 가지 진동수를 가지고 진동한다고 설명했다. 보어 조건에 의해 주어지는 진동수 $h\nu = E_2 - E_1$는 이 진동수들 사이의 맥놀이일 것이라고 했다. 슈뢰딩거는 이 모델을 매우 만족스럽게 생각했다.

> 뛰어넘기를 하는 전자를 이야기하는 것보다 양자 전이 중에 전자가 하나의 진동 형태에서 다른 진동 형태로 전이한다고 이야기하는 것이 훨씬 더 그럴듯하다는 것은 당연하다. 진동 형태의 변화는 시간과 공간 안에서 연속적으로 일어날 수 있으며, 복사선이 방출되는 동안 지속적으로 일어날 수 있다.

슈뢰딩거는 자신의 발견이 양자 도약과 같이 설명이 가능하지 않은 과정을 필요로 하지 않고, 고전 물리학의 테두리 안에서 원자가 내는 스펙트럼의 문제를 해결한 것이라고 생각했다. 보어의 원자모형과 조머펠트의 고전 양자 조건에서는 특정한 물리량이 정수배여야 한다는 정수배 조건이 포함되어 있었다. 슈뢰딩거는 이러한 정수배 조건이 매우 인위적이고 부자연스러운 것이라고 생각했다. 슈뢰딩거방정식은 그러한 부자연스러움을 해결해주었다. 슈뢰딩거방정식이 물리적으로 의미 있는 해를 가지기 위한 조건에서 양자수들이 자연스럽게 도출되었기 때문이다. 따라서 원자가 내는 스펙트럼을 설명하기 위해 도입되었던 양자수들이 슈뢰딩거방정식으로 인해 물리적 의미를 가질 수 있게 되었다.

이제 전자와 같은 입자의 운동을 이해하기 위해서는 주어진 퍼텐셜을 슈뢰딩거방정식에 대입하여 파동함수를 구하고 이 파동함수로부터 전자가 가질 수 있는 에너지나 운동량과 같은 물리량을 알아내면 되었다. 퍼텐셜에너지가 간단한 형태로 주어지는 경우에는 쉽게 슈뢰딩거방정식을 풀 수 있고 따라서 전자와 같은 입자들이 어떤 물리량을 가질 수 있는지를 알 수 있다. 그러나 퍼텐셜이 복잡한 함수로 주어지면 파동함수를 구하는 것이 어렵거나 불가능하다. 파동함수를 구하는 것이 어려운 경우에는 정확한 해를 구하는 대신 근사적인 해를 구한다.

슈뢰딩거의 두 번째 논문은 1926년 2월 23일, 《물리학 연대기》에 제출되었다. 이 논문에는 해밀토니안 연산자를 이용하여 파동방정식을 새롭게 유도하는 내용과 기하광학과 파동광학 사이의 관계를 분석한 내용 그리고 조화진동자와 이원자분자에 파동방정식을 적용하는 내용 등이 포함되어 있다.

양자물리학 강의실 엿보기

해밀토리안 연산자와 슈뢰딩거방정식

1. 파동함수

파동함수는 특정한 시간(t)에 위치(x)에서의 파동 높이를 나타내는 식이다. 많은 경우 파동함수는 삼각함수를 이용하여 나타내지만 다음과 같이 지수가 허수인 지수함수로도 나타낼 수 있다. 지수가 허수인 함수는 삼각함수를 나타내기 때문이다.

$$\Psi(x, t) = Ae^{i(kx - \omega t)}$$

파동함수에 플랑크의 양자화 조건과 드브로이의 물질파 이론을 대입하면 파동함수는 다음과 같이 쓸 수 있다.

$$E = h\nu = h\frac{1}{T} = \frac{h}{2\pi}\frac{2\pi}{T} = \hbar\omega \qquad \text{(플랑크의 양자 조건)}$$

$$p = \frac{h}{\lambda} = \frac{h}{2\pi}\frac{2\pi}{\lambda} = k\hbar \qquad \text{(드브로이의 물질파 이론)}$$

$$\Psi(x, t) = Ae^{i(px - Et)/\hbar} = Ae^{ipx/\hbar}e^{-iEt/\hbar}$$

이 파동함수에는 에너지와 운동량을 포함하고 있기 때문에 어떤 조건(위치에너지)에서 운동하고 있는 입자의 파동함수를 알면 그 입자의 운동량과 에너지를 알 수 있다.

2. 운동량과 에너지 연산자

파동함수에 어떤 계산을 하면 운동량이나 에너지를 알 수 있다. 그런 계산 규칙을 연산자라고 한다. 예를 들어 다음과 같은 계산을 해보자.

$$\frac{\hbar}{i}\frac{\partial}{\partial x}\Psi(x, t) = \frac{\hbar}{i}\frac{\partial}{\partial x}Ae^{i(Px - Et)/\hbar} = p\Psi(x, t)$$

이것은 파동함수에 $\dfrac{\hbar}{i}\dfrac{\partial}{\partial x}$ 를 계산하면 운동량이 나온다는 것을 의미한다. 따라서 이런 계산 규칙을 운동량 연산자라고 한다. 마찬가지 방법으로 에너지 연산자도 다음과 같은 방법으로 구할 수 있다.

$$i\hbar\frac{\partial}{\partial t}\Psi(x, t) = i\hbar\frac{\partial}{\partial t}Ae^{i(Px - Et)/\hbar} = E\Psi(x, t)$$

운동량 연산자를 P_{op}, 에너지 연산자를 E_{op}라고 하면 다음과 같은 식을 얻는다.

$$P_{op} = -i\hbar\frac{\partial}{\partial x}, \qquad E_{op} = i\hbar\frac{\partial}{\partial t}, \qquad P_{op}^2 = -\hbar^2\frac{\partial^2}{\partial x^2}$$

연산자를 이용하면 다음과 같이 쓸 수 있다.

$$P_{op}\Psi(x,t)=p\Psi(x,t)$$

$$E_{op}\Psi(x,t)=E\Psi(x,t)$$

$$P^2_{op}\Psi(x,t)=p^2\Psi(x,t)$$

3. 슈뢰딩거방정식

전체 에너지(E)는 운동에너지$\left(\dfrac{p^2}{2m}\right)$와 위치에너지$(V)$의 합이므로 다음과 같이 나타낼 수 있다.

$$E=\text{운동에너지}+\text{위치에너지}=\frac{p^2}{2m}+V$$

이 식에서 운동에너지와 위치에너지의 합을 나타내는 우변을 H(해밀토니안)라고 놓고, 총 에너지를 나타내는 해밀토니안 연산자를 만들어보자.

$$H_{op}=\frac{P^2_{op}}{2m}+V=-\frac{\hbar^2}{2m}\frac{\partial^2}{\partial x^2}+V$$

이 식을 에너지 식에 대입하면 다음과 같은 결과를 얻을 수 있다.

$$i\hbar\frac{\partial}{\partial t}\Psi(x,t)=\left(-\frac{\hbar^2}{2m}\frac{\partial^2}{\partial x^2}+V\right)\Psi(x,t)=H\Psi(x,t)$$

이 식은 다음과 같이 간단한 식으로 나타낼 수 있다.

$$H\Psi=i\hbar\frac{\partial\Psi}{\partial t}$$

이 식이 시간 의존적인 슈뢰딩거방정식이다. 주어진 위치에너지를 대입한 후 슈뢰딩거방정식을 풀면 그 위치에너지에서 입자가 가질 수 있는 운동량과 에너지를 구할 수 있고, 그 값들이 시간에 따라 어떻게 변해가는지 알 수 있다. 입자의 운동을 나타내는 파동함수에서 위치와 관련된 부분과 시간과 관련된 부분을 나누어보면 파동함수는 다음과 같이 쓸 수 있다.

$$\Psi(x,t)=\phi(x)e^{iEt/\hbar}$$

이 식을 시간 의존적인 슈뢰딩거방정식에 대입하면 다음과 같은 식을 얻을 수 있다.

$$H\phi(x)=E\phi(x)$$

이 식이 양자물리학 강의 시간에 가장 많이 다루어지는 시간 독립적 슈뢰딩거방정식이다.

첫 번째와 두 번째 논문을 발표한 슈뢰딩거는 잠시 하이젠베르크와 보른이 만든 행렬역학과 자신의 파동역학을 비교해보았다. 파동역학을 만들기 시작할 때 슈뢰딩거는 하이젠베르크가 발표한 첫 번째 논문과 보른과 조르단이 발표한 두 번째 논문에 대해 알고 있었다. 그러나 이 두 논문은 슈뢰딩거의 연구에 별다른 영향을 주지 못했다. 행렬역학의 접근 방법이 슈뢰딩거의 접근 방법과는 전혀 달랐기 때문이다. 하이젠베르크가 만든 행렬역학은 불연속적인 상태 사이의 전환을 바탕으로 한 반면, 슈뢰딩거가 연구하고 있던 파동역학은 모든 공간을 채우는 파동함수를 이용하는 이론이었다. 따라서 처음에 슈뢰딩거는 행렬역학과 파동역학 사이에 연관이 있다는 것을 알아차리지 못했다. 그러나 조화진동자와 같은 문제에서 두 역학이 같은 결과를 내놓는다는 것을 발견하고 놀라워했다. 1926년 2월 마지막 주와 3월 첫 주 사이에 슈뢰딩거는 두 역학 사이에 밀접한 관계가 있다는 것을 알게 되었고 이를 논문으로 정리했다. 슈뢰딩거는 이 논문에서 수학적 관점에서 두 역학이 동일하다는 것을 증명했다. 그것은 물리학이 동일한 결과를 내놓는 두 가지 이론을 가지게 되었다는 것을 의미한다. 하나는 모형이나 이미지가 아무 의미를 가지지 못한다는 것을 기반으로 한 반면, 다른 하나는 연속적인 파동 모형을 기반으로 한 것이었다.

슈뢰딩거의 세 번째 논문은 1926년 3월 10일, 《물리학 연대기》에 제출되었다. 이 논문에서는 퍼텐셜이 복잡한 식으로 주어져 슈뢰딩거방정식의 정확한 해를 구할 수 없는 경우에 근사적인 해를 구하는 섭동이론에 대해 설명하고 있다. 실제 문제의 경우 슈뢰딩거방정식의 정확한 해를 얻는 것이 불가능한 경우가 많다. 그러나 정확한 해가 알려져 있는 계에 작은 섭동을 가함으로써 근사적인 해를 얻는 것은 가능하다. 원자 이론에서는 섭동되지 않은 계에서는 슈뢰딩거방정식의 다른 해들이 동일한 고윳값을 가지고 있는 경우가 자주 발생한다. 이 경우 섭동으로 인해 고유함수들의 고윳값이 분리되도록 만들 수 있다. 예를 들면 주양자수가 같은 여러 개의 파동함수들은 모두 같은 에너지를 가진다. 그러나 전기장과 같은 섭동에 의해 고유함수들의 에너지 값이 달라진다. 전기장이 없을 때는 하나의 선스펙트럼이던 것이 전기장 안에서는 여러 개의 선스펙트럼으로 갈라지는 것은 이 때문이다. 슈뢰딩거는 세 번째 논문에서 섭동이론을 이용하여 전기장 안에서 수소 스펙트럼이 여러 개의 선으로 분리되는 현상(슈타르크효과)를 자세히 다루었다. 슈뢰딩거는 수소 스펙트럼에서 슈타르크효과를 계산하고 슈타르크효과에 관한 엡스타인 공식을 얻어냈다. 공식에 의해 계산된 빛의 세기와 편광 상태는 스타르크의 실험값과 일치했다. 슈뢰딩거는 이 논문을 자신의 새로운 이론이 중요하게 적용된 최초의 사례라고 생각했다.

놀라울 정도로 창의적인 연구를 했던 6개월 동안의 연구의 정점을 찍은 것은 슈뢰딩거의 네 번째 논문이었다. 1926년 6월 23일, 《물리학 연대기》에 제출된 이 논문 이전까지 정적인 계의 파동역학만을 다뤄왔던 그는 이제 시간에 따라 변화하는 계에 관한 문제로 관심을 돌렸다. 변화하는 계를 다루는 문제는 여러 가지 산란의 문제들, 원자나 분자에 의한 복사선 산란과 흡수 방출의 문제도 포함된다.

이때까지 슈뢰딩거는 파동함수는 실수 함수여야 한다고 믿고 있었다. 그는 자신의 이론에 들어 있는 허수 항들 때문에 고심했지만 실수 항만 취하면 허수 항들을 쉽게 제거할 수 있을 것이라고 생각했다. 다시 말해 파동역학에 등장하는 허수는 계산의 편리를 위한 도구일 뿐이어서 물리적인 의미를 가지지 않는다고 생각했다.

그러나 6월 11~21일 사이의 어느 날 슈뢰딩거는 파동함수가 복소수함수여야 한다는 결론에 도달했다. 파동함수가 진폭을 나타내는 실수 부분과 위상을 나타내는 허수 부분을 가지고 있는 복소수함수여야 한다는 것을 알게 된 것이다. 그는 이에 대해 다음과 같이 설명해놓았다.

> 아직도 복소수 파동함수를 사용하는 데는 어려움이 남아 있다. 복소수함수를 사용하는 것이 계산상의 편리만을 위한 것이 아니라 근본적으로 불가피한 것이라면 사실상 두 개의 함수가 존재하며 그들이 합쳐져야만 최종적인 계의 상태가 만들어진다는 결론이 얻어질 수 있다.

슈뢰딩거는 이때까지도 복소수함수가 파동함수를 완전하게 규정하는데 꼭 필요한 위상 정보를 가지고 있다는 것을 완전히 감지하지 못하고 있었던 것 같다. 두 가지 이상의 파동이 서로 간섭하는 경우 진폭도 중요하지만 위상도 중요하다. 따라서 입자의 상호작용을 이해하기 위해서는 입자의 행동을 기술하는 파동함수에는 진폭을 나타내는 실수 부분과 위상을 나타내는 허수 부분이 포함되어 있어야 한다. 시간 의존적인 슈뢰딩거방정식은 시간 독립적인 슈뢰딩거방정식보다 더 중요하다.

시간 독립적 슈뢰딩거방정식

$$-\frac{\hbar^2}{2m}\nabla^2\phi + V\phi = E\phi,$$

$$H\phi = E\phi$$

시간 의존적 슈뢰딩거방정식

$$-\frac{\hbar^2}{2m}\nabla^2\Psi + V\Psi = i\hbar\frac{\partial\Psi}{\partial t},$$

$$H\Psi = i\hbar\frac{\partial\Psi}{\partial t}$$

슈뢰딩거는 시간 의존적 슈뢰딩거방정식을 원자와 복사선의 상호작용에 관한 중요 문제들에 적용했다. 그는 섭동이론을 이용하여 시간에 따라 퍼텐셜이 조금씩 변화하는 계를 다뤘다. 논문의 마지막 부분에서 슈뢰딩거는 파동함수의 물리적 의미에 대해 설명했다.

> 파동함수의 제곱인 $\Psi\Psi^*$는 계의 배위 공간에서 무게함수이다. 계의 파동역학적 배열은 수많은 운동역학적으로 가능한 점역학적 배열들 좀 더 정확하게 말하면 모든 가능한 점역학적 배열들의 중첩이다. 이때 각각의 점-역학적 배열은 특정한 무게를 가지고서 실제의 파동역학에 기여한다. 그 무게가 바로 $\Psi\Psi^*$ 또는 $\phi\phi^*$로 나타낸다. 그 계는 모든 가능한 운동학적 위치에서 동시에 발견되지만 그 모든 위치에서 동등한 세기로 발견되는 것은 아니다. (……) Ψ 는 일반적으로 배위 공간 안에서의 함수이기 때문에 3차원 공간 안에서 직접적으로 해석되지는 않는다는 사실은 지금까지 여러 번 이야기되었다.

배위 공간이란 계의 일반화된 좌표가 가질 수 있는 모든 값들로 이루어진 매끄러운 공간으로 계의 구속 조건을 만족시키는 모든 가능한 위치로 이루어진다. 슈뢰딩거의 이러한 언급은 보른이 제시한 파동함수의 확률적인 해석과 매우 유사하다. 보른은 슈뢰딩거가 네 번째 논문을 발표하고 며칠 후 파동역학을 확률적으로 해석한 첫 번째 논문을 발표했다. 보른과 슈뢰딩거가 제시한 해석이 매우 유사함에도 불구하고 슈뢰딩거는 보른의 확률적 해석을 받아들이지 않았다. 보른은 파동함수가 특정한 공간 영역에서 입자가 발견될 확률을 나타내는 것으로 공간 안에서 운동하고 있는 어떤 물리적 실체를 나타내는 것이 아니라고 했다.

많은 과학자들은 슈뢰딩거가 발표하는 파동역학에 뜨거운 반응을 보였다. 그러나 젊은 물리학자들은 슈뢰딩거가 파동함수를 통해 고전물리학으로 복귀하려고 시도하는데 대해서는 회의적인 반응을 보였다. 슈뢰딩거와 하이젠베르크는 개인적으로 나쁜 감정을 가지고 있지 않았지만 양자역학의 해석 문제에서는 조금도 양보하지 않았다. 슈뢰딩거는 하이젠베르크가 제안한 행렬역학에는 눈에 보이는 모형이 결여되었기 때문에 새로운 문제에 적용하는 것이 사실상 불가능하다고 생각했다. 슈뢰딩거는 로렌츠에게 보낸 편지에 다음과 같이 썼다.

보어 모형의 에너지준위는 왠지 황당하게 느껴집니다.

이에 대해 하이젠베르크는 파울리에게 보낸 편지에서 다음과 같이 말했다.

슈뢰딩거 이론의 물리적 측면을 생각하면 할수록 그 이론은 내게 불쾌한 기분을 갖게 합니다. 슈뢰딩거가 이야기하고 있는 직관성에 대한 이야기는 무의미합니다.

1926년 7월 16일에 슈뢰딩거는 독일 과학회에서 '파동이론에 기반을 둔 원자론 기초'라는 제목으로 자신의 파동이론에 대해 강의했고, 7월 21일에는 뮌헨에서 조머펠트가 주관하는 수요 전문가 회의에서도 강의했다. 이 강의에는 하이젠베르크도 참석했다. 슈뢰딩거가 강의한 후에 있었던 하이젠베르크의 질문과 그의 질문에 대한 반응은 《부분과 전체》에 다음과 설명되어 있다.

슈뢰딩거는 파동역학의 수학적 원리를 수소 원자의 경우를 예로 들어 설명했는데 파울리가 매우 어렵고 복잡한 방법으로 해결했던 문제를 간단한 수학적 방법으로 훌륭하게 풀어낸 데 대해 모두 황홀할 정도로 놀라고 말았다. 마지막에 슈뢰딩거는 내가 받아들일 수 없었던 파동역학에 대한 물리학적 해석에 대해서도 설명했다. 강의에 이어진 토론에서 나는 이의를 제기했다. 나는 슈뢰딩거의 방정식으로는 플랑크의 흑체복사 문제를 설명할 수 없다고 지적했다. 그러나 이런 반론은 참석자들의 주의를 끌 수 없었다. 슈뢰딩거의 동료였던 빈이 이제 양자역학은 종말을 고하게 되었으며 양자 도약과 같은 무의미한 것들에 대해서는 더 논할 필요조차 없게 되었고, 내가 제기한 문제도 조만간 슈뢰딩거가 해결할 것이라고 대답했다. 슈뢰딩거 자신은 빈의 말처럼 확신을 가지고 있지 않았지만 내가 제기한 문제를 그의 이론으로 설명하는 것은 시간문제라고 자신하고 있었다. 나의 문제 제기에 대해 아무도 관심을 보이지 않았다. 나에게 호의를 가지고 있던 조머펠트마저도 슈뢰딩거방정식 앞에 무력할 수밖에 없었다. 나는 우울해져서 집으로 돌아왔고, 그날 밤에 토론의 경위에 관하여 보어에게 편지를 썼다. 아마도 내가 보낸 편지가 계기가 되어 보어가 양자역학이나 파동역학에 관한 해석을 철저하게 검토하고 토론하기 위해 9월 한두 주 동안 코펜하겐을 방문해달라고 슈뢰딩거를 초청했던 것 같다.

코펜하겐에서 만난 슈뢰딩거와 보어

1926년 9월 말에 슈뢰딩거는 보어의 초청을 받아들여 코펜하겐을 방문했다. 하이젠베르크도 두 사람의 역사적인 대결의 현장을 지켜보기 위해 코펜하겐으로 갔다. 코펜하겐에서 이루어진 두 사람의 토론은 《부분과 전체》에 자세히 기술되어 있다.

보어와 슈뢰딩거의 토론은 코펜하겐 기차역에서 시작되어 이른 아침부터 늦은 밤까지 매일 계속되었다. 외적인 환경 때문에 토론이 방해받지 않도록 하기 위해 슈뢰딩거는 보어의 집에 묵었다. 평상시 보어는 인간관계에서 매우 친절하고 이해심 많은 사람이었지만 그때 내가 본 보어는 슈뢰딩거에게 한 치도 양보하지 않았고, 조금의 애매함도 용납하지 않았다. 보어와 슈뢰딩거는 말로 표현할 수 없을 만큼 열정적으로 토론했다.

슈뢰딩거는 양자 도약은 말도 안 되는 이론이며 모든 전이는 전자기학의 법칙에 따라 부드럽고 연속적으로 이루어져야 한다고 주장했다. 보어는 양자 도약은 실제로 일어나고 있으며 고전 물리학으로 설명할 수 없을 뿐이라고 반박했다. 보어는 양자 도약 같은 현상은 우리가 직접 경험을 통해 이해할 수 있는 것이 아니어서 경험을 바탕으로 한 상식이 적용되지 않는다고 주장했다. 슈뢰딩거는 입자로서의 전자는 필요하지 않고 오히려 전자파동이나 물질파동이 필요하다고 반박했다. 그렇게 할 경우 원자에서 빛이 방출되는 현상은 안테나에서 라디오 전파가 방출되는 것만큼이나 이해하기 쉬운 현상이 되어 풀리지 않던 역설이 사라질 것이라고 주장했다. 그러나 보어는 그런 경우에 역설은 또 다른 형태로 나타난다고 했다. 예를 들어 플랑크의 복사법칙을 유도하기 위해서는 원자의 에너지가 불연속적으로 변하는 것이 필요하다고 했다. 결국 슈뢰딩거는 두 손을 들고 말했다.

만일 우리가 이 빌어먹을 양자 도약을 수용해야 한다면 내가 양자 이론에 손을 댄 것 자체가 유감스러운 일이 될 것입니다.

보어는 슈뢰딩거를 달랬다.

하지만 당신이 양자 이론에 손을 댄 것은 우리들에게는 매우 고마운 일입니다. 그리고 당신의 파동역학은 수학적 명료성과 단순성에서 이전의 양자역학을 획기적으로 발전시켰습니다.

며칠 후 슈뢰딩거가 감기에 걸렸다. 보어 부인이 슈뢰딩거를 간호하고 침대에까지 차와 빵을 날라다 주었다. 하지만 보어는 침대 옆에서도 논쟁을 계속했다. 그러나 슈뢰딩거는 원자적 과정을 시간-공간적으로 기술하는 것을 포기하는 것이 왜 필요한지 그리고 어떻게 그것이 가능한지 알 수 없었고, 이후에도 영원히 깨닫지 못했다. 그러나 두 사람의 토론은 서로에게 깊은 인상을 남겼다. 슈뢰딩거는 입자와 파동을 모두 수용할 필요성을 인정하게 되었지만 코펜하겐의 정통 해석에 맞설 만한 포괄적인 해석을 고안하는 시도는 하지 않았다. 그는 양자물리학에 대해 비판적인 불신자로 남는 것에 만족했다.

그 후 얼마 안 되어 하이젠베르크는 유명한 불확정성의 원리를 이끌어내는 분석을 시작했다. 보어는 불확정성의 원리를 기반으로 해서 철학의 바닷속으로 더 깊이 잠수했고, 상보성원리를 확립했다. 코펜하겐에서 취리히로 돌아온 슈뢰딩거는 빈에게 다음과 같은 편지를 썼다.

보어의 원자 문제의 접근은 정말로 놀라웠다. 그는 원자의 세계를 일상적인 용어로 설명한다는 것은 불가능하다고 확신하고 있었다. 그래서 우리의 토론은 얼마 안 되어 철학적인 토론이 되어버리곤 했다. 그 철학적 토론 과정에서는 누구라도 상대방이 공격하는 입장이 정말 자신의 입장인지, 혹은 상대방이 방어하는 입장을 자신이 정말 공격해야 하는지 잘 모르게 되었다.

슈뢰딩거의 말년

슈뢰딩거방정식을 발표한 직후인 1927년에 슈뢰딩거는 막스 플랑크의 뒤를 이어 독일 베를린 대학의 교수가 되어 독일로 갔지만, 나치가 정권을 잡자 나치를 피해 영국으로 떠났다. 그러나 사생활이 문제 되어 영국에 정착할 수 없었다. 그는 두 아내와 같은 집에 살면서 자녀들을 키우고 싶어 했지만 영국 사회는 이를 받아들이지 않았다. 미국의 프린스턴으로 가려던 계획도 같은 이유로 포기해야 했다. 오스트리아로 돌아간 후 곧 오스트리아가 독일에 합병되자 나치와 화해하려는 노력에도 불구하고 그는 대학에서 해임되었다. 그 뒤 오스트리아를 탈출해 아일랜드의 더블린에서 17년간 살았다. 아일랜드에 사는 동안에도 그는 아내가 아닌 두 여인으로부터 두 아이를 낳았다.

더블린에 사는 동안 슈뢰딩거는 통일장의 문제를 비롯한 다양한 연구 결과를 발표했고, 1944년에는 《생명이란 무엇인가?$^{What\ is\ life?}$》[11]를 출판하기도 했다. 이 책에는 생명체의 유전정보를 가지고 있는 복잡한 분자에 대한 그의 생각이 담겨 있다. DNA 분자구조를 밝혀내 노벨상을 받은 제임스 왓슨$^{James\ Watson(1928\sim\ )}$과 프랜시스 크릭$^{Francis\ Crick(1916\sim2004)}$은 이 책을 읽고 DNA의 구조에 대한 연구를 하게 되었다고 회고했다.

1956년 오스트리아로 돌아온 슈뢰딩거는 1961년 사망할 때까지 오스트리아에서 살았다.

---

11) 에르빈 슈뢰딩거 지음(1944), 전대호 역, 《생명이란 무엇인가?》, 궁리, 2007.

15. 파동함수의 확률적 해석

　슈뢰딩거는 파동의 성질을 가지고 있는 전자를 실제로 파동으로 다루어 전자의 운동을 설명하려고 시도했다. 슈뢰딩거방정식을 풀어서 구한 파동함수는 전자의 밀도 파동을 나타내는 것이어서 이 함수를 이용하면 전자의 운동과 전자가 내는 스펙트럼을 성공적으로 기술할 수 있을 것으로 생각한 것이다.

　그러나 전자를 파동으로만 보아서는 설명할 수 없는 현상들이 있었다. 예를 들면 광전효과는 빛과 전자가 입자로 상호작용한다는 것을 나타내고 있었다. 따라서 전자가 입자라는 전제 아래 만든 행렬역학을 쉽게 포기할 수 없었다.

　행렬역학을 만든 하이젠베르크나 보른 그리고 보어도 슈뢰딩거방정식의 간명함과 여러 가지 문제를 다룰 수 있다는 점을 높이 평가했다. 그러나 슈뢰딩거는 전자의 궤도를 부정하고 전자가 운동하는 방법에 대한 설명을 제공하지 못하는 행렬역학을 신뢰할 수 없었다. 슈뢰딩거는 전자에 관한 모든 이론은 전자의 운동을 구체적으로 기술할 수 있어야 한다고 생각했던 반면 하이젠베르크는 행렬역학이 전자의 운동을 구체적으로 설명하지 못하는 것은 행렬역학의 문제가 아니라 전자의 행동 자체가 설명이 가능하지 않기 때문이라고 주장했다. 그러나 이러한 상반된 생각을 바탕으로 한 두 이론은 같은 내용을 포함하고 있는 것으로 판명되었다.

행렬역학을 완성하는 데 중요한 역할을 한 보른은 전자를 입자로 보았지만 전자를 파동으로 본 슈뢰딩거방정식의 중요성도 알아차렸다. 보른은 전자를 입자로 보는 입장에서 슈뢰딩거방정식의 의미를 알아내기 위해 노력했다. 이런 노력 끝에 1926년 7월 전자를 입자로 보면서도 슈뢰딩거방정식을 적용할 수 있는 대담한 해석을 내놓았다. 보른이 슈뢰딩거방정식에 대한 새로운 해석을 내놓게 된 것은 전자를 이용한 이중 슬릿 실험 결과를 검토한 결과였다.

드브로이가 전자가 파동성을 가진다는 것을 밝혀낸 후 과학자들은 두 개의 슬릿을 지나 스크린에 도달한 전자가 간섭무늬를 나타낸다는 것을 확인했다. 슈뢰딩거는 전자가 간섭무늬를 나타내는 것은 빛의 경우와 마찬가지로 두 슬릿을 통과한 전자 파동이 보강 간섭과 소멸 간섭을 하여 간섭무늬가 만들어진다고 설명했다. 그러나 전자를 이용한 이중 슬릿 실험을 자세히 관찰한 보른은 슈뢰딩거

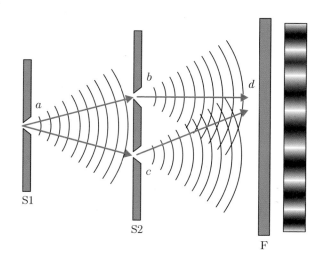

빛이 파동이라는 것을
밝혀낸 이중 슬릿 실험.

방정식을 풀어서 구한 파동함수가 전자의 파동을 나타내는 것이 아니라 전자가 특정한 위치에서 발견될 확률을 나타낸다는 새로운 해석을 제안했다. 다시 말해 파동함수의 제곱 $|\Psi|^2$은 전자가 특정한 위치에서 발견될 확률을 나타내는 확률파동이라고 주장한 것이다.

이중 슬릿 실험에서 간섭무늬가 나타나는 스크린이 있는 위치에 전자를 측정하는 가이거 계수기를 설치해놓으면 전자가 어느 지점에 몇 개 도달했는지 셀 수 있다. 이 가이거 계수기는 계수기 내부 물질과 충돌해 만들어내는 전하를 측정하는 것이어서 전자가 하나 입사했을 때만 전자의 수를 셀 수 있다. 다시 말해 $\frac{1}{2}$개의 전자는 계수하지 않는다.

가이거 계수기를 이용하여 스크린에 도달한 전자의 개수를 측정한 보른은 전자가 파동이 아니라 입자로 계수기와 상호작용한다는 것을 알 수 있었다. 그럼에도 불구하고 스크린에는 간섭무늬가 나타났다. 보른은 슈뢰딩거의 파동함수가 실제 전자의 파동이 아니라 확률파동이라고 하면 간섭무늬를 설명할 수 있다고 생각했다.

하나의 전자를 이용해 이중 슬릿 실험을 한다면 파동함수에 대한 슈뢰딩거의 해석과 보른의 확률적 해석 중 어느 것이 옳은지를 확인해볼 수 있다.

만약 파동함수가 실제 전자의 밀도파라는 슈뢰딩거의 해석이 옳다면 하나의 전자를 이용한 이중 슬릿 실험에서도 간섭현상이 나타나야 한다. 전자의 개수가 많아지면 간섭무늬가 좀 더 뚜렷해지겠지만 하나의 전자라고 해도 흐릿한 간섭무늬가 만들어질 것이다. 그러나 보른의 주장처럼 전자가 입자로 행동한다면 하나의 전자는 이중 슬릿 실험에서 간섭무늬를 만들 수 없다.

슈뢰딩거와 보른이 파동함수의 물리적 의미에 대해 논쟁을 벌이고 있던 1926년에는 하나의 전자를 이용하는 실험이 가능하지 않았다. 따라서 그들의 논쟁은 쉽게 상대방을 설득시킬 수 없었다. 그러나 지금은 하나의 전자를 이용한 실험

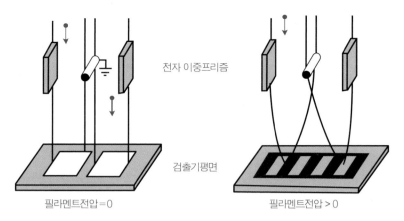

전자 이중프리즘

검출기평면

필라멘트전압＝0

필라멘트전압＞0

토노무라의 실험 장치.

이 가능하기 때문에 두 사람의 해석을 시험해볼 수 있다.

도쿄 대학을 졸업하고 히타치 연구소에서 일하고 있던 도노무라 아키라^{外村彰}Tonomura Akira(1942~2012)는 1970년대에 전자를 이용하여 이중 슬릿 실험을 했다. 이 실험에서 도노무라는 전자 현미경의 전자총으로부터 전자를 하나씩 방출하여 가운데 가는 필라멘트가 설치되어 있는 두 개의 평행판 사이를 지나 스크린에 도달하도록 했다. 전자는 지름이 1㎛ 정도인 필라멘트 양쪽을 지나 스크린에 도달한다. 이 장치는 하나의 전자도 거의 100%의 확률로 감지할 수 있었다. 전자는 5만 V의 전압으로 가속되어 빛의 속도의 40%나 되는 빠른 속도로 스크린을 향해 발사된다. 이런 전자는 1초 동안 지구를 세 바퀴 돌 수 있을 정도로 빠르게 달리기 때문에 전자총에서 발사된 것과 거의 동시에 스크린에 도달한다. 1초에 열 개 정도의 전자가 발사되는 이 장치에서 두 개의 전자가 동시에 스크린의 같은 점에 도달할 가능성은 거의 없다.

필라멘트가 접지되어 있을 때, 다시 말해 전압이 걸려 있지 않을 때는 전자들이 필라멘트 양쪽을 통과해 스크린에 도달한다. 많은 전자들이 통과한 후 스크린에는 밝은 점들이 균일하게 나타나고 가운데는 필라멘트의 그림자가 나타난다. 이것은 필라멘트가 접지되어 있을 때는 간섭현상이 일어나지 않는다는 것을 나타낸다. 그러나 필라멘트에 (+) 전압을 걸어주면 전자의 경로가 휘어져 스크린에 도달한 전자가 필라멘트와 평행판 사이의 어느 쪽을 통과해 스크린에 도달했는지 알 수 없게 된다. 이 경우에도 스크린에 도달한 전자의 수가 적을 때는 전자들이 도달한 점들이 불규칙하게 분포해 아무런 간섭무늬를 관측할 수 없다. 그러나 스크린에 도달한 전자의 수가 3000개를 넘어서면 스크린에 간섭무늬가 보이기 시작한다. 스크린에 도달하는 전자의 수가 증가하면 간섭무늬는 점점 더 뚜렷해져 7만 개보다 많아지면 선명한 간섭무늬를 볼 수 있다. 이것은 전자 하나하나는 입자로 스크린에 도달하지만 전자가 도달할 지점의 확률분포에 의해 간섭무늬가 만들어진다고 설명할 수 있다.

보른이 제안한 파동함수에 대한 확률적인 해석은 많은 실험 결과를 성공적으로 설명할 수 있었다. 따라서 양자물리학은 이제 확률을 바탕으로 하는 역학이

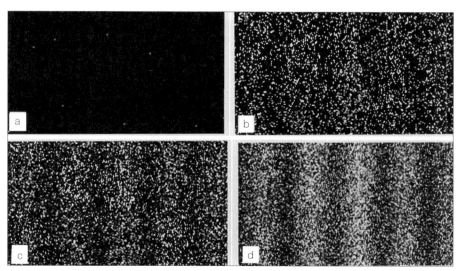

스크린에 도달하는 전자들의 수가 많아지면 간섭무늬가 나타난다.

되었다. 모든 자연법칙은 철저한 인과관계를 나타내야 한다고 생각했던 아인슈타인은 보른의 확률적 해석에 불만을 나타냈다. 그는 자연현상을 확률로 설명하는 것은 아직 자연현상을 기술하는 데 필요한 모든 변수들을 알지 못하기 때문이라고 생각했다. 자연현상을 설명하는 데 필요한 모든 변수가 밝혀지면 확률과 같이 불확실한 것에 의존하지 않고도 원자와 관련된 현상들을 설명할 수 있을 것이라고 주장했다. 아인슈타인의 이런 생각을 숨은 변수 이론이라고 한다. 아인슈타인도 수많은 입자를 다루는 통계물리학과 같은 곳에서 확률을 이용하는 것을 인정하고 있었다. 그러나 그것은 다루어야 하는 입자의 수가 너무 많아 편의상 확률적인 방법을 사용할 뿐이지 자연현상 자체가 확률에 의해 결정된다는 것을 인정한 것은 아니었다.

아인슈타인은 1926년 12월 4일 보른에게 보낸 편지에서 지금까지도 많은 사람들이 인용하는 유명한 말을 남겼다.

> 양자역학은 틀림없이 매우 인상적입니다. 그러나 나의 내부에서 들려오는 목소리는 양자물리학이 아직 실재가 아니라고 이야기하고 있습니다. 양자역학은 많은 것을 이야기하고 있습니다. 그러나 양자역학은 우리를 신의 비밀에 조금도 더 다가갈 수 있도록 하지 못했습니다. 나는 신이 주사위 놀이를 하고 있지 않다고 확신합니다.

광전효과를 설명함으로써 양자물리학의 기초를 다지는 데 중요한 역할을 했던 아인슈타인은 이렇게 해서 양자물리학으로부터 멀어졌고 다시는 양자물리학으로 돌아오지 않았다. 양자물리학의 기초를 확립하는 데 핵심 역할을 했던 아인슈타인과 슈뢰딩거가 양자역학을 받아들이지 않은 것은 역설적인 일이다.

슈뢰딩거방정식의 확률적 해석과 전자구름

입자에 적용되는 퍼텐셜이 알려지면 그 퍼텐셜을 슈뢰딩거방정식에 대입한 후 방정식을 풀어 슈뢰딩거방정식을 만족시키는 파동함수를 구할 수 있다.

$$-\frac{\hbar^2}{2m}\nabla^2\phi + V\phi = E\phi$$

이때 파동함수의 제곱 $|\phi(x,y,z)|^2$은 입자가 (x,y,z)에 존재할 확률, 즉 이 지점에서 발견될 확률을 나타낸다.

$$P(x,y,z) = |\phi(x,y,z)|^2$$

따라서 하나의 입자는 (x_1, y_1, z_1)에 있고 두 번째 입자가 (x_2, y_2, z_2)에 있을 확률은 다음과 같이 쓸 수 있다.

$$P(x_1, y_1, z_1, x_2, y_2, z_2) = |\phi(x_1, y_1, z_1, x_2, y_2, z_2)|^2$$

보어의 원자모형에서는 전자가 특정한 궤도 반지름을 가지고 원자핵을 돌고 있다고 했다. 그러나 이제 더 이상 궤도 반지름 같은 것은 존재하지 않게 되었다. 전자가 원자 내의 어느 지점에 있는지는 알 수 없고, 특정한 위치에서 전자가 발견될 확률만 알 수 있다. 따라서 원자 내 전자의 위치는 궤도가 아니라 확률 구름으로 나타내게 되었다. 확률 구름이라고 부르는 것은 전자가 발견될 확률이 높은 지점을 진하게 칠하고 확률이 작은 부분을 옅게 칠해 나타내면 원자핵을 둘러싼 구름처럼 보이기 때문이다.

슈뢰딩거방정식으로 나타나는 어떤 계의 물리량을 측정했을 때 측정된 물리량의 평균값은 다음과 같다.

$$<f> = \int \phi^* F \phi \, dx$$

이 식에서 F는 고윳값이 f인 연산자다. 슈뢰딩거방정식이 에너지 고윳값이 E_1, E_2, E_3, …인 ϕ_1, ϕ_2, ϕ_3, … 등의 고유함수들을 가지고 있을 때 일반적인 해는 고유함수들의 합으로 나타낼 수 있다.

$$\phi = A_1\phi_1 + A_2\phi_2 + A_3\phi_3 + \cdots$$

이때 계수 A_1, A_2, A_3, …는 초기조건이나 경계조건으로부터 결정할 수 있다. 그렇다면 ϕ로 나타낸 입자는 어떤 에너지를 가지게 될까? 이 계의 평균 에너지는 다음과 같다.

$$<E> = \int \phi^* H \phi dx = |A_1|^2 E_1 + |A_2|^2 E_2 + |A_3|^2 E_3 + \cdots$$

이 계산에는 제4부에서 설명할 고유함수들이 서로 수직하다는 성질이 이용되었다. 이 결과는 입자가 E_1의 에너지를 가질 확률이 $|A_1|^2$, E_2의 에너지를 가질 확률이 $|A_2|^2$, E_3의 에너지를 가질 확률이 $|A_3|^2$이라는 것을 나타낸다.

이런 확률적 해석에 의하면 우리는 측정하지 않을 때는 입자가 어떤 상태에 있는지 알 수 없다. 양자물리학에서는 측정하지 않을 때의 입자는 고유함수들이 나타내는 상태들이 중첩된 상태에 있다고 말한다. 그것이 어떤 상태인지를 설명하는 것은 쉬운 일이 아니다. 우리 상식으로 이해되지 않는 일이기 때문이다. 하지만 그런 상태를 수학적으로 표현하는 것은 가능하다. 그러나 측정을 하면 여러 개의 상태 중 하나의 상태로 결정된다. 이것을 파동함수가 하나의 상태로 축소된다고 말하기도 하고 붕괴된다고 말하기도 한다. 다시 말해 측정이 입자의 양자물리학적 상태를 변화시키는 것이다. 그러나 측정에 의해 한 가지 상태로 축소되었던 파동함수는 시간이 감에 따라 다시 퍼지기 시작한다.

슈뢰딩거방정식의 해와 측정에 대한 이런 설명은 많은 실험 결과를 성공적으로 설명했다. 상식적으로 이해되지 않고, 아인슈타인과 같은 과학계 원로의 강력한 반대에도 불구하고 대부분의 물리학자들이 이런 해석을 받아들이게 된 것은 실험 결과를 성공적으로 설명할 수 있었기 때문이다. 다시 말해 이런 확률적 해석은 원자의 구조와 원자의 상호작용으로 만들어지는 분자의 성질을 성공적으로 설명해냈기 때문이다.

16. 불확정성원리

행렬역학을 완성한 하이젠베르크는 1926년 5월 코펜하겐 대학의 강사와 보어 연구소의 연구원이 되었다. 1927년 하이젠베르크가 양자역학의 기본 원리 중 하나인 불확정성원리를 발전시킨 것은 코펜하겐에서였다.

1927년 2월에 하이젠베르크는 불확정성원리를 처음으로 소개하는 내용이 들어 있는 편지를 파울리에게 보냈다. 이 편지에서 하이젠베르크는 불확정성이라는 말 대신 부정밀성이라는 표현을 사용했다.

하이젠베르크가 불확정성원리를 연구하게 된 것은 앞에서 소개한 아인슈타인과의 대화에서도 등장했던 안개상자에 나타난 전자의 궤적을 설명하기 위해서였다. 안개상자는 전자와 같은 입자들의 궤적을 조사하는 장치다.

드라이아이스를 이용해 온도를 낮춘 상자 안에 알코올을 떨어뜨리면 알코올은 과냉각된 상태가 된다. 과냉각된 상태의 알코올에 전자를 통과시키면 전자에 의해 가해진 충격으로 과냉각 상태에 있던 알코올이 작은 액체 방울을 이루어 전자가 지나간 궤적을 볼 수 있게 된다. 안개상자 안에 전자의 궤적이 나타난다는 것은 슈뢰딩거방정식으로는 설명하기 어려웠다. 슈뢰딩거방정식의 해인 파동함수가 확률 파동이라고 해도 파동이므로 시간이 지남에 따라 퍼져야 한다. 그러나 안개상자 안에서 전자는 퍼지지 않고 직선 궤적을 남긴다. 보어와 하이젠베르크는 안개상자 안에 나타난 전자의 궤적을 설명하기 위해 많은 노력을 했지만 쉽게 답을 얻을 수 없었다.

하이젠베르크는 처음부터 다시 생각해보기로 했다. 그는 안개상자 안에서 전자의 궤도를 보았다고 여긴 것이 잘못된 게 아닐까 하는 생각을 하게 되었다. 안개상자 안에서 본 것은 전자의 궤적이 아니라 전자보다 훨씬 큰 알코올 방울들로 이루어진 전자의 자취이며, 이 알코올 방울들로 이루어진 궤적을 전자 자체의 궤적으로 잘못 본 것인지도 모른다는 생각을 하게 된 것이다. 안개상자 안에서 본 것이 전자의 궤적이 아니라면 전자의 궤적이 어떻게 만들어지는지를 설명할 것이 아니라 전자가 어떻게 알코올 방울로 이루어진 궤적을 만들어내느냐를 설명하면 될 것이었다.

하이젠베르크는 전자를 많은 단순한 파동의 합인 파속$^{\text{wave packet}}$으로 나타낼 수 있다는 것에서 시작했다. 드브로이의 식에 의해 파장이 λ인 파동의 운동량은 $\frac{h}{\lambda}$이다. 따라서 파장이 다른 여러 파동을 합해서 파속을 만든다는 것은 운동량이 다른 여러 파동을 합해서 펄스 파동을 만든다는 것을 의미한다. 그런데 파장이 다른 여러 파동을 합해서 만든 파속도 파동이므로 정확하게 위치를 결정할 수 있는 것이 아니라 어느 정도의 너비가 있다. 이 파속의 너비가 전자 위치의 오차를 나타낸다. 전자의 정확한 위치는 이 너비 안의 어느 지점이 되겠지만 정확히 어느 지점인지는 알 수 없다. 그런데 파장이 다른 더 많은 파동을 합하여 만든 파속은 너비가 좁고, 적은 수의 파동을 합하여 만든 파속은 너비가 넓다. 다시 말해 더 넓은 범위의 운동량을 가지는 파동을 합해 만든 파속의 너비, 즉 위치의 오차는 작고, 반대로 좁은 범위의 운동량을 가지는 파동을 합해서 만

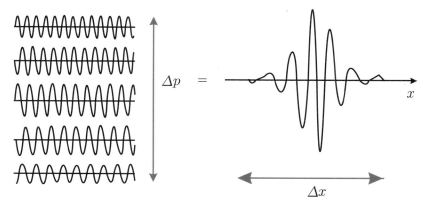

운동량의 오차(Δp)가 작아지면 위치의 오차(Δx)가 커진다.

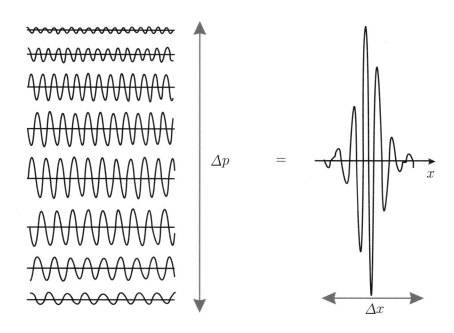

운동량의 오차(Δp)가 커지면 위치의 오차(Δx)가 작아진다.

든 파속의 너비, 즉 위치의 오차는 커진다. 이것은 입자가 파동의 성질을 가지고 있는 한 운동량과 위치를 동시에 정확히 측정하는 데 한계가 있다는 것을 나타낸다.

불확정성원리는 다음과 같은 방법으로도 설명할 수 있다. 전자를 관찰할 수 있는 현미경으로 전자의 위치와 운동량을 측정한다고 가정해보자. 전자를 관측하기 위해서는 전자에 충돌한 빛이 현미경으로 들어와야 한다. 전자의 위치를 정확하게 측정하기 위해서는 파장이 짧은 에너지가 큰 빛을 사용해야 한다. 이런 빛으로는 전자의 위치를 더 정확히 측정할 수 있지만 측정 과정에서 전자의 운동량을 크게 변화시킨다. 반대로 운동량의 변화를 최소로 하여 운동량의 오차를 줄이려면 파장이 긴 빛을 이용해야 하기 때문에 위치의 오차가 커질 수밖에 없다. 따라서 위치와 운동량을 동시에 정확히 측정할 수 없다는 것이다.

하이젠베르크는 위치의 오차와 운동량 오차의 곱은 일정한 값 이상일 수밖에 없다는 것을 수학적으로 증명했다. 이를 식으로 나타내면 다음과 같다.

$$\Delta x \cdot \Delta p \geq h$$

이 식에서 Δx는 위치의 오차를 나타내고, Δp는 운동량의 오차를 나타낸다. 불확정성의 원리 때문에 위치와 운동량을 동시에 정확하게 측정하는 것은 불가능하다.

운동량과 위치의 측정값 사이에 적용되는 불확정성원리는 에너지와 시간의 측정값 사이에도 적용된다. 시간과 에너지 사이의 불확정성원리는 운동량과 위치의 측정값 사이의 불확정성원리로부터 이끌어낼 수 있다.

$$\Delta x \cdot \Delta p = \frac{m\Delta x}{p} \cdot \frac{p\Delta p}{m} \geq h$$

그런데 $p=mv$이고, $\frac{\Delta x}{v}=\Delta t$이며, $E=\frac{p^2}{2m}$으로부터 $\Delta E=\frac{p\Delta p}{m}$이므로 위 식은 다음과 같이 다시 쓸 수 있다.

$$\Delta E \cdot \Delta t \geq h$$

이는 시간과 에너지를 동시에 정확히 측정하는 것이 가능하지 않다는 것을 나타낸다. 모든 물리량은 측정했을 때만 의미를 가진다. 측정값보다 오차가 클 경우 측정이 가능하지 않다. 따라서 불확정성원리는 우리가 측정할 수 있는 한계를 나타내고, 동시에 물리량이 존재할 수 있는 한계를 나타낸다. 물리량이 존재하지 않으면 물리량 사이의 관계를 나타내는 물리법칙도 존재할 수 없다. 따라서 아주 작은 세계에서는 에너지 보존의 법칙과 같은 기본적인 물리법칙도 성립되지 않는다. 시간 간격이 아주 짧은 경우에는 에너지 보존의 법칙이 성립하지 않아 매우 큰 에너지 요동이 발생할 수도 있다. 이것은 블랙홀이나 빅뱅 초기의 상태를 설명하는 데 매우 중요한 원리가 되고 있다.

불확정성원리를 이용하면 안개상자 안에서 관측되는 전자의 궤적도 설명할 수 있다. 안개상자 안에서 전자와의 상호작용으로 Δx 크기의 알코올 안개 입자가 생긴 경우 전자는 안개 입자 크기의 범위 내에 있는 것이 확실하므로 전자의 위치 오차는 Δx이다. 그런데 안개 입자의 크기는 플랑크상수 h보다 훨씬 큰 값이므로 불확정성원리에 의해 운동량의 오차, Δp는 매우 작아진다. 그러나 일단 안개 입자가 만들어지면 파동의 성질에 의해 전자의 파동은 다시 퍼진다. 그러나 전자의 파동이 지나치게 퍼지기 전에 또 다른 안개 입자를 만들면서 파동이 다시 안개 입자 안으로 수축하게 된다. 이처럼 전자가 안개 입자를 만들 때마다 확률 파동이 수축하기 때문에 파동이 크게 퍼지지 않고 안개 입자는 거의 일직선으로 날아가는 것처럼 관측된다는 것이다.

1927년에 하이젠베르크가 불확정성원리를 제안했을 때 아인슈타인과 슈뢰딩거는 이를 받아들이지 않았다. 불확정성원리를 비판하기 위해 아인슈타인은 다음과 같은 사고실험을 제안했다.

멀리서 날아온 입자가 벽에 난 크기가 d인 슬릿을 통과할 경우, 벽을 통과하는 동안 이 입자의 위치 오차는 d보다 클 수 없다. 따라서 불확정성원리에 의하면 운동량의 오차는 약 $\frac{\hbar}{d}$ 이상이어야 한다. 입자가 벽에서 멀리 떨어져 있을 때는 위치의 오차가 커도 되므로 이 입자의 운동량을 원하는 만큼 정확하게 측정할 수 있다. 입자가 벽을 통과하는 동안 벽의 운동량에 변화가 없었다면 이 입자의 운동량은 운동량 보존의 법칙에 의해 이전의 운동량과 같은 값을 가져야 한다. 벽을 통과하는 동안 벽과의 상호작용으로 벽의 운동량에 변화가 발생한다 해도 벽의 운동량 변화를 측정하면 입자의 정확한 운동량을 알 수 있다. 그렇게 되면 벽을 통과하는 입자의 위치와 운동량을 원하는 만큼 정확히 알 수 있게 되어 불확정성의 원리는 더 이상 성립하지 않는다는 것이다.

아인슈타인의 이런 주장에 대해 보어는 입자뿐만 아니라 벽도 양자역학의 지배를 받는다는 점을 지적했다. 따라서 벽의 운동량 변화를 측정하여 입자의 운동량 변화를 측정하려면 입자가 벽을 통과하기 전후의 벽의 운동량을 정확하게 측정할 수 있어야 한다. 그러나 벽의 운동량을 정확히 측정하려면 벽의 위치의 오차가 발생하게 되고 이는 입자의 위치 오차를 증가시키기 때문에 불확정성원리는 이 사고실험에서도 성립해야 한다.

아인슈타인은 시간과 에너지 사이의 불확정성을 비판하기 위해 또 다른 사고실험을 제안했다. 이 사고실험에서는 빛 입자가 들어 있는 상자에 정밀한 시계 장치가 되어 있는 창문이 달려 있다고 가정한다. 창문에 달려 있는 시계 장치를 이용하여 정확한 시각에 창문이 열렸다 닫히고 이때 에너지가 밖으로 나간다고 가정해보자. 창문을 열었다 닫는 시간을 정확히 측정하고 창문을 여닫기 전후의 상자 전체 무게를 측정하면 빛이 상자를 탈출하는 시간과 빛이 가지고 달아

난 에너지의 양을 원하는 만큼 측정할 수 있다는 것이다. 그렇게 되면 시간과 에너지의 양을 동시에 정확히 측정할 수 없다는 불확정성원리는 더 이상 성립하지 않게 된다.

보어는 이 사고실험도 불확정성의 원리 안에서 해결했다. 그는 상자가 가지고 있는 에너지의 양을 정확히 알면 창문을 여닫는 시간이 부정확해질 수밖에 없다는 것을 증명했다. 상자와 상자의 질량을 측정하는 저울은 모두 중력장 안에 있다. 중력장 안에서는 시계의 위치에도 오차가 있을 수밖에 없고, 위치에 따라 중력의 크기가 다르므로 위치의 오차는 일반상대성이론에 의해 시간의 오차를 불러온다는 것이다. 중력이 시간의 흐름에 영향을 준다는 것을 밝혀낸 사람은 아인슈타인이었다.

불확정성관계의 유도

파동함수의 제곱 $|\phi|^2 = \phi^*\phi$ 는 확률을 나타내므로 어떤 물리량의 기댓값, 즉 평균값은 파동함수를 이용해 다음과 같이 구할 수 있다.

$$<f> = \int \phi^* F \phi \, dx$$

A라는 물리량을 측정한 오차는 참값 A와 측정값의 평균값, $<A>$의 차이이므로 오차의 제곱의 평균값은 다음과 같이 나타낼 수 있다.

$$(\Delta A)^2 = <(A - <A>)^2>$$

만약 $A' = A - <A>$라고 놓으면 $(\Delta A)^2$은 다음과 같이 쓸 수 있다.

$$(\Delta A)^2 = \int \phi^* A'^2 \phi \, dx$$

$(\Delta B)^2$에 대해서도 같은 방법을 이용하면 다음과 같은 결과를 얻을 수 있다.

$$(\Delta B)^2 = \int \phi^* B'^2 \phi \, dx$$

따라서 $(\Delta A)^2 (\Delta B)^2$은 다음과 같다.

$$(\Delta A)^2 (\Delta B)^2 = \left(\int \phi^* A'^2 \phi \, dx \right)^2 \left(\int \phi^* B'^2 \phi \, dx \right)^2$$

그런데 $A^2 B^2 \geq (AB)^2$로 나타내지는 슈바르츠의 부등식을 이용하면 $(\Delta A)^2 (\Delta B)^2$은 다음과 같이 쓸 수 있다.

$$(\Delta A)^2 (\Delta B)^2 = \left(\int \phi^* A'^2 \phi \, dx \right)^2 \left(\int \phi^* B'^2 \phi \, dx \right)^2$$

$$\geq \left| \int \phi^* A'B' \phi \, dx \right|^2$$

그런데 복소수가 $z = \alpha + i\beta$인 경우 복소수의 제곱은 $\alpha^2 + \beta^2$이고 허수 부분의 제곱은 β^2이어서 복소수의 제곱은 허수 부분의 제곱보다 크다. 허수 부분은 $\beta = \dfrac{z - z^*}{2i}$이라고 쓸 수 있다. 그리고 에르밋 연산자의 경우에는 다음과 같은 관계식이 성립한다.

$$\int \phi^* AB \phi \, dx = \int A \phi^* B \phi \, dx,$$

$$\left[\int A' \phi^* B' \phi \, dx \right]^* = \int B' \phi^* A' \phi \, dx$$

$$AB - BA = [A, B]$$

이 식들을 이용하여 $A'B'$ 평균값의 허수 부분 제곱을 구해보면 다음과 같다.

$$Im\left(\int A'\phi^* B'\phi dx\right) = \frac{1}{2i}\left[\int A'\phi^* B'\phi dx - \int B'\phi^* A'\phi dx\right]$$

$$= \frac{1}{2i}\left[\int \phi^* A'B'\phi dx - \int \phi^* B'A'\phi dx\right] = \frac{1}{2i}\int \phi^*[A'B']\phi dx$$

그런데 AB는 연산자이므로 교환법칙이 성립하지 않아 BA와 같지 않지만 $<A>$와 $<B>$는 평균값이므로 교환법칙이 성립하기 때문에 $[A', B']$와 $[A, B]$ 사이에는 다음과 같은 관계가 있다.

$$[A', B'] = [A-<A>, B-<B>]$$

$$= (A-<A>)(B-<B>) - (B-<B>)(A-<A>)$$

$$= AB - A<B> - <A>B + <A><B>$$

$$\quad - BA - B<A> - <B>A - <A><B>$$

$$= AB - BA = [A, B]$$

따라서 불확정성관계는 다음과 같이 쓸 수 있다.

$$(\Delta A)^2(\Delta B)^2 \geqq \left(\frac{1}{2i}\int \phi^*[A, B]\phi dx\right)^2 = <\frac{1}{2i}[A, B]>^2$$

두 연산자 사이의 관계가 $[A, B] = 0$인 경우에는 불확정성관계가 성립하지 않는다. 운동량의 위치의 경우에는 $[p_{op}, x] = -i\hbar$ 이므로 다음과 같은 불확정성관계가 존재한다.

$$(\Delta p \Delta x)^2 \geqq \frac{1}{4}<i(-i\hbar)>^2 \qquad \Delta p \Delta x \geqq \frac{1}{2}\hbar$$

17. 제5차 솔베이 회의와 코펜하겐 해석

　벨기에의 화학자 겸 사업가였던 에르네스트 솔베이[Ernest Solvay(1838-1922)]는 1861년 공업적으로 널리 사용되는 탄산나트륨(Na_2CO_3, 소다) 제조법인 솔베이법을 발명하고, 이를 공업적 생산에 이용하여 화학공업 발전에 크게 기여했다. 그는 물리학과 화학 분야의 연구를 촉진하기 위해 물리학과 화학을 위한 국제 솔베이 재단을 설립했다. 솔베이 재단의 후원으로 열리는 솔베이 회의는 세계 최초의 물리학회로, 초청받은 사람들만 참석할 수 있었다. 제1회 솔베이 회의는 1911년 가을에 브뤼셀에서 열렸으며, 덴마크의 물리학자로 제만효과를 설명해 1902년에 노벨 물리학상을 수상한 헨드리크 안톤 로렌츠[Hendrik Antoon Lorentz(1853-1928)]가 회장을 맡았다. 첫 번째 솔베이 회의의 주제는 '방사능과 양자'였다. 아인슈타인은 로렌츠, 마리 퀴리, 푸앵카레 등 제1차 솔베이 회의 참석자 중에서 두 번째로 어렸다. 솔베이 회의는 3년마다 개최되었는데 그중에서 양자물리학의 해석을 놓고 열띤 토론을 벌였던 제5차 솔베이 회의가 가장 유명하다.

　1927년 10월 24일부터 29일까지 '광자와 전자'라는 주제를 가지고 브뤼셀에

제5차 솔베이 회의 참석자들.
(뒷줄) 좌측으로부터 피카르, 앙리오트, 에렌페스트, 헤르젠, 드 동데르, 슈뢰딩거, 버샤펠트, 파울리, 하이젠베르크, 파울러, 브릴루앵,
(가운데 줄) 디바이, 크누센, 브래그, 크라머르스, 디랙, 콤프턴, 드브로이, 보른, 보어,
(앞 줄) 랭뮤어, 플랑크, 퀴리, 로렌츠, 아인슈타인, 랑주뱅, 게이, 윌슨, 리처드슨

서 열린 제5차 솔베이 회의에는 아인슈타인, 플랑크, 슈뢰딩거, 보어, 하이젠베르크, 로렌츠, 파울리, 디바이, 디랙, 마리 퀴리를 비롯한 물리학 연구를 주도하던 물리학자가 참석하여 새롭게 완성된 양자물리학에 대한 열띤 토론을 벌였다. 이 회의에 참석했던 29명의 물리학자 중 17명이 노벨상을 받았다. 제5차 솔베이 회의에서 보어는 양자 도약과 불확정성원리, 상보성원리에 기초를 둔 양자역학을 받아들이도록 설득했다. 보어가 하이젠베르크, 본, 디랙, 파울리, 폰 노이만 등과 함께 1927년에 제안한 양자물리학의 해석을 코펜하겐 해석이라고 한다. 보어가 책임자로 있던 코펜하겐의 이론물리연구소가 새로운 해석의 중심지였기 때문이다.

이론물리연구소

코펜하겐 대학에서 1911년 박사 학위를 받은 보어는 영국으로 건너가 캐번디시 연구소에서 톰슨과 함께 연구하다가 맨체스터 대학으로 옮겨 러더퍼드와 함께 원자의 구조를 연구했다. 1916년에는 덴마크로 다시 돌아온 그는 코펜하겐 대학의 교수가 되었다. 1917년 4월부터 보어는 이론물리연구소 설립을 위한 작업을 시작했다. 그는 덴마크 정부와 맥주 회사인 칼스버그의 지원을 이끌어내고 개인과 회사들로부터 상당한 기금을 모았다. 1918년 11월에 연구소 설립 법안이 통과되었고, 1921년 3월에 연구소가 문을 연 뒤 보어는 초대 연구소장이 되었다. 이렇게 설립된 코펜하겐의 이론물리연구소는 양자역학이 성립되던 1920년대와 1930년대에 세계 이론물리학의 중심지가 되었다. 1993년 1월에 이론물리연구소는 천문관측소, 외르스테드 실험실, 지구물리학 연구소와 통합해 닐스보어 연구소가 되었다.

닐스보어 연구소.

물리학 연구에서 과학자들의 협력이 중요하다고 여긴 보어는 적극적으로 유럽은 물론 세계의 젊은 학자들을 초청했다. 보어는 젊은 연구원들과 함께 연구하며 토론하는 것을 좋아했으며 함께 등산이나 카누 타기 같은 여가 활동을 즐기기도 했다. 이 이론물리연구소에서 연구했던 인물 중 오스트리아 출신 미국 물리학자 빅토르 바이스코프Victor Weisskopf(1908~2002) 12)는 보어가 동료들 가운데 단연 두각을 나타냈으며, 젊은 연구원들과 함께 활동하며 토론했다고 회상했다. 그는 또한 보어가 항상 생기 넘치고 낙관적이며, 익살스럽고 열정적인 사람으로 적극적인 자세로 자연의 가장 깊숙한 수수께끼를 파고들며, 인습의 굴레에서 벗어난 정신의 소유자였다고 설명했다. 이러한 보어의 적극적인 태도는 그대로 코펜하겐 정신이 되었다.

이론물리연구소에는 다양한 나라에서 온 공동 연구자들이 많았다. 그들은 수개월 또는 수년 동안 연구소에 머물면서 거의 아무런 제약 없이 연구에 열중할 수 있었다. 후에 빅뱅 이론을 제안한 러시아의 조지 가모브George Gamow(1904~1968)는 자신의 원고를 모아 편찬한 《즐거운 물리학》13)에 이론물리연구소에서의 보어와의 만남에 대해 자세히 설명해놓았는데 이를 통해 이론물리연구소의 분위기를 생생하게 느낄 수 있다.

가모브는 독일에서의 연구를 끝내고 집으로 돌아가는 길에 이틀 동안 머물 예정으로 코펜하겐에 들려 보어를 찾아갔다. 언제나 젊은 학생들과 이야기하기를 좋아했던 보어를 만나는 것은 어렵지 않았다. 보어는 가모브에게 물리학에서의 관심사가 무엇인지, 그리고 지금 무엇을 하고 있는지 물었다. 가모브의 설명을 듣고 난 그는 즉석에서 "정말 흥미 있는 이야기로군요. (……) 당신 이곳에 1년

12) 빅토르, 바이스코프, 《물리학자가 되는 특권》(수필), New York: W. H. Freeman, 1989.
13) 조지 가모브 저, 로베르트 외르티 엮음, 곽영직 역, 《즐거운 물리학》, 한승, 2006.

머물러주십시오"라고 제안했다.

1928년부터 1929년까지 이론물리연구소에서 연구하게 된 가모브는 연구소의 생활에 대해 다음과 같이 설명했다

> 연구소에서의 연구는 매우 쉽고 간단한 것이었다. 매일 무엇이나 원하는 것을 하면 되었다. 원할 때 연구소에 오고 원할 때 집에 갈 수 있었다.

보어는 연구소에 초대한 사람들에게는 열심히 일하라는 말을 할 필요가 없다는 것을 알고 있었다. 그들 모두 보어처럼 물리학에 대한 열정이 강했으며 아직 알려지지 않은 영역을 탐험하는 선구자들이었다. 하버드 대학을 졸업한 후 영국과 독일에 유학하였다가 미국으로 돌아온 후에는 캘리포니아 대학에 재직하면서 원자폭탄 개발을 주도한 맨해튼 계획의 책임자 로버트 오펜하이머$^{Julius\ Robert\ Oppenheimer(1904~1967)}$는 이론물리연구소의 연구 성과에 대해 다음과 같이 설명했다.

> 그때는 영웅들의 시대였다. 양자물리학은 어떤 한 사람이 이루어낸 성과가 아니었다. 양자물리학은 많은 나라에서 온 다수의 과학자들의 협동 연구에 의해 이루어졌다. 그럼에도 불구하고 처음부터 마지막까지 매우 창조적이고 섬세하며 비판적인 닐스 보어의 정신이 연구를 안내하고, 제한하고, 심화하고, 마침내 변화시켰다.

새로운 양자역학은 수학적 계산 이상의 것을 요구했다. 그것은 물리적 해석을 필요로 했다. 양자역학의 핵심을 이루는 양자역학에 대한 코펜하겐 해석은 보어의 이론물리연구소에서 연구했던 젊은 과학자들과 이 연구소를 방문했던 학자들 사이의 집중적 토론으로부터 도출된 것이다. 이론물리연구소에서 이루어진

토론은 자연에 대한 새로운 수학적 기술을 실험 및 실험 결과들과 어떻게 연결할지에 관한 것이었다.

코펜하겐 해석

이론물리연구소를 중심으로 성립된 코펜하겐 해석은 양자물리학의 핵심적인 내용을 이루고 있다. 따라서 많은 반론과 새로운 해석이 존재함에도 불구하고 코펜하겐 해석은 양자역학 그 자체라고 말할 수 있다. 제5차 솔베이 회의에서 보어가 제안한 코펜하겐 해석의 주요 내용은 다음과 같다.[14]

첫째, 전자와 같은 입자의 상태는 파동함수에 의해 결정된다. 파동함수는 입자의 상태와 운동에 대한 모든 정보를 포함하고 있다. 파동함수의 제곱은 입자가 특정한 위치에서 측정될 확률을 나타내는 확률밀도함수다. 다시 말해 $|\phi(x, y, z)|^2$은 입자가 (x, y, z)에 존재할 확률을 나타낸다. 슈뢰딩거방정식의 해가 $\phi_1, \phi_2, \phi_3, \cdots$ 등이고 이 고유함수에 대응하는 고윳값이 각각 $E_1, E_2, E_3,$ $\cdots$ 일 때 슈뢰딩거방정식의 해 ϕ는 다음과 같이 고유함수들의 선형결합으로 나타낼 수 있다.

$$\phi = A_1\phi_1 + A_2\phi_2 + A_3\phi_3 + \cdots$$

이 파동함수로 나타내지는 입자를 측정했을 때 고윳값 $E_1, E_2, E_3, \cdots$ 이 측정될 확률은 각각 $|A_1|^2, |A_2|^2, |A_3|^2, \cdots$이다.

---

14) Amit Goswami, 《Quantum Mechanics》, WCB, 1992.

둘째, 모든 물리량은 관측이 가능할 때만 의미를 가진다. 물리적 대상이 가지는 물리량은 관측과 관계없는 절대적인 값이 아니라 관측 작용의 영향을 받는 값이다. 다시 말해 물리량과 측정 작용은 분리할 수 없다. 우리는 양자 세계와는 다른 큰 세계에서 살아온 경험을 통해 물리량은 측정하든 측정하지 않든 어떤 일정한 값을 가진다고 생각하고 있다. 그러나 양자 세계에서는 측정 작용이 측정 결과에 영향을 준다.

셋째, 입자는 양자역학적으로 가능한 여러 상태가 중첩된 상태에 있지만 측정을 하면 그중 하나의 상태로 확정된다. 예를 들어 어떤 입자의 퍼텐셜을 대입하여 구한 슈뢰딩거방정식의 해가 ϵ_1의 에너지를 가지는 Ψ_1 상태와 ϵ_2의 에너지를 가지는 Ψ_2의 상태가 있을 때 이 입자는 두 상태가 중첩된 $\Psi = a\Psi_1 + b\Psi_2$ 상태에 있다. 그러나 이 입자가 실제로 어떤 상태에 있는지를 알아보기 위한 측정을 하면 입자의 상태는 두 상태가 중첩된 상태에서 하나의 상태로 확정된다. 다시 말해 측정하는 순간 확률은 붕괴하여 특정한 한 상태가 된다. 측정하지 않을 때는 가능한 여러 가지 상태가 중첩된 상태로 존재하지만 측정을 하면 그중 한 상태로 확정된다. 어떤 상태로 붕괴할 확률이 얼마인지는 계산이 가능하다.

셋째, 서로 교환 가능하지 않은 연산자의 고윳값으로 나타나는 물리량들은 하이젠베르크가 제안한 불확정성원리에 따라 동시에 정확하게 측정하는 것이 불가능하다. 위치와 운동량, 시간과 에너지처럼 서로 연관되어 있는 물리량을 동시에 정확히 측정하는 것은 불가능하다는 불확정성원리는 자연물이 가지고 있는 파동의 성질 때문에 나타나는 것으로 측정 기술이나 감각적 오류에 기인한 것이 아니다. 오차보다 작은 물리량은 의미가 없으므로 불확정성원리는 물리량이 의미를 가지는 한계가 존재하고 이 한계보다 작은 세계에서는 물리량도 없고 따라서 물리법칙도 성립되지 않는다.

넷째, 빛이나 전자와 같은 양자역학적 대상물들은 입자의 성질과 파동의 성질을 상보적으로 가진다. 입자의 성질과 파동의 성질이 상보적이라는 것은 동시에 두 가지 성질이 관측되지 않는다는 것을 뜻한다. 빛이 파동과 입자의 상보성을 가진다는 것은 빛이 입자로 기술되기도 하고 파동으로 기술될 수도 있지만 동시에 파동의 성질과 입자의 성질을 관측할 수는 없다는 뜻이다. 빛이 간섭무늬를 만들어낼 때는 빛이 파동으로 행동하지만 광전효과를 일으킬 때는 입자로 행동한다. 따라서 빛이나 전자가 입자와 파동의 이중성을 가진다는 것은 동시에 두 가지 성질이 나타난다는 뜻이 아니라 어떤 때는 입자로 작용하고 어떤 때는 파동으로 작용한다는 뜻이다. 이것은 관측 결과가 관측 작용의 영향을 받는다는 것과도 관계가 있다. 입자의 성질을 알아보기 위한 실험(광전효과)을 하면 입자의 성질이 나타나고, 파동의 성질을 알아보기 위한 실험(간섭 실험)을 하면 파동의 성질이 나타난다.

다섯째, 양자 도약이 가능하다. 양자역학적으로 허용된 상태들은 불연속적인 특정한 물리량만 가질 수 있다. 따라서 한 상태에서 다른 상태로 변하기 위해서는 한 상태에서 사라지는 동시에 다른 상태에서 나타나야 한다. 예를 들면 어떤 입자의 양자역학적으로 가능한 에너지가 100과 200이라고 가정하자. 이 입자의 에너지가 100인 상태에서 200인 상태로 변하는 경우 고전 역학에 의하면, 에너지는 연속적인 양이므로 100에서 조금씩 증가하여 200에 도달해야 한다. 그러나 양자역학에 의하면, 이 입자는 100의 에너지 상태에서 중간값을 거치지 않고 200의 에너지 상태로 건너뛰어야 한다. 이렇게 어떤 물리량이 불연속적인 간격을 건너뛰는 것이 양자 도약이다.

여섯째, 양자역학의 극한은 고전 역학이다. 고전 역학과 양자역학은 서로 아무 관계가 없는 역학이 아니라 양자역학에서 특정한 조건을 만족시키는 경우가 고전 역학이다. 다시 말해 고전 역학은 양자역학에 포함된다. 이것을 대응원리라고 한다.

다윗과 골리앗

코펜하겐 해석의 내용은 이미 이탈리아의 코모에서 열렸던 볼타 서거 100주년 기념 강연에서도 발표되었던 터라 솔베이 회의에 참석했던 물리학자들은 대부분 이미 그 내용을 알고 있었다. 따라서 이 회의는 양자역학에 대한 코펜하겐 해석의 성공을 확인하고 축하하는 회의가 될 것으로 예상했다.

그러나 보어의 발표가 끝나자 아인슈타인은 보어의 해석을 조목조목 날카롭게 반박했다. 아인슈타인의 예상치 못한 반격으로 회의는 축제에서 토론으로 바뀌었다. 아인슈타인은 자연현상은 확률적인 방법에 의해서가 아니라 엄격한 인과법칙으로 설명되어야 한다고 주장했다. 회의에 참석했던 각국의 과학자들은 아인슈타인의 반박에 자국어로 시끄러운 논쟁을 벌여 어수선해졌다. 회의를 주관했던 로렌츠Hendrik Antoon Lorentz(1853~1928)가 질서를 회복하려 했지만 헛수고였다.

아인슈타인과 보어의 오랜 친구였으며 오스트리아 출신으로 네덜란드의 레이던 대학 교수였던 파울 에렌페스트Paul Ehrenfest(1880~1933)가 칠판 앞으로 걸어가 구약성서의 한 구절을 칠판에 크게 썼다.

신께서 지구 상의 모든 언어를 다르게 하셨다.

과학자들은 이것을 보고 크게 웃었다.[15] 그 후 솔베이 회의는 아인슈타인이라

---

15) 폴 핼펀 저, 곽영직 역, 《그레이트 비욘드》, 지호, 2006.

는 골리앗과 보어라는 다윗의 싸움터가 되었다. 아인슈타인은 보어의 해석이 왜 완전하지 못한가에 대한 여러 가지 예를 들어 보였고 보어는 그것들을 하나하나 반박해나갔다. 토론은 보통 아침 식사 시간에 아인슈타인이 코펜하겐 해석에 분명히 반대된다고 생각하는 사고실험을 제안함으로써 시작되었다. 회의에 참석한 물리학자들은 아인슈타인의 새로운 사고실험을 검토하기 시작했고, 하루 종일 그 문제에 대해 토론했다. 그리고 저녁 식사 시간에는 보어가 아인슈타인이 새롭게 제안한 사고실험으로도 코펜하겐 해석을 반박할 수 없다는 것을 증명하곤 했다.

다음 날 아침이면 아인슈타인은 코펜하겐 해석을 무너뜨리기 위한 더 복잡한 사고실험을 제안했다. 하지만 그의 시도는 번번이 실패했다. 비슷한 논쟁이 며칠 동안 이어지자 에렌페스트는 아인슈타인에게 다음과 같이 말했다.

> 당신은 당신의 적들이 상대성이론에 대해서 반대했던 것과 똑같은 방법으로 새로운 양자 이론에 반대하고 있습니다.

그러나 아인슈타인은 오랜 친구였던 그의 친절한 충고마저도 들으려 하지 않았다. 아인슈타인은 물리학계의 존경받는 지도자로 솔베이 회의에 도착했다가 외로운 사람으로 회의장을 떠났다. 그는 상대성이론을 비롯한 초기 연구로 존경받았지만 솔베이 회의를 기점으로 구시대의 인물로 여겨지기 시작했다. 그러나 아인슈타인은 끝까지 양자물리학을 받아들이지 않았다. 보어는 후에 아인슈타인과의 토론 내용을 모아 〈원자물리학에서의 인식론적 문제에 대한 아인슈타인과의 토론〉이라는 제목으로 출판했다.

아인슈타인과 보어는 오랫동안 많은 토론을 하며 서로를 존경하던 사이였다. 아인슈타인과 보어가 처음 만난 것은 두 사람 모두와 친했던 폴 에렌페스트[Paul]

Ehrenfest(1880~1933)의 소개에 의해서였다. 두 사람은 보어가 베를린에서 원자 이론 강의를 하던 1920년에 처음 만났다. 보어가 덴마크로 돌아간 후 아인슈타인은 그에게 '내 인생에서 당신처럼 같이 있는 것만으로 즐거움을 준 사람은 없었습니다. 나는 이제 에렌페스트가 당신을 왜 그렇게 좋아하는지 이해할 수 있게 되었습니다'라는 내용의 편지를 보냈고, 보어는 '당신을 만나고 당신과 대화를 나눌 수 있었던 것은 내게 가장 큰 경험 중 하나였습니다'라는 답장을 보냈다.[16]

아인슈타인은 1921년에 노벨상을 받았고, 보어는 1922년에 노벨상을 받았다. 그러나 아인슈타인은 동양을 여행 중이었기 때문에 실제로 노벨상을 받은 것은 1923년이었다. 아인슈타인은 일본으로 향하는 배에서 보어의 노벨상 수상 소식을 듣고 축하 편지를 보냈다.

친애하는 보어 씨!

내가 일본을 떠나기 직전에 당신의 친절한 편지를 받았습니다. 절대로 과장 없이 이야기합니다만 당신의 편지는 노벨상만큼 큰 기쁨을 주었습니다. 당신이 나보다 먼저 노벨상을 받는 것을 걱정했다는 이야기가 재미있었습니다. 원자에 대한 당신의 새로운 연구 소식은 여행 도중에도 계속 듣고 있었으며 당신의 지적 능력에 대해 더 큰 존경을 하게 되었습니다. 나는 내가 이제 전기와 중력의 관계를 이해하기 시작했다고 믿습니다. (……)

여행은 아주 좋았습니다. 나는 일본과 일본 사람이 좋아졌습니다. 당신도 그럴 것이라고 믿습니다. 더구나 배를 타고 하는 이런 여행은 몽상가에는 아주 즐거운 경험입니다. 마치 은둔 생활을 하는 것 같습니다. 여기에 적도 지방의 부드러운 온기가 즐거움을 더해줍니다. 하늘로부터 추적추적 내리는 따스한 빗

---

16) 폴 핼펀 저, 곽영직 역, 《그레이트 비욘드》, 지호, 2006.

물은 평화를 만들어내고 반쯤 의식이 있는 식물과 같은 상태를 만들어줍니다. 이 짧은 편지는 그것을 잘 말해줄 것입니다.

다시 한 번 안부를 전합니다. 곧 스톡홀름에서 다시 만나게 되기를 바랍니다.

당신을 존경하는 A. 아인슈타인[17]

1923년 7월 아인슈타인은 스웨덴으로 가서 광전효과에 대한 연구를 인정해 수여한 노벨상을 받았다. 수상 연설을 마친 아인슈타인은 배를 타고 코펜하겐으로 갔다. 그것이 아인슈타인의 첫 번째 덴마크 여행이었다. 보어가 항구로 마중을 나왔다. 그들은 전차를 타고 보어의 집으로 가면서 토론을 시작했다. 광양자에 대해 다른 견해를 가지고 있었던 그들은 토론에 열중하느라 내려야 할 정거장을 한참 지나치고 말았다. 그들은 되돌아가는 전차를 탔지만 여전히 토론에 열중해 있다가 정거장을 또 지나쳤다. 거의 출발했던 곳 가까이 와서야 그들은 그것을 알아차렸다. 두 사람은 서로의 생각은 다르지만 같이 토론할 수 있는 동료로 생각하고 있었다. 그 후에도 두 사람은 에렌페스트의 초청으로 자주 만나 대화할 기회를 가졌다.

그러나 두 사람 사이에는 양자역학에 대한 해석을 두고 건널 수 없는 강이 만들어지고 있었다. 아인슈타인이 나치를 피해 미국 프린스턴에 있던 고등학술연구소에 정착한 후인 1939년에 보어가 여러 달 동안 프린스턴을 방문했다. 이때 그들은 가벼운 농담을 교환했을 뿐, 격렬한 논쟁을 벌이지도 않았고 재회를 감격해하지도 않았다. 그들은 자신들의 생각에 깊이 빠져 있어 상대방을 의식하지 않았다. 아인슈타인은 통일장이론에 몰두해 있어 다른 것에 대해서는 거의 이야기하지 않았다.

---

17) 조이 해킴 저, 곽영직 역, 《과학사 이야기》, 꼬마이실, 2010.

1925년 12월 레이던 대학의 에렌페스트 집에서 대화를 나누고 있는 아인슈타인과 보어.

아인슈타인은 보어가 머무는 동안 통일장에 대해 한 번 강의했고 보어도 이 강의에 참석했지만 별다른 관심을 보이지 않았다. 강의가 끝날 때쯤 아인슈타인은 보어에게 통일장이론이 양자 법칙을 이끌어낼 수 있기를 바란다고 말했지만 보어는 아무 말도 하지 않았다.[18]

아인슈타인과 마찬가지로 슈뢰딩거 역시 양자역학에 대한 코펜하겐 해석에 비판적이었다. 슈뢰딩거는 관측 작용이 대상물의 물리량에 영향을 미친다는 코펜하겐 해석에 불만을 가졌고, 직관적으로 이해할 수 없는 양자 도약에 대해서도 비판적이었다. 새롭게 완성된 양자역학에 대해 당대의 최고 물리학자들마저 비판적이었던 것은 양자역학에 대한 코펜하겐 해석이 일상적인 경험을 바탕으로 해서는 이해하기 힘든 내용이기 때문이었다. 어떤 물리학자는 "양자물리학은 이상하다. 양자물리학이 이상하다고 생각하지 않는 사람은 양자물리학을 모르는 사람이다"라고 말하기도 했다.

상식적으로 이해하기 힘든 코펜하겐 해석이 많은 사람들에게 받아들여진 것은 이상함에도 불구하고 실험 결과를 잘 설명할 수 있었기 때문이었다. 양자물리학이 이상하다고 생각했던 사람들은 자연법칙은 우리가 합리적으로 이해할

---

18) 폴 햄펀 저, 곽영직 역,《그레이트 비욘드》, 지호, 2006.

수 있는 것이어야 한다고 생각한 사람들이었고, 이상함에도 불구하고 그것을 받아들인 사람들은 합리성보다는 실험 결과를 설명하는 것을 더 중요하게 생각한 사람들이었다.

상보성원리의 폭넓은 해석

양자물리학의 중심이 되는 코펜하겐 해석은 코펜하겐의 이론물리연구소에서 골격이 잡혔다. 코펜하겐 해석은 보어 개인의 과학적 업적이 아니라 이론물리연구소를 중심으로 활동했던 많은 과학자들이 만들어낸 합작품이었다. 보어는 두 가지 원리를 제안함으로써 양자물리학 혁명을 성공적으로 이끄는 데 기여했다. 그중 하나가 1927년 '양자 이론의 철학적 기초'라는 제목의 강의를 통해 최초로 제안한 상보성원리complementarity principle였다.

상보성원리란 원자를 구성하는 양성자나 전자와 같은 입자는 파동과 입자와 같이 전혀 다른 두 가지 성질을 가지지만 원자를 구성하는 입자들과 관계된 현상을 완전히 기술해내는 데에는 두 가지 성질 모두 필요하다는 것이었다. 빛은 간섭이나 회절과 같은 실험에서는 파동의 성질을 보여주고, 광전효과 실험에서는 입자의 성질을 나타낸다. 그러나 한 가지 실험에서 두 가지 성질이 동시에 나타나지는 않는다. 전자나 양성자와 같은 입자들도 같은 성질을 가진다는 것이 확인되었다. 보어는 빛이나 입자들이 가지는 이러한 이중성을 상보성원리로 정리했다.

코펜하겐 해석에 의하면 원자를 구성하는 입자들과 관계된 물리량은 그러한 물리량을 측정하는 측정 과정과의 상호작용에 의해 결정된다. 이러한 해석은 어떤 대상의 물리량은 측정과는 관계없이 객관적인 양으로 존재한다는 기존의 생각과는 다른 생각이었다. 양자물리학에서는 측정 과정과 분리된 물리량은 아무런 의미를 가질 수 없을 정도로 측정 과정 자체가 중요한 의미를 가지게 된 것이다. 보어의 초기 업적을 사고 영역에서 이루어낸 최고의 업적이라고 크게 칭찬했던 아인슈타인은 양자역학이 원자적 현상을 이해하기 위해서 꼭 필요한 새로운 물리학이라는 보어의 주장은 받아들이지 않았다. 아인슈타인은 대상의 물리적인 상태는 측정과는 관계없이 객관적으로 존재한다고 주장했다.

아인슈타인의 그런 생각은 슈뢰딩거가 아인슈타인과 함께 오랫동안 의논한 끝에 제안한 사고실험인 '슈뢰딩거의 고양이'에 가장 잘 나타나 있다. 슈뢰딩거의 고양이에 대해서는 다음 이야기에서 자세히 다룰 예정이다. 보어는 아인슈타인과 벌였던 토론들을 설명하면서 아인슈타인의 도전적 반대가 보어 자신의 생각을 발전시키는 데 중요한 역할을 했음을 강조했다. 네덜란드 출신으로 미국에서 활동했던 물리학자 겸 과학사학자로 아인슈타인의 전기를 썼던 아브라함 파이스^{Abraham Pais(1918~2000)}는 보어와 아인슈타인의 논쟁을 다음과 같이 평가했다.

> 아인슈타인은 보어의 영원한 정신적인 논쟁 상대였던 것으로 보인다. 심지어 아인슈타인이 죽은 후에도 보어는 마치 아인슈타인이 여전히 살아 있는 것처럼 그와 논쟁하곤 했다.

상보성원리의 철학적 의미에 흥미를 느낀 보어는 이 원리를 좀 더 일반적인 경우에도 적용시켰고, 이런 일반화는 많은 논란을 불러왔다. 보어는, 생명체는 하나의 개체로서의 생명체와 분자의 집합체로서의 생명체로 볼 수 있지만, 개체로서의 생명체와 분자의 집합체로서의 생명체는 같은 실험으로 동시에 다룰 수 없다고 주장했다. 생명체 안에 있는 모든 세포의 위치를 정확히 측정하려 한다면 생명체는 죽어버려서 개체로서의 생명체는 더 이상 존재하지 않는다는 것이다. 그는 또한 윤리학의 정의와 자비 사이, 심리학의 사고와 감정 사이, 문학의 형식과 내용 사이, 과학 이론의 틀과 내용 사이에도 상보성을 적용했다.

미국의 물리학자 프리먼 존 다이슨^{Freeman John Dyson(1923~)}은 《그들은 어디 있는가?》[19]에서 보어가 주장한 넓은 의미의 상보성을 과학과 신학 사이에도 적용하려고 시도했다.

> 신학과 과학은 인간의 경험을 전체적으로 설명하기에는 너무 좁다. 신학은 미분방정식을 포함하지 못하며 과학은 신성함을 포함하지 못한다. 우주를 종교적인 경험을 통해 파악하면 정량적인 것은 아무것도 없게 되고, 과학적 경험을 이용하여 파악하면 신성한 것은 아무것도 남지 않게 된다. 신학과 과학에 상보성을 적용할 수 있는 것은 인간의 종교적인 면과 과학적인 면을 동시에 관측하는 것이 불가능하기 때문이다. 따라서 인간과 우주를 제대로 이해하기 위해서는 신학과 과학의 상보성을 인정해야 한다.

양자물리학에서의 상보성원리와 일반화시킨 상보성 이론을 같은 맥락에서 설명하기는 어렵다. 양자물리학에서의 상보성원리는 원자를 구성하는 전자나 양성자 같은 입자가 가지는 물리적 성질을 설명하는 실험 결과와 부합하는 가장 합리적인 원리라고 할 수 있지만 일반적인 경우에 적용된 상보성은 대립되는 면을 가지는 여러 가지 사실을 상보성원리에 억지로 꿰어 맞춘 느낌이 있기 때문이다. 하지만 이런 억지스러워 보이는 상보성원리의 일반화는 양자물리학에서의 상보성원리를 이해하는 데 도움이 되기도 한다.

---

19) 프리먼 다이슨 저, 곽영직 역, 《그들은 어디에 있는가?》, 이파르, 2006.

18. 광자 재판과
슈뢰딩거의 고양이
그리고 EPR 역설

광자 재판

오래전에 일본의 도모나가 신이치로가 쓴 《양자역학적 세계상》[20]을 읽은 적이 있다. 이 작은 책 속에 포함되어 있던 광자 재판 이야기는 오랫동안 머릿속을 맴돌았다. 광자 재판은 앞에서 이야기한 이중 슬릿에 의한 간섭을 재판 형식을 빌려 양자역학적으로 설명한 이야기다. 아직 양자물리학을 공부하지 않았던 당시에는 잘 이해할 수 없었지만 양자물리학을 배우고 나면 쉽게 이해할 수 있을 것이라고 생각했다. 그러나 양자물리학을 배우고 양자물리학을 수년 동안 학생들에게 가르치고 난 지금도 나는 이 이야기의 의미를 곱씹어보고 있다. 이 이야기에는 아직 내가 깨닫지 못한 또 다른 의미가 포함되어 있는 것이 아닌가 하는 생각이 들기 때문이다.

이 책의 저자인 도모나가 신이치로는 도쿄 대학 교수를 지낸 사람으로, 1947

---

20) 도모나가 신이치로 저, 권용하 역, 《양자역학적 세계상》, 전파과학사, 1994.

년에 전자기학을 양자역학적으로 설명한 양자전자기학 이론을 제안하여 줄리언 시모어 슈윙거Julian Seymour Schwinger(1918~1994), 리처드 필립스 파인먼Richard Phillips Feynman(1918~1988)과 함께 1965년 노벨 물리학상을 받았다. 도모나가는 중간자의 존재를 예측하여 1949년 노벨 물리학상을 받은 유가와 히데키湯川秀樹(1907~1981)에 이어 일본에서 두 번째로 노벨상을 받은 사람이다. 그는 후에 물리학을 쉽게 설명하는 《양자역학》 1 · 2, 《양자역학적 세계상》, 《거울 속의 물리학》, 《스핀은 돈다》, 《정원으로 날아든 새》 등 여러 권의 책을 써 일반인들에게 양자물리학을 이해시키기 위해 노력했다.

광자 재판에서 재판을 받는 범인은 빛 알갱이인 광자였다. 광자는 범행을 저지르기 전에 방 밖에 있었다. 그런데 창문 두 개가 있는 방 안의 창문 반대편 벽에서 체포되었다. 재판의 핵심은 범인인 광자가 두 창문 중 어느 창문을 통해 방으로 침입했는가 하는 것이었다. 검사는 광자에게 두 창문 중 어느 창문을 통해 방으로 침입했는지 물었다. 광자는 두 창문을 모두 통과했다고 주장했다. 검사는 광자의 말도 안 되는 주장에 분개했지만 변호사는 그것이 어떻게 가능한지를 설명하려고 노력했다.

변호사의 변론 요지는 다음과 같다. 광자가 어느 한 곳에서 관측되는 순간 다른 곳에서도 동시에 관측된 일이 없는 것으로 보아 광자가 동시에 두 장소에 있을 수 없다는 것은 확실하다. 따라서 광자가 창문을 통과하는 것을 감시하기 위한 관측 장치를 설치하면 광자는 두 창문 중 하나만을 통과하여 방으로 침입해야 한다. 그러나 아무런 감시 장치가 없는 경우에는 우리는 광자가 두 창문 중 어느 창문을 통과했는지 알 수 없을 뿐만 아니라 두 창문 중 어느 하나만을 통과했는지 아니면 두 창문을 동시에 통과했는지도 알 수 없다. 관측하는 동안 두 창문 중 하나만을 통과한다는 사실만으로 관측하지 않는 동안에도 두 창문 중 하나만을 통과할 것이라고 생각하는 것은 논리의 비약이다.

그렇게 주장할 수 있는 근거는 두 창문에 감시 장치를 달아 두 창문 중 하나만 통과하도록 했을 때 반대편 벽에 나타난 결과와 관측하지 않은 채로 창문을 통과시켰을 때 반대편 벽에 나타난 결과가 서로 다르기 때문이다. 두 창문에 관측 장치를 달아두거나 경찰을 배치해 두 창문 중 하나만 통과하도록 한 실험 결과는 처음에는 두 창문 중 우측 창문만 열어놓은 채 실험을 하고, 다음에는 좌측 창문을 열어놓고 실험한 후 두 결과를 더한 결과와 같다. 두 경우에는 모두 광자가 어느 한쪽 창문만 통과할 수 있기 때문이다. 그러나 아무런 감시를 하지 않으면 전혀 다른 결과가 나온다. 따라서 관측하지 않는 경우에는 두 개로 나누어질 수 없는 하나의 광자가 두 창문을 동시에 통과하는 불가사의한 일이 가능하다는 것을 인정해야 한다는 것이다.

도모나가가 광자 재판을 통해 설명하려는 것은 물리량과 관측의 관계이다. 양자물리학에 대한 코펜하겐 해석의 핵심 내용 중 하나가 측정 행위와 측정된 물리량 사이에는 불가분의 관계가 있다는 것이다. 물리량은 객관적으로 존재하는 양이어서 측정 행위나 측정 방법에 따라 달라지지 않는 양이라는 것이 고전 역학에서의 생각이었다. 고전 물리학에서는 만약 측정된 물리량이 측정 방법에 따라 달라진다면 그것은 측정 방법이 잘못됐기 때문이라고 생각했다. 그러나 보어는 측정하는 대상의 물리량과 측정하는 동안 측정 행위와 대상 사이의 상호작용을 명확하게 구별할 방법이 없다고 주장했다.

이것을 다시 한 번 설명하면 측정된 물리량이 어디까지가 대상물의 물리적 성질에 기인한 것이고, 어디에서부터가 대상물과 측정 행위 사이의 상호작용의 결과인지를 구별하는 것이 불가능하다는 것이다. 다시 말해 측정 행위가 물리량에 영향을 미친다는 것이다. 그것은 측정된 물리량에 영향을 주지 않는 측정 방법은 존재하지 않음을 의미한다.

광자가 어느 창문을 통해 방으로 침입했는지를 알아내기 위해 창문에 감시 장치를 설치하거나 경찰을 배치하는 것은 광자의 행동에 영향을 주어 다른 결과를 나타내게 하므로 그런 실험을 통해 얻은 결과로는 관측하지 않는 동안 광자가 어느 창문을 통과했는지 알 수 없다는 것이다. 관측 행위가 항상 관측된 물리량에 영향을 준다면 관측하지 않는 동안에 어떤 물리량을 가지고 어떻게 행동하는지를 알 수 있는 방법이 과연 있을까?

실험 자체가 광자의 행동에 영향을 미치기 때문에 직접적인 실험을 통해서는 광자가 어떻게 창문을 통과하는지 알 수 있는 방법이 없다. 그러나 과학자들은 이론적 분석을 통해 광자가 두 창문을 동시에 통과할 경우, 반대편 벽에 어떤 흔적을 남길는지를 계산할 수 있다. 그리고 계산 결과가 실제 실험 결과와 같다면 우리는 광자가 관측하지 않는 동안에는 두 창문을 동시에 통과했다는 결론을 내릴 수밖에 없다.

하나의 광자가 동시에 두 창문을 통과하는 이상한 상태는 광자가 어떤 창문을 통과하는지 알아보기 위한 실험을 하는 즉시 사라진다. 측정하지 않는 동안의 광자의 상태는 두 창문을 통과하는 두 상태의 중첩으로 표현된다. 그러나 측정하는 순간 두 상태의 중첩에서 하나의 상태로 고정된다는 것이다. 다시 말해 두 창문을 통과하던 광자가 측정에 영향을 받아 하나의 창문만을 통과하는 상태로 변하게 된다는 것이다. 이것은 우리의 일상 경험으로는 이해할 수 없는 이야기다. 그러나 코펜하겐 해석을 옹호하는 사람들은 우리의 경험과 일치하지 않는다는 것이 그런 결론이 틀렸다는 증거가 될 수 없다고 주장한다.

도모나가는 1937부터 1939년까지 보어의 이론물리연구소에서 함께 연구했던 보어 그룹의 일원이었고, 코펜하겐 해석의 중요한 부분인 불확정성의 원리를 제안한 하이젠베르크와 함께 괴팅겐에서도 연구했다. 따라서 광자 재판은 도모나가가 코펜하겐 해석을 옹호하기 위해 만들어낸 이야기다. 그러나 물리량은 객관적인 양이 아니라 측정 행위와의 상호작용의 결과여서 측정 작용과 분리된 물리량은 존재할 수 없다는 코펜하겐의 해석을 받아들이지 않았던 슈뢰딩거와 아인슈타인은 오랫동안 의견을 나눈 후 1935년에 슈뢰딩거의 고양이의 역설이라는 사고실험을 제안했다. 같은 해에 아인슈타인은 보리스 포돌스키[Boris Podolsky(1896~1966)], 네이선 로젠[Nathan Rosen(1909~1995)]과 함께 양자역학에 코펜하겐 해석이 완전하지 않다는 EPR 역설을 제안하기도 했다.

도모나가의 광자 재판이 코펜하겐 해석을 옹호하기 위한 사고실험이라면, 슈뢰딩거의 고양이는 코펜하겐 해석이 옳지 않다는 증거를 제시하기 위한 사고실험이라고 할 수 있다. 어떤 문제에 대해 정확한 정황을 파악하기 위해서는 변론과 반론을 모두 들어보아야 한다. 따라서 물리량과 측정 사이의 관계를 제대로 이해하기 위해서는 슈뢰딩거가 제안한 고양이 실험을 통한 반론을 들어보지 않을 수 없다.

슈뢰딩거의 고양이

슈뢰딩거의 이름으로 제안된 이 사고실험은 슈뢰딩거의 고양이라는 이름으로 널리 알려지게 되었다. 슈뢰딩거는 1935년에 독일에서 발간된 《자연과학》이라는 잡지에 다음과 같은 내용이 포함된 글을 실었다.

다음과 같이 우스꽝스러운 경우를 생각해보자. 고양이 한 마리가 철로 만들어진 상자 안에 갇혀 있다. 이 상자 안에는 방사선을 검출할 수 있는 가이거 계수기와 미량의 방사성원소가 들어 있다. 방사성원소의 양은 아주 적어서 한 시간 동안에 한 개의 원자가 붕괴할 확률과 한 개도 붕괴하지 않을 확률이 각각 50% 이다. 만약 방사성원소가 붕괴하면 가이거 계수기는 방사선을 검출하게 되고, 그렇게 되면 스위치가 작동되어 망치가 시안화수소산이 들어 있는 병을 깨뜨

려서 고양이에게
치명적인 시안화
수소산이 흘러나
오게 된다. 이 상
자를 한 시간 동안
방치해둔 후에 고
양이의 상태에 대

슈뢰딩거의 고양이.

해서 어떤 이야기를 할 수 있을까? 양자물리학에서는 고양이의 상태를 나타내
는 파동함수는 살아 있는 상태를 나타내는 파동함수와 죽어 있는 고양이를 나
타내는 파동함수의 중첩으로 나타낸다. 다시 말해 고양이는 죽어 있는 상태와
살아 있는 상태가 혼합된 상태에 있다는 것이다. 그러나 상자를 열어 고양이의
상태를 확인하는 순간 고양이는 살아 있는 상태나 죽어 있는 상태 중 한 상태
로 확정된다는 것이다. 관측하기 전까지는 고양이가 살아 있는 상태와 죽어 있
는 상태가 중첩된 상태에 있었다는 것을 받아들일 수가 있을까? (……) 이 사고
실험은 실재를 나타내는 '흐릿한 모델'을 순진하게 사실로 받아들이지 않도록
한다. 흔들려서 초점이 맞지 않는 사진과 구름과 안개로 뒤덮인 강둑을 찍은
사진은 다른 것이다.

　이 사고실험의 목적은 코펜하겐 해석이 명백한 모순을 가지고 있다는 것을 보
여주기 위한 것이었다. 고양이가 특정한 상태에 존재하기 위해서 외부의 관측자
가 필요하다는 것을 어떻게 받아들일 수 있단 말인가? 아인슈타인은 양자 이론
의 모순을 부각시킨 이 사고실험을 매우 만족해했다. 한참 후인 1950년에 슈뢰
딩거에게 쓴 편지에서 아인슈타인은 다음과 같이 말했다.

라우에를 제외한다면 당신은 실재에 대한 엉성한 가설 주위를 맴돌지 않는 유일한 정직한 사람입니다. 과학자들의 대부분은 자신들이 실재를 가지고 얼마나 위험한 장난을 하고 있는지 모르고 있습니다. 실재는 실험에 의해 결정되는 것이 아닙니다. 고양이를 포함한 전체 시스템이 살아 있는 고양이를 나타내는 파동함수와 죽어 있는 고양이를 나타내는 파동함수의 중첩으로 나타난다는 그들의 설명은 당신의 고양이＋방사성원소＋증폭기＋화약을 이용한 사고실험으로 거부되었습니다. 고양이의 상태는 관측 유무와 관계없다는 누구나 알 수 있는 확실한 사실입니다.

그러나 슈뢰딩거가 제안한 고양이 상자에는 화약이 들어 있지 않았고 대신 가이거 계수기와 독약이 들어 있었다. 화약은 15년 전 슈뢰딩거와 이 문제에 대해 의견을 나눌 때 아인슈타인이 제안한 것이었다.

대부분의 물리학자들은 보어를 주축으로 한 과학자들이 제안한 코펜하겐 해석을 받아들이고 있다. 1930년부터 보어와 함께 일했으며 가장 강력한 코펜하겐 해석의 지지자로 코펜하겐 그룹의 대변인이라는 칭호까지 들었던 레온 로젠펠트[Leon Rosenfeld(1904~1974)]는 양자역학에는 "코펜하겐 해석만 있을 뿐이다"라고 말하기도 했다. 그러나 양자물리학에는 코펜하겐 해석 외에도 여러 가지 해석이 있다. 중요한 것만 살펴보면 미국 프린스턴 대학의 교수였던 존 폰 노이만[John von Neumann(1903~1957)] 등이 제안한 프린스턴 해석, 코펜하겐 해석을 가장 적극적으로 반대했던 아인슈타인을 위시한 과학자들이 제안했던 앙상블 해석과 숨은 변수 이론, 에버렛 등이 제안한 여러 세상 해석, N. D. 머민[N.D.Mermin] 등이 제안한 이타카 해석 등이 있다. 이런 다양한 해석에 따라 양자물리학의 여러 가지 현상을 바라보는 시각이 달라진다. 당연히 슈뢰딩거 고양이에 대한 해석도 달라질 수밖에 없다.

코펜하겐 해석에 의하면 여러 가지 상태의 중첩으로 나타나는 체계는 측정이 실시되는 순간 하나의 상태로 확정된다. 상자를 열어 측정하기 전까지는 방사성 원소는 붕괴되었거나 붕괴되지 않은 두 상태가 중첩된 상태에 있다. 따라서 상자를 열기 전까지는 고양이도 살아 있는 상태와 죽어 있는 상태가 중첩된 상태에 있어야 한다. 다시 말해 고양이는 동시에 살아 있으면서 죽어 있어야 한다. 동시에 원자가 두 가지 상태에 있다는 것도 받아들이기 어려운데, 더구나 고양이가 살아 있는 상태와 죽은 상태가 중첩된 상태로 존재한다는 것은 우리의 상식으로는 도저히 받아들일 수 없는 이상한 일이다.

슈뢰딩거가 고양이 실험을 처음 제안한 후 직관에 반하는 이런 생각은 많은 논쟁을 불러왔다. 코펜하겐 해석을 받아들이는 사람들은 측정자에 사람뿐만 아니라 상호작용하는 주변의 모든 사물을 포함하는 것으로 이 문제를 피해가려고 했다. 상자 안에 방사성원소의 붕괴를 감시할 감지 장치를 설치하면 원자가 두 상태 중 하나를 선택한다는 것이다. 그러나 코펜하겐 해석을 비판하는 사람들은 코펜하겐 해석에서는 관측이 왜 선택을 강요하는지에 대해 아무런 설명을 할 수 없다고 반박했다.

관측이 그런 선택을 강요하지 않아, 두 가지 결과가 모두 가능하다면 어떻게 될까? 이런 생각을 바탕으로 미국의 물리학자 휴 에버렛 3세$^{Hugh Everett III(1930~1982)}$가 새로운 해석을 제안했다. 1954년 어느 날 밤 스물세 살의 에버렛 3세는 프린스턴 대학에서 동료들과 포도주를 마시면서 코펜하겐 해석에 대해 토론하고 있었다. 원자의 구조와 원자가 내는 스펙트럼을 놀랍도록 정확하게 설명하여 많은 사람들이 받아들이고 있던 코펜하겐 해석에서는 한 가지 상태의 고양이만 관측할 수 있는 것을 설명하기 위해 노력하고 있었다. 그러나 에버렛은 고양이의 두 가지 상태가 모두 존재할 수 있다는 여러 세상 해석을 생각해냈다.

에버렛은 양자역학적 선택에 직면하면 두 가지 상태 중 하나를 선택하게 되는 것이 아니라 두 가지 다른 상태를 포함하고 있는 두 개의 우주로 분리되는 것이 아닐까 하는 생각을 했다. 슈뢰딩거 고양이의 경우에는 살아 있는 고양이를 포함하고 있는 우주와 죽어 있는 고양이를 포함하고 있는 우주로 분리된다. 우리는 그중 한 우주만 감지할 수 있기 때문에 두 우주 중 하나만을 실재로 인식한다는 것이다. 고양이가 죽어 있는 우주에서 죽은 고양이를 바라보고 있는 나와 고양이가 살아 있는 우주에서 살아 있는 고양이를 바라보는 두 개의 내가 존재하는 것이다. 그러나 어느 한 우주에 속해 있는 나는 다른 우주에 있는 나의 존재를 인식할 수 없기 때문에 내가 보고 있는 우주만이 실재라고 생각한다. 여러 세상 해석에서는 우주 전체에서 매 순간 일어나고 있는 수많은 양자적 사건으로 인해 우주는 계속해서 수많은 고립된 우주로 분리되고 있다고 설명한다.

에버렛이 1957년에 그의 생각을 발표했을 때 일부 사람들이 논문으로 출판하도록 권유했다. 하지만 대부분의 물리학자들은 계속해서 분리되고 있는 우주를 말도 안 되는 생각이라고 일축했다. 에버렛의 여러 세상 해석은 널리 받아들여지지 않았고, 에버렛은 쉰한 살이던 1982년에 심장마비로 사망했다. 물리학자들이 그의 아이디어를 심각하게 검토하기 시작한 것은 에버렛이 사망한 이후로, 오늘날에는 많은 물리학자들이 여러 세상 해석을 우리의 감각과 과학 이론을 잘 조화시키는 이론으로 생각하고 있다. 따라서 에버렛의 여러 세상 해석은 코펜하겐 해석과 함께 다루어지는 중요한 해석이 되었다.

스웨덴 출신으로 미국 매사추세츠 공과대학^{MIT} 교수인 막스 테그마크$^{Max\ Erik}$ $^{Tegmark(1967\sim)}$는 코펜하겐 해석과 여러 세상 이론을 비교하는 재미있는 사고실험을 제안했다. 그가 제안한 사고실험에서는 한 과학자가 양성자의 스핀 상태를 감지하는 측정 장치에 연결되어 있는 권총을 머리에 겨누고 앉아 있다. 양성자는 스핀이 업인 상태와 다운인 상태가 중첩된 상태에 있다. 측정을 통해 업이 측정될 확률이 50%이고 다운이 측정될 확률도 50%다. 만약 권총에 연결되어 있는 측정 장치가 업을 측정하면 총이 발사되어 과학자가 죽고, 측정 장치가 다운을 측정하면 권총이 발사되지 않아 과학자는 죽지 않는다. 코펜하겐 해석에 의하면, 한 번의 측정 후에 과학자가 죽을 확률은 50%다. 두 번의 측정 후에는 죽을 확률이 75%이고, 세 번 측정하면 죽을 확률이 87.5%로 증가한다. 이런 실험을 계속한다면 과학자는 필연적으로 죽어야 한다. 그러나 여러 세상 해석에 의하면, 이런 실험을 아무리 여러 차례 반복해도 과학자는 절대 죽지 않는다. 첫 번째 측정 후에 우주는 두 개로 분리된다. 하나의 우주에서는 과학자가 죽어 있고, 다른 우주에서는 과학자가 살아 있다. 죽어 있는 우주에서는 우주를 감지할 수 없기 때문에 과학자는 그가 살아 있는 우주에서만 살아 있는 자신을 감지할 수 있다. 양성자를 측정할 때마다 우주는 계속 두 개로 분리되겠지만 과학자는 항상 권총이 발사되지 않은 우주만 감지할 수 있다.

상식적인 이들 중에 얼마나 많은 사람들이 측정할 때마다 우주가 두 개로 분리된다는 이런 설명에 동의할 수 있을까? 그러나 1997년의 양자역학 워크숍에 참석했던 물리학자들을 대상으로 한 여론조사에서 여러 세상 해석은 코펜하겐 해석 다음으로 많은 지지를 받았다.

슈뢰딩거의 고양이를 설명하는 또 다른 해석은 앙상블 해석이다. 앙상블 해석에서는 양자물리학의 확률 문제를 통계적으로 해석한다. 다시 말해 상자 속의 고양이가 살아 있을 확률이 50%이고 죽어 있을 확률이 50%라는 것은 한 마리의 고양이가 죽은 상태와 살아 있는 상태가 중첩된 상태에 있는 것이 아니라 많은 고양이가 있을 때 그중 반은 죽어 있고 반은 살아 있음을 뜻한다는 것이다. 예를 들어 방사성원소와 고양이가 든 상자가 1억 개 있을 때 한 시간 뒤 그중 5000만 상자의 고양이는 살아 있고 나머지 5000만 상자 속의 고양이는 죽어 있다는 것을 나타낸다는 것이다.

앙상블 해석을 전자와 같은 작은 입자들에 적용하면 이해하기 힘들었던 많은 문제들이 쉽게 이해되는 듯 보인다. 앙상블 해석을 적용하면 확률함수는 전자가 다른 에너지를 가지는 여러 가지 중첩 상태에 있는 것이 아니라 수많은 전자들이 여러 가지 다른 상태에 있을 확률을 나타낸다고 설명할 수 있다. 광자가 두 개의 슬릿을 동시에 통과하는 것이 아니라 수많은 광자 중의 반이 한 슬릿을 통과하고 다른 반이 또 다른 슬릿을 통과한다고 설명할 수 있다. 아인슈타인은 앙상블 이론을 발전시켜 숨은 변수 이론을 제안했다. 양자물리학에서 입자 하나하나가 어떤 상태에 있는지 알 수 없는 것은 입자의 상태를 결정하는 변수를 우리가 다 알지 못하기 때문이라는 것이다. 따라서 이들은 숨은 변수를 알게 된다면 양자물리학도 확률에 의해서가 아니라 결정론적으로 서술할 수 있을 것이라고 주장했다.

그러나 이러한 앙상블 해석을 받아들이면 양자물리학이 입자 하나의 물리적 상태를 수학적으로 기술할 수 없다는 것을 인정하지 않을 수 없게 된다. 따라서 코펜하겐 해석을 받아들인 과학자들은 양자물리학에는 파동함수 이외에 다른 변수가 존재하지 않으며 물리적 실재가 따로 존재하는 것이 아니라고 이들의 주장을 반박했다.

과연 어떤 해석이 옳을까? 많은 과학자들이 상식적으로 이해할 수 없는 코펜하겐 해석을 받아들이게 된 이유는 무엇 때문일까? 보어가 과학자들을 설득한 방법은 철학적 논쟁이 아닌 실험 결과였다. 보어는 실험 결과를 설명할 수 있고 새로운 실험 결과를 예측할 수 있으면 그것이 옳은 이론이라고 주장했다. 실증주의의 영향을 받았던 보어는 과학 이론은 실험을 할 때 어떤 결과가 나오는지를 설명할 수 있으면 충분하며, 실험 결과를 설명하는 이상의 것은 과학의 영역이 아니라고 했다.

EPR 역설

보어를 중심으로 한 코펜하겐 그룹의 양자역학 해석을 받아들일 수 없었던 아인슈타인은 1935년에 포돌스키$^{Boris\ Podolsky(1896~1966)}$, 로젠$^{Nathan\ Rosen(1909~1995)}$과 함께 〈물리적 실재에 대한 양자물리학적 기술은 완전하다고 할 수 있을까?〉라는 제목의 논문을 《피지컬 리뷰》지에 발표했다. 이 논문은 양자물리학의 모순을 부각시키려는 의도로 작성된 것이었다. 이들이 제기한 문제는 세 사람의 이름 머리글자를 따서 EPR 역설이라 부르게 되었다. 이 논문은 프린스턴에 있던 고등학술연구소에서 아인슈타인, 로젠, 포돌스키가 한 토론 내용을 바탕으로 포돌스키가 작성한 것이었다.

그들은 이 논문에서 물리적 성질은 국지성을 가지고 있어 시공간의 어떤 점에 국한되어야 한다고 주장했다. 다시 말해 서로 멀리 떨어져 있는 두 체계는 동시에 서로 영향을 줄 수 없다는 것이다. 서로 영향을 주고받기 위해서는 어떤 형태로든 정보를 주고받아야 하고 그런 정보의 전달은 상대성이론에 의해 빛보다 빠른 속도로 이루어질 수 없다는 것이다. 그러나 양자물리학에 대한 코펜하겐의 해석은 멀리 떨어져 있는 입자에 대한 측정이 다른 입자에 동시적으로 영향을 줄 수 있다고 주장하기 때문에 양자물리학은 완전하지 않다는 것이다. 아인슈타인 등은 서로 멀리 떨어진 두 입자가 서로 영향을 주고받을 수 있는 것은 우리가 숨어 있는 변수를 알지 못하기 때문에 그렇게 보이는 것일 뿐이라고 주장했다. 다시 말해 이 숨은 변수를 포함하지 않은 양자물리학은 완전하지 않다는 것이 그들의 생각이었다.

EPR 역설의 내용을 제대로 이해하기 위해서는 얽힘 상태가 무엇을 뜻하는지를 우선 알아야 한다. 전자나 양전자와 같은 입자들은 스핀이라는 물리량을 가지고 있다. 스핀은 특정한 축을 중심으로 도는 자전에 의한 각운동량과 비슷한 것이지만 고전 물리학에서 이야기하는 각운동량과 같은 것은 아니다. 입자들이 가질 수 있는 스핀 값은 업이나 다운 두 가지뿐이다. 예를 들어 z축 방향의 스핀을 측정하면 스핀은 z축의 +방향과 −방향으로 향하는 두 가지 스핀만 가질 수 있다. z축이 아닌 다른 방향의 스핀 값을 동시에 측정하는 것은 불확정성원리에 의해 가능하지 않다. 따라서 z축 방향의 스핀을 측정하면, x축과 y축 방향의 스핀 값을 알 수 없다. 그러나 z축 방향의 스핀 값을 측정하지 않았다면 x축이나 y축 방향의 스핀 값을 측정하는 것이 가능하다. 이 경우에도 스핀은 +방향과 −방향을 향하는 두 가지 스핀만 측정할 수 있다. x방향의 스핀을 측정할 때는 y축과 z축 방향의 스핀 값을 알 수 없고, y방향의 스핀을 측정할 때는 x방향과 z방향의 스핀 값을 알 수 없다.

이제 전체 스핀이 0인 파이온이 붕괴하면서 전자와 양전자를 생성하는 경우 처음 파이온의 스핀이 0이었으므로 각운동량 보존 법칙에 의해 전자와 양전자의 스핀을 합한 값도 0이어야 한다. 그러나 전자와 양전자 중 어떤 입

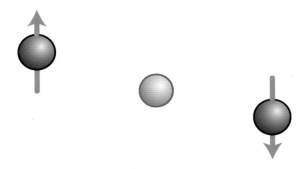

두 입자가 얽힘 상태에 있는 경우 측정을 통해 한 입자의 스핀 상태를 결정하면 그 즉시 멀리 떨어져 있는 다른 입자의 스핀 상태가 결정된다.

자가 스핀 업 상태에 있고 어떤 입자가 스핀 다운 상태에 있는지는 알 수 없다. 두 입자는 모두 스핀 업 상태와 스핀 다운 상태가 중첩된 상태에 있다. 그러나 만약 두 입자 중 하나의 스핀을 측정해서 스핀을 확정하면 다른 입자의 스핀은 반대 방향으로 정해져야 한다. 이렇게 하나의 입자가 어떤 물리량을 가지느냐에 따라 다른 입자가 가져야 하는 물리량이 정해지는 두 입자를 얽힘 상태에 있다고 말한다. EPR 역설은 바로 이러한 양자적 얽힘 상태 때문에 발생한다.

양전자는 전자의 반입자이므로 전하의 부호만 다를 뿐 다른 물리량들은 모두 같다. 전자와 양전자는 에너지로부터 쌍으로 생성되기도 하고 함께 소멸하여 에너지로 사라지기도 한다. 이것을 쌍생성 또는 쌍소멸이라고 부른다. 파이온이 붕괴하여 생성된 전자와 양전자가 반대 방향으로 달려가 서로 멀리 떨어져 있는 A지점과 B지점에 도달했다고 가정해보자. A지점에서 전자의 z방향 스핀을 측정하는 실험을 했다. 이 실험으로 전자의 z방향 스핀이 한 상태로 확정되었다. 그러면 멀리 떨어져 있는 양전자의 스핀 값은 전자의 스핀 값의 반대 부호로 확정되어야 한다. A지점에 있는 전자는 z축 방향의 스핀에 대한 측정의 영향을 받아 x방향의 스핀 값을 정확하게 결정할 수는 없다. 그러나 B지점에 있는 양전자에는 z방향의 스핀을 알기 위한 실험을 하지 않았으므로 x방향의 스핀을 측정하는 데 아무런 문제가 없다. 만약 B지점에 있는 양전자의 x방향 스핀 값을 측정을 통해 확정하면 이 값으로부터 A지점에 있는 전자의 x방향 스핀도 정확하게 알 수 있다. 그렇게 되면 결국 z방향의 스핀과 x방향의 스핀을 동시에 정확히 결정할 수 있게 된다. 따라서 불확정성원리는 더 이상 성립하지 않게 된다는 것이다. 아인슈타인과 동료들은 이러한 모순이 생기는 것은 양자물리학이 완전하지 않기 때문이라고 주장했다.

EPR 역설이 제기되고 5개월 뒤 보어는 EPR 역설을 제기한 논문을 발표했던 같은 잡지에 같은 제목의 논문을 실었다. 이 논문에서 보어는 EPR 역설에 대해 다음과 같이 반론을 제기했다.

> 그들이 제기한 문제에서 '어떤 방법으로도 체계를 교란시키지 않고'라고 한 말은 모호한 표현이다. 이 경우에 측정 과정에서 역학적 교란이 일어나지 않는 것은 분명하다. 그러나 이 과정에서도 체계의 이후 행동을 예측하는 데 필요한 세세한 조건에 영향을 준다는 문제가 발생한다. (……) 그들의 주장은 양자물리

학적 기술이 본질적으로 불완전하다는 그들의 결론을 증명하지 못하고 있다. (……) 이러한 주장은 양자 이론에서의 물체와 측정 장치 사이의 통제가 가능하지 않은 상호작용이 게재된 측정 과정을 모호하게 해석할 수 있는 가능성을 보여준 것이라고 할 수 있다.

아인슈타인 등이 제안한 EPR 이론을 진리가 아닌 역설로 만들어버린 사람은 북아일랜드 출신 물리학자 존 스튜어트 벨John Stewart Bell(1928~1990)이었다. 벨은 1964년에 벨 부등식을 제안했다. 이것은 코펜하겐 해석을 바탕으로 하는 양자물리학의 예측과 아인슈타인이 주장한 숨은 변수 이론의 얽힘 상태에 대한 예측이 측정 가능한 정도의 차이를 나타낸다는 것을 보여주는 수식이었다. 이 식으로 과학자들은 어떤 이론이 옳은지를 실험을 통해 확인할 수 있게 되었다. 벨을 비롯한 과학자들은 1970년대와 1980년대에 실험을 통해 아주 짧은 거리에서 얽힘 상태를 확인했다.

1997년에는 오스트리아의 빈 대학과 오스트리아 과학아카데미의 연구자들은 800m 떨어져 있는 다뉴브 강의 반대편 실험실까지 공공 하수구를 통해 광섬유를 연결했다. 그들은 800m 떨어져 있는 실험실에서 한 실험이 다른 실험실에 있는 얽힘 상태에 있는 입자(여기서는 광자)에 영향을 주는 것을 확인했다. 2003년 6월에 오스트리아의 과학자들은 더 먼 거리에서 실험했다. 그들은 레이저를 바륨붕산염 결정에 통과시켜 광자 쌍으로 분리시켰다. 파장이 810㎚인 이 얽힘 상태의 광자들은 공간을 통해 송신 망원경에서 두 개의 수신 망원경으로 보내졌다. 하나는 150m 떨어져 있었고 하나는 다뉴브 강 건너 500m 떨어져 있었다. 두 망원경은 직접 바라볼 수 있는 위치에 있지 않았다. 하나의 광자에 어떤 작용을 가하자 다른 광자에 그 효과가 동시에 나타났다. 두 광자는 600m 떨어져 있으면서도 얽힘 상태를 유지하고 있었던 것이다. 이 현상을 양자 전송이라고 부른다.

제4부

양자역학으로 들여다본 원자의 세계

19. 양자역학을 위한
간단한 수학식

　대학의 양자물리학 강의실에서는 지금까지 한 이야기는 거의 하지 않는다. 한다고 해도 특정한 과학자들의 단편적인 일화들을 소개하는 데 그칠 뿐이다. 강의실에서 다루는 내용은 주로 여러 가지 경우에 슈뢰딩거방정식을 풀어 해를 구하고 그것을 이용해 여러 가지 현상을 설명하는 것이다. 강의실 밖에서도 마찬가지다. 강의를 듣는 학생들이 모여 앉아 양자물리학의 해석에 대해 토론을 벌이는 일은 거의 없다. 그것은 대학 강의실에서만 그런 것이 아니다. 대학원에서 양자물리 강의를 듣는 동안에도 마찬가지이다. 마치 이제는 더 이상 양자물리의 해석 같은 것에는 관심이 없는 것 같아 보인다. 양자물리학의 해석과 관련된 모든 문제들은 이제 다 결정된 것이어서 그런 것을 가지고 토론을 벌이는 것은 시간 낭비처럼 생각하는 듯하다.

　양자물리학 강의실에서 더 이상 양자물리학의 해석을 놓고 토론을 벌이지 않는 것은 양자물리학이 원자단위에서 일어나는 일들을 성공적으로 설명하고 있어서 더 이상의 철학적 논쟁이 필요 없다고 생각했기 때문일지도 모른다. 어쩌면 양자물리학이 작은 세계에서 일어나는 일들을 폭넓게 다루다 보니 양자물리학 강의에서 다루어야 할 내용이 너무 많아진 것도 그런 토론이 사라지게 하는 원인이 되었을 것이다. 여러 가지 문제를 푸는 일만으로도 강의 시간이 모자라기 때문이다. 제2차 세계대전 이후 세계 과학의 중심이 된 미국 과학의 실용적인 성격 역시 이런 토론이 사라지게 하는 데 중요한 역할을 했을 것이다.

그렇다면 양자물리학 강의실에서는 어떤 문제들을 다루고 있을까? 실제로 양자물리학 강의실에서 다루어지는 문제들을 살펴보지 않고는 양자물리학을 알았다고 할 수 없다. 그런데 양자물리학 강의실에서 다루는 문제들을 살펴보기 위해서는 약간의 수학 지식이 필요하다. 그러나 많은 수학 지식이 필요한 것은 아니다. 어렵고 복잡한 문제를 다루는 것은 물리학자들에게 맡겨놓으면 된다. 우리는 그들이 무슨 일을 하고 있는지를 파악할 수 있는 정도의 수학 지식과 용어를 익히는 것으로 충분하다.

양자물리학에서는 연산자와 고유함수 그리고 고윳값이라는 말을 자주 사용한다. 연산자는 말 그대로 계산 규칙을 말한다. 앞에서 우리는 에너지 연산자와 운동량 연산자에 대해 이야기했다. 에너지 연산자는 파동함수에 작용하여 계산했을 때 에너지가 나오는 연산자이고, 운동량 연산자는 파동함수에 적용했을 때 운동량이 나오는 연산자다.

$$H\phi = E\phi, \quad P_{op}\phi = p\phi$$

이런 관계에 있을 때 파동함수 ϕ를 연산자 H와 P_{op}의 고유함수라 하고, E와 p를 각각 H와 P_{op} 연산자의 고윳값이라고 한다. 에너지 연산자 H와 운동량 연산자 P_{op}는 간단하게 기호를 이용해 나타냈지만 실제로는 다음과 같은 계산을 하는 연산자라는 것은 앞에서 이미 이야기했다.

$$H = -\frac{\hbar^2}{2m}\left(\frac{\partial^2}{\partial x^2} + \frac{\partial^2}{\partial y^2} + \frac{\partial^2}{\partial z^2}\right) + V$$

$$P_{op} = -i\hbar\frac{\partial}{\partial x}$$

에너지 연산자를 이용하면 시간 독립적 슈뢰딩거방정식은 $H\phi = E\phi$와 같이 나타낼 수 있다. 따라서 슈뢰딩거방정식을 푼다는 것은 에너지 연산자 H의 고유함수와 고윳값을 구하는 것이다. 에너지 연산자의 고윳값과 고유함수는 주어진 퍼텐셜 아래에서 입자가 가질 수 있는 에너지와 그런 에너지를 가지는 입자의 파동함수를 말한다.

두 개의 연산자를 연속적으로 적용할 경우에는 함수 가까이 있는 연산자부터 먼저 적용한다. $AB\phi$를 계산하는 경우 파동함수에 B연산자를 먼저 적용하고, 그 결과에 A연산자를 적용한다. 연산자에 따라서는 두 연산자의 순서를 바꾸어 적용해도 그 결과가 같은 경우도 있고, 순서를 바꾸면 계산 결과가 달라지는 경우도 있다.

순서를 바꿔도 결과가 같은 경우(교환 가능한 경우)

$$AB = BA, \quad AB - BA = 0$$

순서를 바꾸면 결과가 달라지는 경우(교환이 가능하지 않은 경우)

$$AB \neq BA, \quad AB - BA \neq 0$$

양자역학에서는 $AB - BA$를 $[A, B]$라는 기호를 이용하여 나타내고, $[A, B] = 0$인 경우 두 연산자가 교환 가능하다고 말한다. 두 연산자의 교환 가능 관계는 매우 중요하다. 교환 가능한 연산자들에는 다음과 같은 것들이 있다.

$$[H, P_{op}] = 0, \quad [H, L^2] = 0, \quad [L^2, L_z] = 0$$

여기서 L^2은 각운동량 제곱 연산자이고 L_z는 각운동량의 z성분을 나타내는 연산자다. 교환 가능한 연산자들은 공통의 고유함수를 가질 수 있다. 따라서 연산자 H와 P_{op}, L^2, L_z이 교환 가능하다는 것은 H 연산자의 고유함수, 즉 슈뢰딩거방정식의 해는 L^2과 L_z 연산자의 고유함수도 될 수 있다. 슈뢰딩거방정식을 풀어서 구한 파동함수에서 각운동량의 제곱 값과 각운동량의 z성분을 구할 수 있는 것은 이 때문이다. 그러나 다음과 같은 연산자들은 교환 가능하지 않다.

$$[P_{op}, x] = -i\hbar, \quad [L_x, L_y] = i\hbar L_z$$

교환 가능하지 않은 연산자의 고윳값에는 하이젠베르크의 불확정성원리가 적용된다. 따라서 동시에 두 값을 정밀하게 측정하는 것이 가능하지 않다. 운동량과 위치를 동시에 정확히 측정하는 것이 불가능한 것은 이 때문이다.

파동함수의 제곱은 특정한 위치에서 입자가 발견될 확률을 나타낸다. 입자는 전체 공간 어딘가에 존재해야 한다. 따라서 파동함수의 제곱을 전체 공간에서 적분한 값은 1이어야 한다. 이것을 파동함수의 규격화 조건이라고 한다. 이를 식으로 나타내면 다음과 같다.

$$\int \phi^* \phi \, dx = 1$$

이를 다음과 같은 기호로 나타내기도 한다. 이 식에서 별표는 공액 복소함수를 나타낸다.

$$\int \phi^* \phi \, dx = <\phi \mid \phi> = 1$$

파동함수가 이런 관계식을 만족하기 위해서는 모든 구간에서 미분 가능하고 연속이어야 한다. 다시 말해 파동함수는 전 구간에서 부드러운 곡선으로 연결되어 있어야 한다. 이러한 조건은 파동함수와 관련된 문제를 풀 때 경계조건으로 사용된다. 모든 구간에서 파동함수의 제곱을 적분한 값이 1이 되기 위해서는 파동함수가 수렴하는 함수여야 한다. 수렴하는 함수의 경우에는 규격화 조건을 이용하여 파동함수 제곱의 적분 값을 1로 만들 수 있도록 계수를 결정할 수 있지만 무한대로 발산하는 함수는 그것이 가능하지 않다. 슈뢰딩거방정식의 해인 파동함수가 수렴하는 함수여야 한다는 조건으로부터 에너지나 각운동량의 크기를 결정하는 양자수들이 나타나게 된다.

연산자 A의 고윳값의 평균값은 다음과 같이 구할 수 있다.

$$<A> = \int \phi^* A \phi dx = <\phi \,|\, A \,|\, \phi>$$

연산자의 고윳값이 실수인 경우, 이런 연산자를 에르밋 연산자라고 하는데 에르밋 연산자의 경우에는 다음과 같은 관계식이 성립한다. 양자물리학에서 사용하는 연산자는 대부분 에르밋 연산자다.

$$<A> = \int \phi^* A \phi dx = \int (A\phi)^* \phi dx = <\phi \,|\, A \,|\, \phi> = <A\phi \,|\, \phi>$$

두 파동함수를 곱해서 전 공간에서 적분한 값이 0일 때 두 파동함수는 직교한다고 한다.

$$\int \phi_n^* \phi_m dx = <\phi_n \,|\, \phi_m> = 0$$

슈뢰딩거방정식이 여러 가지 해를 가질 때 이 해들은 서로 직교한다.

연산자의 행렬 표현

벡터나 벡터와 관계된 연산자를 행렬로 나타내는 것은 고전 역학에도 자주 사용해왔다. 벡터의 세 성분이 다음과 같을 때 이 벡터는 하나의 열을 가진 벡터로 나타낼 수 있다.

$$\vec{A} = A_x\vec{i} + A_y\vec{j} + A_z\vec{k} \qquad A = \begin{pmatrix} A_x \\ A_y \\ A_z \end{pmatrix}$$

이때 $\vec{A}$에 작용하여 $\vec{A}$를 $\vec{B}$로 변환시키는 연산자는 아홉 개의 성분을 가지는 행렬로 나타낼 수 있다. $\vec{A}$를 $\vec{B}$로 변환시키는 연산자를 T라고 하면 T행렬의 성분은 다음과 같이 정의된다.

$$T_{ij} = \vec{i} \cdot T\vec{j}$$

다시 말해 단위벡터 $\vec{j}$에 T를 적용시켜 만든 새로운 벡터에 단위벡터 $\vec{i}$를 내적한 것이 변환 행렬 T의 T_{ij} 성분이 된다. 벡터 $\vec{A}$에 T를 적용시켜 $\vec{B}$로 변환시키는 변환은 행렬을 이용하여 다음과 같이 나타낼 수 있다.

$$\vec{B} = T\vec{A} \qquad \begin{pmatrix} B_x \\ B_y \\ B_z \end{pmatrix} = \begin{pmatrix} T_{11} & T_{12} & T_{13} \\ T_{21} & T_{22} & T_{23} \\ T_{31} & T_{32} & T_{33} \end{pmatrix} \begin{pmatrix} A_x \\ A_y \\ A_z \end{pmatrix}$$

이때 행렬과 벡터의 곱은 행렬의 곱셈 규칙을 따라야 한다. 행렬로 나타낸 연산자 T가 선형연산자일 때 이를 텐서[tensor]라고 한다. 선형연산자는 다음과 같은 관계를 만족시키는 연산자다.

$$T(\alpha\vec{A} + \beta\vec{B}) = \alpha T\vec{A} + \beta T\vec{B}$$

양자역학의 연산자들도 행렬을 이용하여 나타낼 수 있다. 연산자를 행렬로 나타내기 위해서는 벡터의 성분을 나타내는 데 사용되는 단위벡터의 역할을 할 무엇이 필요하다. 연산자의 행렬에서는 고유함수들이 그 역할을 한다. 예를 들어 슈뢰딩거방정식을 풀었을 때 나오는 해들, 즉 에너지 연산자 H의 고유함수들이 벡터에서의 단위벡터 역할을 한다. 벡터의 단위벡터들이 서로 수직한 것과 마찬가지로 고유함수들도 서로 수직하다는 성질을 가지고 있다. 벡터의 고유벡터들은 방향이 수직하지만 고유함수들은 서로 다른 두 고유함수를 곱해서 적분한 값이 0이 된다는 의미에서 수직하다.

$$H\phi = E\phi$$

고유함수: $\phi_1, \phi_2, \phi_3, \phi_4, \cdots$

고유값: $E_1, E_2, E_3, E_4, \cdots$

고유함수들은 서로 수직하므로 다음과 같은 관계가 성립한다.

$$\int \phi^*_m \phi_n dx = \delta_{mn}$$

이 식에서 δ_{mn}은 m과 n이 같은 때는 1, 다를 때는 0이라는 것을 나타낸다. 앞에서 이야기했던 것과 같이 슈뢰딩거방정식의 일반적인 해는 고유함수들의 합으로 나타낼 수 있다.

$$\phi = a_1\phi_1 + a_2\phi_2 + a_3\phi_3 + a_4\phi_4 + \cdots$$

이 경우 ϕ는 다음과 같이 벡터로 나타낼 수 있다.

$$|\phi> = \begin{pmatrix} a_1 \\ a_2 \\ a_3 \\ \vdots \end{pmatrix}, \quad <\phi| = (a_1^* \, a_2^* \, a_3^* \cdots)$$

따라서 두 벡터의 내적 $<\phi\,|\,\phi>$은 다음과 같다.

$$<\phi\,|\,\phi> = |a_1|^2 + |a_2|^2 + |a_3|^2 + \cdots$$

두 파동함수의 내적은 입자가 각각의 고유 상태에 있을 확률의 합이므로 1이 되어야 한다. 이제 벡터의 경우와 마찬가지로 양자역학 연산자도 행렬로 나타내 보자. 연산자 T를 행렬로 나타냈을 때의 각 성분은 다음과 같이 정의된다.

$$T_{mn} = \int \phi_m^* T \phi_n dx = <\phi_m\,|\,T\,|\,\phi_n>$$

에너지 연산자 H를 행렬로 나타냈을 때 행렬 H의 각 성분은 다음과 같다.

$$H_{mn} = \int \phi_m^* H \phi_n dx = \int \phi_m^* E_n \phi_n dx = E_n \int \phi_m^* \phi_n dx = E_n \delta_{mn}$$

따라서 연산자 H는 다음과 같은 행렬로 나타낼 수 있다.

$$H = \begin{pmatrix} E_1 & 0 & 0 & \cdot \\ 0 & E_2 & 0 & \cdot \\ 0 & 0 & E_3 & \cdot \\ \cdot & \cdot & \cdot & \cdot \end{pmatrix}$$

양자역학에 사용되는 다른 모든 연산자들도 이와 같은 규칙을 이용하면 행렬로 나타낼 수 있다. 양자역학적 상태나 연산자를 행렬로 나타내면 여러 가지 계산에서 편리할 때가 많다.

각운동량

고전 물리역학에서는 물론 양자역학에서도 각운동량은 매우 중요한 물리량이다. 원자핵 주위를 돌고 있는 전자의 양자역학적 상태를 나타내는 양자수 네 개 중에서 주양자수는 에너지의 크기를 나타내는 양자수이지만 나머지 세 가지는 각운동량과 관계되는 물리량이다. 따라서 각운동량 연산자에 대한 수학적 표현에 대해 알아두는 것이 원자 안에서 운동하는 전자의 슈뢰딩거방정식을 푸는 데 필요하다. 고전 역학에서 각운동량은 다음과 같이 정의된다.[21]

$$\boldsymbol{L} = \boldsymbol{r} \times \boldsymbol{p}$$

이것을 성분을 이용하여 나타내면 다음과 같다.

$$L_x = yp_z - zp_y, \quad L_y = zp_x - xp_z, \quad L_z = xp_y - yp_x$$

각운동량의 각 방향 성분 연산자 그리고 L^2와 L_z 사이에는 다음과 같은 교환관계가 성립한다.

$$[L_x, L_y] = i\hbar L_z, \quad [L_y, L_z] = i\hbar L_x, \quad [L_z, L_x] = i\hbar L_y$$

$$[L^2, L_z] = 0$$

이 관계를 유도하는 데는 $[p_x, x] = -i\hbar$가 이용된다.

$[L^2, L_z] = 0$이므로 L^2과 L_z는 공동 고유함수를 갖는다. 따라서 각운동량의 크기와 각운동량의 z성분을 동시에 결정할 수 있다. 그러나 각운동량의 각 방향 성분들은 교환 가능하지 않다. 따라서 한 방향 성분을 결정하면 다른 방향 성분은 알 수 없다. 양자역학 풀이에서 항상 각운동량의 z방향 성분만을 이야기하는

---

21) John Wiley & Sons, 《Quantum Physics》 3rd edition, Stephen Gasiorowicz, 2003.

것은 z방향 성분이 다룬 두 방향 성분에 비해 중요하기 때문이 아니라, 한 방향 성분만을 알 수 있는데 그 방향을 z방향이라고 정한 것뿐이다.

각운동량 연산자 교환관계의 증명

각운동량 성분의 정의에 의해 $[L_x, L_y]$는 다음과 같이 쓸 수 있다.

$$[L_x, L_y] = [yp_z - zp_y, zp_x - xp_z] = y[p_z, z]p_x + x[z, p_z]p_y$$

그런데 $[p_z, z] = -i\hbar$ 이므로 $[L_x, L_y]$는 다음과 같다.

$$[L_x, L_y] = -i\hbar(yp_x - xp_y) = i\hbar L_z$$

따라서 다른 성분들 사이에도 비슷한 관계가 성립한다는 것을 쉽게 증명할 수 있다.

$$[L_y, L_z] = i\hbar L_x, \quad [L_z, L_x] = i\hbar L_y$$

일반적으로 세 연산자 사이에는 다음과 같은 교환관계가 성립한다.

$$[A, BC] \equiv B[A, C] + [A, B]C$$

이 식을 이용하면 각운동량의 각 성분이 L^2과 맞바꿈 관계에 있다는 것을 증명할 수 있다.

$$[L_z, L^2] = [L_z, L_x^2 + L_y^2 + L_z^2] = [L_z, L_x^2] + [L_z, L_y^2] + [L_z, L_z^2]$$

$$= L_z L_x L_x - L_x L_x L_z + L_z L_y L_y - L_y L_y L_z$$

$$= L_y[L_z, L_y] + [L_z, L_y]L_y + L_x[L_z, L_x] + [L_z, L_x]L_x$$

$$= -i\hbar L_y L_x - i\hbar L_x L_y + i\hbar L_x L_y + i\hbar L_y L_x = 0$$

그러나 L의 세 성분이 동시에 L^2과 교환 가능하지 않다는 것을 다음과 같이 증명할 수 있다. L의 세 성분이 모두 동시 고유함수가 되는 고유함수가 있고, 각 성분의 고윳값이 각각 l_1, l_2, l_3라고 하자. 그러면 다음과 같이 쓸 수 있다.

$$L_x \phi = l_1 \phi, \qquad L_y \phi = l_2 \phi,$$

$$L_x L_y \phi = l_1 l_2 \phi, \qquad L_y L_x \phi = l_1 l_2 \phi$$

그런데 $[L_x, L_y] = i\hbar L_z$ 이므로 $L_z \phi = 0$이 된다. 또한 다음과 같이 $l_2 \phi = 0$이라는 것도 증명할 수 있다.

$$l_2 \phi = l_y \phi = \frac{1}{i\hbar}[L_z, L_x]\phi = \frac{1}{i\hbar} L_z l_1 \phi = 0$$

마찬가지로 $l_1 \phi = 0$이라는 것을 보일 수 있다. 따라서 각운동량의 모든 성분이 동시 고유함수를 가지는 것은 L의 모든 성분이 0이 되는 경우, 즉 $L = 0$인 경우뿐이다.

지금까지는 각운동량을 xyz좌표계에서 다루었다. 그러나 각운동량은 공간에서의 회전운동과 관련이 있으므로 각운동량을 다루는 데는 xyz좌표계보다는 구좌표계를 이용하는 것이 편리하다. 특히 입자 사이에 작용하는 힘이 두 입자 사이의 거리에 따라서만 달라지는 중심력장의 경우에는 퍼텐셜이 r의 함수로 나타나므로 구좌표계를 이용하는 것이 편리하다. 양자물리학에서 가장 중요하게 다루는 수소형 원자의 문제는 구좌표계를 이용하여 다룬다. 따라서 구좌표계에서 L^2과 Lz 연산자가 어떻게 나타나는지 알아두는 것이 좋다. 구좌표계에서의

L^2 연산자와 L_z 연산자는 다음과 같다.

$$L^2 = -\hbar^2 \left[\frac{1}{\sin\theta} \frac{\partial}{\partial\theta} \left(\sin\theta \frac{\partial}{\partial\theta} \right) + \frac{1}{\sin^2\theta} \frac{\partial^2}{\partial\phi^2} \right]$$

$$L_z = -i\hbar^2 \frac{\partial}{\partial\phi}$$

양자물리학 강의실 엿보기

구좌표계에서의 각운동량 연산자 계산

xyz좌표계와 구좌표계에서의 운동량 연산자는 다음과 같다.

$$\vec{p} = -i\hbar \left(\vec{i} \frac{\partial}{\partial x} + \vec{j} \frac{\partial}{\partial y} + \vec{k} \frac{\partial}{\partial z} \right)$$

$$= -i\hbar \left(\vec{e_r} \frac{\partial}{\partial r} + \vec{e_\theta} \frac{1}{r} \frac{\partial}{\partial\theta} + \vec{e_\phi} \frac{1}{r\sin\theta} \frac{\partial}{\partial\phi} \right)$$

각운동량의 정의를 이용하면 구좌표계에서의 각운동량 연산자도 구할 수 있다.

$$\vec{L} = \vec{r} \times \vec{p}$$

$$= -i\hbar \; r\vec{e_r} \times \left(\vec{e_r} \frac{\partial}{\partial r} + \vec{e_\theta} \frac{1}{r} \frac{\partial}{\partial\theta} + \vec{e_\phi} \frac{1}{r\sin\theta} \frac{\partial}{\partial\phi} \right)$$

$$= -i\hbar \left(\vec{e_\phi} \frac{\partial}{\partial\theta} - \vec{e_\theta} \frac{1}{\sin\theta} \frac{\partial}{\partial\phi} \right)$$

따라서 L^2 연산자는 다음과 같다.

$$L^2 = \vec{L} \cdot \vec{L}$$

$$= -\hbar^2 \left(\vec{e_\phi} \frac{\partial}{\partial \theta} - \vec{e_\theta} \frac{1}{\sin \theta} \frac{\partial}{\partial \phi} \right) \times \left(\vec{e_\phi} \frac{\partial}{\partial \theta} - \vec{e_\theta} \frac{1}{\sin \theta} \frac{\partial}{\partial \phi} \right)$$

$$= -\hbar^2 \left[\frac{1}{\sin \theta} \frac{\partial}{\partial \theta} \left(\sin \theta \frac{\partial}{\partial \theta} \right) + \frac{1}{\sin^2 \theta} \frac{\partial^2}{\partial \phi^2} \right]$$

구좌표계에서의 각운동량 z성분의 연산자는 다음과 같다.

$$L_z = -i\hbar \left(x \frac{\partial}{\partial y} - y \frac{\partial}{\partial x} \right)$$

$$= -i\hbar \frac{\partial}{\partial \phi}$$

각운동량 연산자에는 내림 연산자와 올림 연산자라고 하는 특별한 연산자가 있다. 각운동량의 올림 연산자와 내림 연산자는 각운동량 연산자의 고유함수 $Y_{lm}(\theta, \phi)$에 작용하여 이 함수의 m값을 하나 올라가게 하거나 내려가게 하는 연산자다. 이 연산자와 관련된 성질은 모든 각운동량 고유함수가 일반적으로 가지고 있는 성질이기 때문에 모든 양자물리학 교재에서 중요하게 다룬다. 오름 연산자나 내림 연산자와 관련된 성질은 하나의 입자가 가지는 궤도 각운동량과 스핀 각운동량을 합한 총각운동량을 다룰 때는 물론 여러 입자들의 스핀이나 궤도 각운동량을 합한 총각운동량을 다룰 때도 사용된다.

각운동량에 대한 올림 연산자와 내림 연산자

각운동량을 다룰 때는 다음과 같은 내림 연산자와 오름 연산자를 이용하면 편리하다. 각운동량 연산자의 방정식을 풀면 고윳값과 고유함수가 다음과 같다는 것을 알 수 있다.

$$L^2 Y_{lm}(\theta, \phi) = l(l+1)\hbar^2 Y_{lm}(\theta, \phi)$$

$$L_z Y_{lm}(\theta, \phi) = m\hbar Y_{lm}(\theta, \phi)$$

이제 내림 연산자와 오름 연산자를 다음과 같이 정의해보자.

$$L_+ = L_x + iL_y$$

$$L_- = L_x - iL_y$$

L^2, L_z, L_+, L_- 사이에는 다음과 같은 관계가 성립된다는 것을 알 수 있다.

$$[L_z, L_+] = \hbar L_+$$

$$[L_z, L_-] = -\hbar L_-$$

$$[L^2, L_\pm] = 0$$

이제 고유함수 $Y_{lm}(\theta, \phi)$에 L_+ 연산자와 L_- 연산자를 적용하여 만든 새로운 함수의 각운동량과 각운동량의 z선분이 어떻게 달라지는지 알아보자. $[L^2, L_\pm] = 0$이므로 다음과 같이 쓸 수 있다.

$$L^2 L_\pm Y_{lm}(\theta, \phi) = L_\pm L^2 Y_{lm}(\theta, \phi) = l(l+1)\hbar^2 L_\pm Y_{lm}(\theta, \phi)$$

이 식은 $Y_{lm}(\theta, \phi)$에 $L_\pm$연산자를 적용하여 새로 만든 함수의 L^2 연산자의 고윳값이 원래 함수인 $Y_{lm}(\theta, \phi)$의 고윳값과 같다는 것을 나타낸다. 다시 말해 $L_\pm$ 연산자는 고유함수의 l값을 변화시키지 않는다.

또한 $[L_z, L_+]=\hbar L_z$의 관계로부터 다음과 같은 관계식을 얻을 수 있다.

$$L_z L_+ Y_{lm}(\theta, \phi) = (L_+ L_z + \hbar L_z) Y_{lm}(\theta, \phi) = \hbar(m+1) L_+ Y_{lm}(\theta, \phi)$$

이것은 고유함수 $L_+ Y_{lm}(\theta, \phi)$의 L_z의 고윳값이 $Y_{lm}(\theta, \phi)$의 고윳값보다 $\hbar$만큼 크다는 것을 나타낸다. 또한 $[L_z, L_-]=-\hbar L_z$으로부터 다음과 같은 결과를 얻을 수 있다.

$$L_z L_- Y_{lm}(\theta, \phi) = \hbar(m-1) L_- Y_{lm}(\theta, \phi)$$

이 결과는 $L_- Y_{lm}(\theta, \phi)$가 L_z의 고윳값이 $Y_{lm}(\theta, \phi)$의 고윳값보다 $\hbar$만큼 작은 고유함수라는 것을 나타낸다. 따라서 L_+와 L_-를 각각 올림 연산자와 내림 연산자라고 부르는 것은 이 때문이다. 올림 연산자와 내림 연산자를 $Y_{lm}(\theta, \phi)$에 적용하면 L_z 성분을 결정하는 양자수인 m의 값이 하나 증가하거나 줄어든다. 따라서 다음과 같이 쓸 수 있다.

$$L_+ Y_{lm}(\theta, \phi) = C_+(l, m) Y_{lm+1}(\theta, \phi)$$
$$L_- Y_{lm}(\theta, \phi) = C_-(l, m) Y_{lm-1}(\theta, \phi)$$

그런데 각운동량의 z성분의 크기를 나타내는 양자수 m과 전체 각운동량의 크기를 나타내는 양자수 l 사이에는 다음과 같은 관계가 있다.

$$-l \leqq m \leqq l$$

따라서 m의 최댓값은 l이다. 이에 따라 $Y_u(\theta, \phi)$에 L_+를 적용하면 그 값이 0이 되어야 한다.

$$L Y_u(\theta, \phi) = 0$$

따라서 이 방정식을 풀어서 $Y_u(\theta, \phi)$를 구하고, 여기에 차례로 L_- 연산자를 적용시키면 모든 각운동량 고유함수와 고윳값을 구할 수 있다.

지난 100년 동안 양자역학에 관한 논문이 수십만 편 발표되었다. 그만큼 양자역학에서 다루고 있는 문제도 다양하고, 양자역학에서 사용하는 수식도 복잡하다. 따라서 양자역학 교재에는 복잡한 수식이 많이 등장한다. 그러나 양자역학의 전체적인 내용을 살펴보는 데는 지금까지 설명한 몇 가지 수학식과 용어를 아는 것만으로도 충분하다. 그렇다면 이제 본격적으로 양자물리학 강의실에서 다루는 문제들을 살펴보기로 하자.

20. 1차원 퍼텐셜과 터널링 효과

양자물리학에서 다루는 내용 중에서 가장 먼저 다루는 것이 1차원 퍼텐셜의 문제다. 입자들은 3차원 공간에서 운동하고 있지만 그것을 1차원으로 다루면 간단히 해를 구할 수 있고, 1차원에서 구한 해를 3차원으로 확장할 수 있다. 1차원 퍼텐셜의 문제는 이상기체의 운동, 원자핵 분열, 터널링 효과와 같은 문제를 이해하는 데 필수적이다.

상자 안에 갇혀 있는 입자의 운동

밖으로 나갈 수 없는 상자 속에 갇혀 있는 입자를 생각해보자. 이 입자가 상자 바깥쪽으로 나갈 수 없는 것은 입자가 상자 벽을 뚫고 나가는 데 필요한 에너지를 가지고 있지 않기 때문이다. 고전 역학에 의하면 입자의 에너지가 벽을 뚫고 지나가는 데 필요한 에너지보다 작으면 이 입자는 상자 안에 갇혀서 운동한다. 입자가 벽을 뚫고 나가는 데 필요한 에너지를 벽의 퍼텐셜에너지라고 한다.

만약 퍼텐셜 에너지가 상자 밖에서는 무한대이고, 상자 안에서는 0이라면 이 입자는 영원히 상자 안에서만 운동해야 한다. 고전 물리학에 의하면 이때 상자 안의 입자가 가질 수 있는 에너지에는 아무런 제한이 없어 모든 에너지를 가질 수 있다.

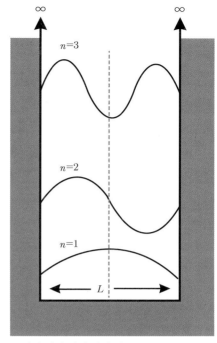

1차원 상자 안의 입자 파동.

그러나 양자물리학에 의하면 이 입자는 양자역학적으로 허용된 에너지만을 가져야 한다. 이 입자가 어떤 에너지를 가질 수 있는지를 알기 위해서는 슈뢰딩거방정식을 풀어서 해를 구해야 한다. 상자 밖에서는 퍼텐셜이 무한대이므로 슈뢰딩거방정식의 해는 0이다. 그러나 상자 안에서는 퍼텐셜이 0이므로 슈뢰딩거방정식이 아주 간단한 방정식으로 나타난다.

$$-\frac{\hbar^2}{2m}\frac{d^2\phi}{dx^2}+V\phi=E\phi \quad \rightarrow \quad -\frac{\hbar^2}{2m}\frac{d^2\phi}{dx^2}=E\phi$$

이 방정식은 고전 역학에서 많이 다룬 조화진동의 식과 같다. 따라서 쉽게 해를 구할 수 있다. 이 방정식을 풀면 한 변의 길이가 L인 상자 안에 갇혀 있는 입자는 다음과 같은 에너지만 가질 수 있다는 것을 알 수 있다.

$$E_n=\frac{\hbar^2\pi^2 n^2}{2mL^2} \quad (n=1, 2, 3, \cdots)$$

만약 입자가 1차원 상자가 아니라 3차원 상자 안에 갇혀 있는 경우, 입자가 가질 수 있는 에너지는 다음과 같다.

$$E = \frac{\hbar^2 \pi^2}{2mL^2}(n_x^2 + n_y^2 + n_z^2) \quad (n_x, n_y, n_z = 1, 2, 3, \cdots)$$

이 식을 이상기체에 적용하여 통계적인 방법으로 다루면 이상기체와 관련된 여러 가지 현상을 성공적으로 설명할 수 있다. 이상기체의 행동을 나타내는 이상기체 상태방정식은 실험법칙인 보일과 샤를의 법칙을 결합하여 얻은 식이었다. 그러나 3차원 상자 안에 있는 입자가 가질 수 있는 에너지를 양자역학적으로 분석하여 이상기체 방정식을 유도해낼 수 있다. 그리고 이러한 분석은 금속 안에서 활동하고 있는 자유전자의 문제를 다루는 데도 이용된다. 1차원 퍼텐셜의 문제는 수학적으로 매우 간단한 식이지만 이런 중요한 문제들을 이론적으로 설명할 수 있게 해주는 것을 보면서 양자물리학을 처음 배우는 학생들은 양자물리학적 분석의 놀라운 가능성을 실감하게 된다.

양자물리학 강의실 엿보기

상자 속에 있는 입자의 고윳값 문제

퍼텐셜이 다음과 같이 주어진 경우에 대해 생각해보자.

$$V(x) = \infty, \quad x < 0, \ x > L$$
$$= 0, \quad 0 < x < L$$

이런 경우 $x < 0$, $L < x$ 인 영역에서는 퍼텐셜이 무한대이므로 파동함수가 0이 된다.

$V(x) = \infty$
$x < 0$

$V(x) = 0$
$0 < x < L$

$V(x) = \infty$
$x > L$

$$\phi(x)=0, \quad x<0, \quad x>L$$

그리고 $0<x<L$인 영역에서는 퍼텐셜이 0이므로 슈뢰딩거방정식은 다음과 같이 된다.

$$\frac{d^2\phi(x)}{dx^2}+\frac{2mE}{\hbar^2}\phi(x)=0$$

이 식에서 $k^2=\frac{2mE}{\hbar^2}$ 이라고 놓으면 이 식은

$$\frac{d^2\phi(x)}{dx^2}+k^2\phi(x)=0$$

이 되고 따라서 해는 $\phi(x)=A\sin kx+B\cos kx$이다. 그런데 $\phi(0)=\phi(L)=0$이어야 하므로 다음과 같이 된다.

$$u(x)=A\sin kx, \quad kL=n\pi$$

따라서 에너지 고윳값은 다음과 같다.

$$E_n=\frac{\hbar^2 k^2}{2m}=\frac{\hbar^2\pi^2 n^2}{2mL^2} \quad (n=1,2,3,\cdots)$$

그런데 파동함수는 규격화 조건을 만족해야 하므로 상수 A는 다음과 같다.

$$\int_0^L A^*A\sin^2\frac{n\pi}{L}x=\frac{1}{2}|A|^2\int_0^L\left(1-\cos\frac{2n\pi}{L}x\right)dx=\frac{2}{L}|A|^2=1$$

$$|A|=\sqrt{\frac{2}{L}}$$

따라서 시간 독립적인 슈뢰딩거방정식의 해는 다음과 같다.

$$\phi_n(x)=\sqrt{\frac{2}{L}}\sin\frac{n\pi x}{L}$$

그런데 이 해들은 다음과 같은 성질을 가지고 있다.

$$\int_0^L dx \phi_n^*(x) \phi_n(x) = \frac{1}{L} \int_0^L 2\sin\frac{n\pi x}{L} \sin\frac{n\pi x}{L} dx$$

$$= \frac{1}{L} \int_0^a \left[\cos\frac{(n-m)\pi}{L} - \cos\frac{(m+n)\pi}{L} \right] = \delta_{mn}$$

이런 경우 $\phi_n(x)$는 서로 직교한다고 말한다.

양자역학적 분석에 의하면 상자 안의 입자는 불연속적인 에너지만 가질 수 있을 뿐만 아니라 바닥상태$^{ground\ state}$를 가지고 있다. 고전 물리학에 의하면 상자 안의 입자는 연속적인 모든 에너지를 가질 수 있고 0의 에너지도 가질 수 있다. 다시 말해 입자가 운동을 멈추고 정지할 수도 있다. 그러나 양자물리학적 분석에 의하면 입자는 바닥 에너지보다 더 작은 에너지는 가질 수 없어 절대로 멈출 수 없다. 입자의 바닥 에너지는 다음과 같다.

$$E_1 = \frac{\pi^2 \hbar^2}{2mL^2}$$

한 변의 길이가 L인 정육면체 안에서 운동하고 있는 입자의 에너지는 1차원에서 에너지 상자 안에서 구한 에너지를 3차원으로 확장하면 쉽게 구할 수 있다.

$$E_n = \frac{\pi^2 \hbar^2}{2mL^2} (n_x^2 + n_y^2 + n_z^2)$$

이 식에서 n_x, n_y, n_z는 0보다 큰 정수다. 3차원 상자 안에서 운동하는 입자가 가질 수 있는 에너지는 이상기체의 문제를 다룰 때 이용된다. 이 에너지 식을 통계적인 방법으로 분석하면 실험을 통해 알게 되었던 이상기체 상태방정식과 입자의 열운동 에너지와 온도 사이의 관련식 $E = \frac{3}{2} k_b T$을 유도할 수 있다. 이것은 입자 운동에 대한 양자역학적 해석이 옳다는 증거가 된다.

퍼텐셜 장벽과 터널링 효과

양자역학적 분석 결과와 고전 역학의 분석 결과는 많이 다르다. 그런 차이가 가장 극적으로 나타나는 것이 퍼텐셜 장벽이 있는 경우의 운동이다. 입자가 운동하고 있는 경로 앞에 높이가 V_o이고 너비가 a인 에너지 장벽이 있는 경우를 생각해보자. 고전 역학에 의하면 이 입자의 총에너지가 에너지 장벽의 퍼텐셜보다 작을 경우 에너지 장벽 안에서는 운동에너지가 음수 값을 가져야 하기 때문에 에너지 장벽을 통과할 수 없다. 따라서 입자가 에너지 장벽을 만나면 다시 돌아가야 한다.

그러나 양자역학적 분석 결과에 의하면 장벽의 경계면에서 다시 오던 길로 돌아갈 수도 있고, 장벽을 뚫고 지나갈 수도 있다. 이렇게 총에너지보다 높은 에너지 장벽을 뚫고 지나가는 것을 터널링이라고 한다. 터널링은 양자역학과 고전 역학의 차이를 극적으로 보여주는 현상이다. 양자역학을 이용하면 장벽의 경계면에서 뒤로 돌아갈 확률이 얼마나 되는지, 그리고 장벽을 뚫고 지나갈 확률이 얼마나 되는지 계산할 수 있다. 터널링이 일어날 확률은 퍼텐셜 장벽의 높이가 낮을수록, 그리고 장벽의 너비가 좁을수록 커진다.

터널링 현상은 원자핵의 방사성붕괴를 설명하는 데 사용된다. 원자핵의 방사성붕괴는 불안정한 원자핵이 시간을 두고 일정한 비율로 서서히 붕괴하여 다른 안정한 원자핵으로 바뀌는 것을 말한다. 고전 역학에 의하면 원자핵

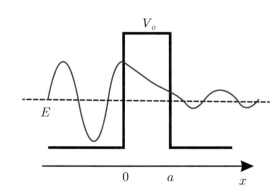

터널링 효과.

이 역학적으로 불안정한 경우 원자핵은 즉시 붕괴해야 한다. 그러나 실제 방사성붕괴는 반감기를 가지고 서서히 일어난다. 방사성붕괴를 시작할 때의 질량이 100이었다면 반감기가 지난 다음에는 50이 되고, 또 다시 반감기가 지나면 25가 된다. 이것은 방사성붕괴가 확률과정이라는 것을 나타낸다. 이런 결과가 나오는 것은 반감기 동안에 붕괴할 확률이 50%이기 때문이다. 처음 원자핵의 방사성붕괴가 발견되었을 때 이것을 역학적으로 설명하는 일은 과학자들에게 큰 숙제였다. 그러나 양자물리학이 성립된 후 이 문제가 해결되었다.

원자핵 안에서는 입자들 사이에 작용하는 강한 핵력에 의해 퍼텐셜이 낮은 상태인 $-V_o$ 상태에 있다. 그러나 일단 원자핵을 벗어나면 전자기적 상호작용에 의해 퍼텐셜은 거리 제곱에 반비례해서 낮아지고 무한대에서 0이 된다.

원자핵 안에 갇혀 있는 입자의 에너지가 0보다 작으면 이 입자는 영원히 원자핵을 벗어날 수 없다. 그러나 원자핵 안에 갇혀 있는 입자의 에너지가 0보다 크

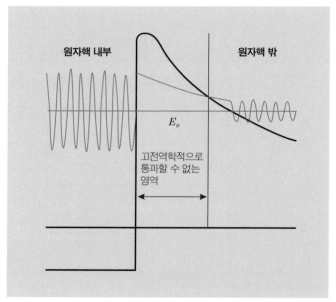

알파붕괴에서 알파입자가 원자핵의 퍼텐셜 장벽을 터널링하는 것을 나타내는 그림.

면 에너지 장벽을 뚫고 원자핵을 탈출하는 것이 가능해진다. 이때 입자가 탈출할 확률은 입자가 가지고 있는 에너지에 따라 달라진다. 총에너지가 클수록 뚫고 지나가야 할 에너지 장벽의 너비가 좁아지기 때문이다. 에너지 장벽의 높이와 원자핵 안에 갇혀 있는 입자가 가지고 있는 에너지의 크기는 원자핵의 종류에 따라 달라진다. 원자핵의 종류에 따라 반감기가 다른 것은 이 때문이다.

터널링 효과는 우리 일상생활에서도 널리 사용되고 있다. 우리가 사용하는 모든 전자 장비에는 트랜지스터라는 소자가 들어 있다. p-형 반도체와 n-형 반도체를 npn 또는 pnp의 순서로 접합하여 만든 트랜지스터는 가운데 연결된 반도체에 흐르는 작은 전류의 변화로 전체 회로에 흐르는 전류를 크게 변화시킬 수 있다. 따라서 트랜지스터는 작은 전류 신호를 커다란 전류 신호로 바꾸는 증폭작용에 사용된다. 이러한 트랜지스터를 개량한 것이 FET다. 소스와 드레인 그리고 게이트로 이루어진 FET에서는 게이트에 걸리는 전압이 소스와 드레인 사이에 흐르는 전류의 크기를 제어한다. 따라서 게이트에 걸리는 작은 전압 신호를 소스와 드레인 사이에 흐르는 큰 전류 신호로 바꿀 수 있어 트랜지스터와 마찬가지로 증폭작용에 사용할 수 있다.

FET의 게이트 아래에 플로팅 게이트를 설치한 것이 최근 널리 사용되는 플래시메모리다. 플로팅 게이트는 부도체가 도체를 둘러싸고 있다. 플로팅 게이트가 전하로 대전되어 있느냐 아니냐에 따라 소스와 드레인 사이에 흐르는 전류의 세기가 달라진다. 플래시메모리에서 정보를 저장하기 위해서는 플로팅 게이트를 대전시키거나 방전시키면 된다. 그런데 플로팅 게이트는 부도체로 도체를 둘러싸서 만들므로 전자는 부도체를 통해 플로팅 게이트 안으로 들어가거나 나올 수 없다. 하지만 플로팅 게이트에 일정한 전압을 걸어주면 부도체를 뚫고 전자가 안으로 들어가 대전되거나 안에 있던 전자가 밖으로 나와 방전될 수 있다.

전자가 부도체의 장벽을 뚫고 나오거나 들어갈 수 있는 것은 터널링 효과 때

문이다. 전압을 걸어주면 전자
가 부도체를 뚫고 들어가거나
나오는 것을 방해하는 퍼텐셜
장벽이 낮아지기 때문에 터널
링이 쉽게 일어날 수 있다. 그
러나 전압을 걸어주지 않으면
에너지 장벽이 높아 터널링이
일어날 확률이 아주 작아진다.

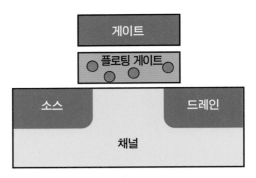

플래시메모리에서는 플로팅 게이트에 대전시켜 정보를 저장한다.

따라서 일단 플로팅 게이트로 들어간 전자는 밖으로 빠져나올 수 없어 정보가 사라지지 않고 오랫동안 저장된다. 오랫동안 널리 사용되어왔던 강자성체를 이용하여 정보를 저장하는 카세트테이프나 하드디스크와 같은 정보 저장 장치는 이제 서서히 사라지고 플래시메모리를 이용한 정보 저장 장치가 그 자리를 차지하고 있다. 스마트폰이나 카메라에 사용되는 usb 메모리, 컴퓨터에서 사용하는 SSD는 모두 플래시메모리를 이용한 정보 저장 장치다.

아주 작은 물체를 보는 현미경에서도 터널링 효과를 사용한다. 최초로 사용하기 시작한 현미경은 빛을 이용하는 광학현미경이었다. 광학현미경의 최고 배율은 1000배 정도다. 따라서 광학현미경으로는 분자와 같이 작은 구조를 볼 수 없다. 분자와 같이 작은 크기의 구조를 보기 위해서는 전자를 이용하는 전자현미경을 사용하여야 한다. 그러나 전자현미경의 배율에도 한계가 있어 원자 크기의 물체를 볼 수는 없다. 하지만 주사투과현미경STM을 사용하면 원자의 내부 구조는 아니더라도 원자의 배열 정도는 볼 수 있다. STM은 전자의 터널링 효과를 이용하는 현미경이다.

전압이 걸려 있는 가느다란 탐침을 물질 표면에 가까이 가져가면 물질을 이루는 원자에 잡혀 있던 전자가 터널링을 통해 탐침으로 옮겨올 수 있다. 이때 물질에서 탐침으로 옮겨오는 전자의 수는 탐침과 물질 사이의 거리에 따라 달라진다. 따라서 탐침으로 표면을 스캔하면서 물질에서 탐침으로 터널링하는 전자의 수를 측정하면 표면의 높낮이가 측정된다. 이러한 높낮이 정보를 이용하여 물체의 표면 상태를 그림으로 만들면 표면 영상이 된다.

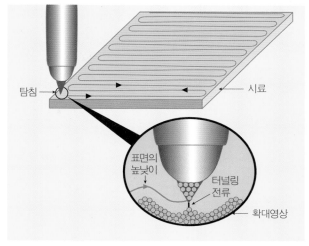

STM에서는 터널링에 의해 탐침과 물질 사이에 전류가 흐른다.

　마술사 중에는 만리장성과 같은 장벽 통과 마술을 보여주는 사람도 있다. 마술을 할 때는 항상 검은 천으로 안을 볼 수 없게 가려놓는다. 혹시 양자물리학의 터널링 효과를 잘 알고 있는 마술사가 검은 장막 안에서 만리장성에 아주 빠르게 수없이 부딪혀 터널링에 성공하는 것인지도 모르겠다.

　하지만 사실 우주의 역사보다도 훨씬 긴 시간 동안 계속 부딪힌다 해도 터널링에 의해 만리장성을 통과할 확률은 매우 낮겠지만 전자의 세계에서는 터널링 효과가 자주 일어나는 일이다. 앞에서 설명한 것 외에도 반도체 소자들 중에는 터널링 효과를 이용한 것들이 많다.

퍼텐셜 장벽과 터널링 효과

$-a < x < a$에서는 퍼텐셜이 V_o이고 다른 지역에서는 퍼텐셜이 0일 때 이것을 퍼텐셜 장벽이라고 한다. 만약 입자의 총에너지가 V_o보다 작으면 좌측으로부터 장벽을 향해 다가온 입자는 장벽과의 경계면에서 일부는 반사해 되돌아가고 일부는 장벽을 통과한다. 이렇게 입자의 일부가 장벽을 통과하는 것을 터널링이라고 한다. 터널링 효과의 크기는 다음과 같이 계산할 수 있다. 우선 각 영역에서의 퍼텐셜은 다음과 같다.

$$V(x) = 0, \quad x < -a \quad (\text{I})$$
$$= V_o, \quad -a < x < a \quad (\text{II})$$
$$= 0, \quad a < x \quad (\text{III})$$

이 경우 퍼텐셜 장벽 밖에서와 안에서의 슈뢰딩거방정식은 다음과 같다.

퍼텐셜 장벽

$$\frac{d^2 u(x)}{dx^2} + \frac{2mE}{\hbar^2} u(x) = 0$$

$$\frac{d^2 u(x)}{dx^2} + k^2 u(x) = 0 \qquad (\text{장벽 밖, I 과 II})$$

$$\frac{d^2 u(x)}{dx^2} + \frac{2m(E - V_o)}{\hbar^2} u(x) = 0$$

$$\frac{d^2 u(x)}{dx^2} + \chi^2 u(x) = 0 \qquad (\text{장벽 안, II})$$

이 방정식은 조화진동의 방정식과 같으므로 간단히 해를 구할 수 있다. 장벽 바깥쪽과 안쪽에서의 슈뢰딩거방정식의 해는 다음과 같다.

$$u_I(x) = e^{ikx} + Re^{-ikx} \qquad x < -a$$

$$u_{II}(x) = Ae^{-\chi x} + Be^{\chi x} \qquad |x| < a$$

$$u_{III}(x) = Te^{ikx} \qquad x > a$$

경계에서의 파동함수와 파동함수의 미분이 연속이어야 한다는 조건을 이용하여 계수를 결정하면 다음과 같다.

$$T = e^{-2ika} \frac{2\chi a}{2\chi k \cosh 2\chi a - i(k^2 - \chi^2)\sinh 2\chi a}$$

$$|T|^2 = \frac{(2\chi a)^2}{(k^2 - \chi^2)\sinh^2 \chi a + (2\chi a)^2}$$

만약 $\chi a \gg 1$이면 $\sinh 2\chi a = \dfrac{e^{2\chi a} - e^{-2\chi a}}{2} \rightarrow \dfrac{1}{2}e^{2\chi a}$ 가 되므로 이런 경우에 $|T|^2$은 다음과 같이 된다.

$$|T|^2 \rightarrow \left(\frac{4\chi k}{\chi^2 + k^2}\right) e^{-4\chi a}$$

이것은 입자가 장벽을 통과할 확률을 나타낸다. 이 값은 χa값에 따라 크게 달라진다. 그런데 χa는 다음과 같다.

$$\chi a = \left[\frac{2ma^2}{\hbar^2}(V_o - E)\right]^{1/2}$$

따라서 입자가 장벽을 투과할 확률은 장벽의 폭과 에너지에 의해 결정된다. 실제 문제에서는 장벽이 4각형의 형태가 아니라 복잡한 함수의 형태다. 이런 경우에는 근사적인 방법을 이용하여 터널링 확률을 계산할 수 있다.

퍼텐셜 우물

다른 곳에서는 퍼텐셜이 0이고 일정한 구간 안에서는 퍼텐셜이 $-V_o$인 경우를 퍼텐셜 우물이라고 한다. 만약 입자가 가지고 있는 총에너지가 0보다 크면 이 입자는 퍼텐셜 지역을 쉽게 통과할 수 있다. 고전 역학에 의하면 이 입자는 퍼텐셜 우물을 통과하는 동안 운동에너지가 커져 속도가 빨라지겠지만 퍼텐셜 우물을 통과하는 데 아무 어려움이 없다. 그러나 양자물리학에 의하면 총에너지가 0보다 큰 입자도 퍼텐셜의 경계면에서 일부는 통과하고 일부는 반사한다. 이러한 반사와 통과는 퍼텐셜의 경계면 두 곳에서 모두 일어난다. 이 경우 총에너지가 퍼텐셜 우물의 깊이보다 훨씬 크면 입자가 퍼텐셜 우물의 경계를 통과할 확률이 1에 가까워진다. 그러나 재미있는 것은 총에너지가 아주 크지 않은 경우에도 특정한 조건을 만족하면 퍼텐셜 우물을 통과할 확률이 1인 경우가 있다. 이런 현상을 투과공명이라고 하는데 불활성기체의 투과 실험에서 투과공명 현상이 실제로 일어난다는 것이 확인되었다.

퍼텐셜 우물과 투과공명

퍼텐셜이 다음과 같은 경우를 퍼텐셜 우물이라고 한다.

$$V(x) = 0, \qquad x < -a$$
$$\quad = -V_o, \quad -a < x < a$$
$$\quad = 0, \qquad a < x$$

질량이 m인 입자가 0보다 큰 에너지를 가지고 좌측으로부터 퍼텐셜 우물로 입사하는 경우의 입자 운동을 분석해보자. 이 경우 퍼텐셜 우물 밖에서와 안에서의 슈뢰딩거방정식과 그 해는 다음과 같다.

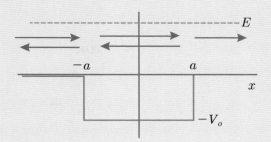

퍼텐셜 우물

(퍼텐셜 우물 밖)

$$\frac{d^2\phi(x)}{dx^2} + \frac{2mE}{\hbar^2}\phi(x) = 0$$

$$\phi = Ce^{ikx} + De^{-ikx} \qquad \left(k = \sqrt{\frac{2mE}{\hbar^2}}\right)$$

(퍼텐셜 우물 안)

$$\frac{d^2u(x)}{dx^2} + \frac{2m(E+V_o)}{\hbar^2}u(x) = 0$$

$$\phi = C'e^{iqx} + D'e^{-iqx} \qquad \left(q = \sqrt{\frac{2m(E+V_o)}{\hbar^2}}\right)$$

퍼텐셜 우물 좌측에는 입사하는 파동과 반사된 파동이 존재하므로 이 지역에서의 파동함수는 다음과 같다.

$$u_I(x) = e^{ikx} + Re^{-ikx} \qquad x < -a$$

퍼텐셜 우물 지역인 $-a < x < a$ 에서는 첫 번째 경계면을 통과한 파동과 두 번째 경계면에서 반사한 파동이 존재하므로 두 파동을 합한 파동함수는 다음과 같다.

$$u_{II}(x) = Ae^{ik'x} + Be^{-ik'x} \qquad -a < x < a$$

퍼텐셜 우물 우측 지역에는 퍼텐셜 우물을 통과한 파동만 존재하므로 이 지역에서의 파동함수는 다음과 같이 쓸 수 있다.

$$u_{III}(x) = Te^{ikx} \quad a < x$$

퍼텐셜 우물의 경계에서 파동함수와 파동함수의 미분이 연속이어야 한다는 조건을 이용하면 입자가 퍼텐셜 우물에서 반사할 확률을 나타내는 R과, 퍼텐셜 우물을 통과할 확률을 나타내는 T를 구할 수 있다.

$$R = ie^{-2ika} \frac{(k'^2 - k^2)\sin 2k'a}{2kk'\cos 2k'a - i(k'^2 + k^2)\sin 2k'a}$$

$$T = e^{-2ika} \frac{2kk'}{2kk'\cos 2k'a - i(k'^2 + k^2)\sin 2k'a}$$

에너지가 퍼텐셜 우물의 깊이에 비해 아주 큰 경우, 즉 $E \gg V_o$인 경우에는 $k'^2 - k^2 \ll 2kk'$가 되어 반사가 거의 일어나지 않고 대부분의 입자가 모두 통과한다. 그리고 에너지가 아주 크지 않더라도 $\sin 2k'a = 0$인 경우, 즉 $E = -V_o + \frac{n^2\pi^2\hbar^2}{8ma^2}$인 경우에는 반사하지 않고 모두 통과한다. 이러한 결과는 네온이나 아르곤과 같은 불활성 원자에 낮은 에너지를 산란시킬 때 예외적으로 잘 투과하는 현상을 잘 설명해준다. 이런 현상을 투과공명이라고 한다.

만약 입자가 가지고 있는 총에너지가 0보다 작은 경우 이 입자는 퍼텐셜 우물 안에 잡혀 있어야 한다. 고전 역학에서는 우물 안에 잡혀 있는 입자는 임의의 에너지를 가지고 우물 안에서 왕복운동을 하게 된다. 그러나 양자역학적 분석에 의하면 우물 안에 잡혀 있는 입자는 임의의 에너지를 가질 수 없으며 양자역학적으로 허용된 불연속적인 에너지만 가질 수 있다. 이때 입자가 가질 수 있는

에너지는 앞에서 다룬 1차
원 상자 안의 입자가 가지
는 에너지와 비슷하지만 똑
같지는 않다. 1차원 상자인
경우 상자 외부의 퍼텐셜이
무한대여서 상자 밖에는 입
자가 존재할 수 없지만 퍼
텐셜 우물의 경우, 우물 밖
의 퍼텐셜이 무한대가 아니

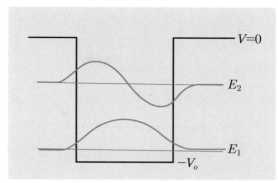

총에너지가 0보다 작은 입자가 에너지 우물에 갇혀 있을 때
허용된 에너지와 파동함수.

어서 입자가 벽을 뚫고 조금은 안으로 들어갈 수 있다. 그러나 한없이 벽을 뚫
고 들어갈 수 없기 때문에 경계면에서 멀어지면 결국 입자가 존재할 확률은 0
이 된다.

이러한 퍼텐셜 우물은 양성자와 중성자가 잡혀 있는 원자핵 분석에도 이용된
다. 강한상호작용만 하는 중성자의 퍼텐셜 모양은 퍼텐셜 우물과 비슷하다. 그
러나 강한상호작용 외에도 전기적 반발력이 작용하는 양성자의 퍼텐셜은 중성
자 퍼텐셜보다 약간 높으며
모양도 약간 다르다. 원자핵
안에 포함되어 있는 중성자
수가 양성자 수보다 많은
것은 퍼텐셜의 높이와 모양
이 다르기 때문이다. 퍼텐셜
우물 안에서 운동하는 입자
와 마찬가지로 원자핵을 구
성하는 양성자와 중성자도

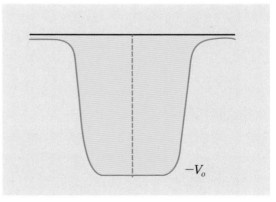

원자핵 안의 중성자 퍼텐셜.

양자역학적으로 허용된 불연속적인 에너지만 가져야 한다. 그러나 1차원 퍼텐셜의 문제를 다룰 때는 입자의 질량 외에 다른 물리량을 고려하지 않았지만 중성자나 양성자와 같은 입자들을 다룰 때는 각운동량과 같은 다른 물리량도 고려해야 한다. 따라서 1차원 퍼텐셜 우물에서 E_1, E_2, E_3, $\cdots$ 등으로 나타내는 에너지준위 안에도 각운동량이 다른 여러 가지 상태가 존재할 수 있다. 이로 인해 양성자와 중성자에 허용되는 에너지준위는 매우 복잡해진다. 원자핵을 구성하는 입자들의 에너지 껍질구조에 대해서는 원자핵을 다룰 때 좀 더 자세히 설명할 예정이다.

21. 조화진동의
양자역학적 해석

　용수철에 물체를 매달고 마찰이 없는 표면에서 잡아당겼다가 놓으면 물체는 평형점을 중심으로 진동한다. 이러한 물체의 운동을 조화진동이라고 한다. 조화진동의 문제는 고전 역학이나 양자역학에서 매우 중요하다. 역학적으로 철저한 분석이 가능한 운동이기도 하고, 자연에서 일어나는 많은 운동들이 조화진동과 유사하기 때문이다. 예를 들면 고체를 이루는 원자나 분자들은 한자리에 정지해 있는 것이 아니라 빠르게 진동하고 있다. 평형점 부근에서의 원자와 분자의 운동은 조화진동에 매우 가깝다. 따라서 조화진동 문제는 고체의 성질을 이해하기 위해서도 꼭 필요하다. 또한 원운동도 x축이나 y축 상에서 보면 조화진동이다. 다시 말해 x축과 y축 상에서 조화진동을 하는 입자의 운동이 2차원 평면에서는 원운동으로 나타나는 것이다. 따라서 원운동의 문제를 다룰 때도 조화진동이 이용된다.

　고전 역학에서는 운동방정식을 풀면 쉽게 조화진동하는 입자의 속도와 위치가 시간에 따라 어떻게 변하는지 알 수 있고, 이때 입자의 에너지가 얼마인지도 알 수 있다. 조화진동하는 입자에 작용하는 힘과 그에 따른 퍼텐셜에너지는 다음과 같다.

$$F = -kx, \quad V = \frac{1}{2}kx^2$$

따라서 고전 역학에서의 운동방정식은 다음과 같다.

$$m\frac{d^2x}{dt^2} + kx = 0 \rightarrow \frac{d^2x}{dt^2} + \omega_o^2 x = 0$$

이 식에서 $\omega_o = \sqrt{\dfrac{k}{m}}$이다. 이 식의 해는 다음과 같다.

$$x = A\sin(\omega t + \phi) = Ae^{i(\omega t + \phi)}$$

A와 ϕ는 초기조건에 의해 결정된다. 조화진동하는 입자의 총에너지는 진폭의 제곱에 비례한다.

$$E = \frac{1}{2}kA^2$$

고전 역학적 분석에 의하면 조화진동을 하는 입자는 진폭에 의해 결정된다. 진폭은 연속적으로 변할 수 있으므로 입자의 에너지도 연속적인 모든 값을 가질 수 있다.

조화진동을 하는 입자가 양자역학적으로 어떤 에너지를 가질 수 있는지를 알아보기 위해서는 슈뢰딩거방정식을 풀어야 한다. 용수철에 매달려 조화진동을 하는 물체에 작용하는 퍼텐셜은 거리 제곱에 비례한다.

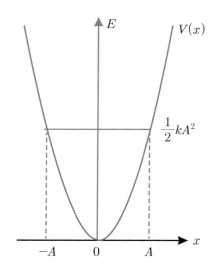

조화진동의 퍼텐셜.

$$V(x) = \frac{1}{2}kx^2$$

조화진동을 하는 입자에 작용하는 퍼텐셜을 대입한 슈뢰딩거방정식은 다음과 같다.

$$-\frac{\hbar^2}{2m}\frac{d^2\phi}{dx^2} + \frac{1}{2}kx^2\phi = E\phi \quad \rightarrow \quad \frac{d^2\phi}{dx^2} + \left(E - \frac{1}{2}kx^2\right)\phi = 0$$

이 방정식을 풀어 고유함수와 고윳값을 구하면 조화진동하는 입자가 가질 수 있는 에너지와 입자가 특정한 위치에서 발견될 확률을 알 수 있다. 그런데 이 방정식은 모든 경우에 해를 가지는 것이 아니라 에너지가 특정한 값을 가질 때만 해를 갖는다. 조머펠트가 제안한 고전 양자론에서는 특정한 물리량이 플랑크상수의 정수배가 되어야 한다는 양자 조건이 있었다. 그러나 파동역학에서는 슈뢰딩거방정식이 해를 가질 수 있는 조건으로부터 양자수가 자연스럽게 나타난다. 조화진동에 대한 슈뢰딩거방정식을 풀면 ω의 진동수를 가지고 진동하는 입자가 가질 수 있는 에너지가 다음

과 같다는 것을 알 수 있다.

$$E_n = \left(n + \frac{1}{2}\right)\hbar\omega$$

이 식에서 n은 정수다. 따라서 조화진동하는 입자는 $\frac{1}{2}\hbar\omega$, $\frac{3}{2}\hbar\omega$, $\frac{5}{2}\hbar\omega$, …와 같은 에너지만 가질 수 있다. 각 에너지준위 사이의 간격은 모두 $\hbar\omega$이다. 고전 역학에서는 진폭이 0이 되면 에

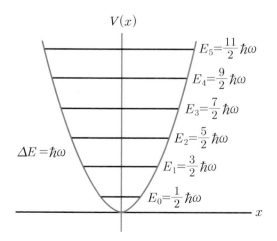

조화 진동하는 입자가 가질 수 있는 에너지.

너지가 0이 되었던 것과는 달리 양자역학에서는 $\frac{1}{2}\hbar\omega$보다 더 작은 에너지를 가질 수 없다. 따라서 온도가 절대온도 0도가 되더라도 물체를 이루는 원자나 분자의 진동이 멈추지 않는다. 다시 말해 절대온도 0도에 도달하는 것은 가능하지 않다. 이러한 성질은 아주 작은 세계와 아주 낮은 온도에서의 물질의 성질에 중요한 영향을 미친다. 고전 역학의 결과와는 다른 이러한 양자역학적 효과는 지난 100년 동안 많은 실험을 통해 확인되었다.

조화진동의 슈뢰딩거방정식 풀이

조화진동 운동의 퍼텐셜과 슈뢰딩거방정식은 다음 식과 같이 주어진다.

$$V(x) = \frac{1}{2}kx^2$$

따라서 조화진동을 하는 입자의 슈뢰딩거방정식은 다음과 같다.

$$-\frac{\hbar^2}{2m}\frac{d^2\phi(x)}{dx^2} + \frac{1}{2}kx^2\phi(x) = E\phi(x)$$

이 식을 다시 정리하면 다음 식을 얻을 수 있다.

$$\frac{d^2\phi(x)}{dx^2} + \frac{2mE}{\hbar^2}\left(E - \frac{1}{2}kx^2\right)\phi(x) = 0$$

이 식의 변수들을 다음과 같은 새로운 변수로 치환하면 식이 훨씬 간단해져서 다루기가 편리해진다.

$$\omega = \sqrt{\frac{k}{m}}, \qquad \varepsilon = \frac{2E}{\hbar\omega}$$

$$y = \sqrt{\frac{m\omega}{\hbar}}\, x \qquad dy = \sqrt{\frac{m\omega}{\hbar}}\, dx, \qquad dy^2 = \frac{m\omega}{\hbar}\, dx^2$$

이것을 이용하여 슈뢰딩거방정식을 다시 쓰면 다음과 같이 된다.

$$\frac{d^2\phi(y)}{dy^2} + (\epsilon - y^2)\,\phi(y) = 0$$

이 식에서 $\phi(y) = H(y)e^{-y^2/2}$로 치환하면 수학에서 우리가 에르밋 방정식이라고 부르는 미분방정식이 얻어진다.

$$\phi(y) = H(y)e^{-y^2/2}$$

$$\frac{d^2H}{dy^2} + 2y\frac{dH}{dy}(\epsilon - 1)H = 0$$

이 방정식의 해를 구하는 것은 수학적으로 잘 연구되어 있으며, 풀이법이 그리 복잡하지도 않다. 이 식을 풀어서 구한 최종적인 해와 이러한 해를 가질 수 있도록 하는 에너지는 다음과 같다.

$$E_o = \frac{1}{2}\hbar\omega, \qquad \phi_o(y) = C_1 e^{-x^2/2}$$

$$E_1 = \frac{3}{2}\hbar\omega, \qquad \phi_1(y) = C_2 2x e^{-x^2/2}$$

$$E_2 = \frac{5}{2}\hbar\omega, \qquad \phi_2(y) = C_3(4x^2 - 2)e^{-x^2/2}$$

$$E_3 = \frac{7}{2}\hbar\omega, \qquad \phi_3(y) = C_4(8x^3 - 12x)e^{-x^2/2}$$

퍼텐셜 상자의 문제에서는 퍼텐셜의 경계에서 파동함수가 0이었지만 조화진동의 퍼텐셜 경계에서는 퍼텐셜 우물의 경우와 마찬가지로 파동함수가 0이 되지 않는다. 그것은 입자가 퍼텐셜 안에서만 운동할 수 있는 고전 역학에서와는 달리 양자역학에 의하면 퍼텐셜 바깥쪽에서 발견될 확률도 0이 아니라는 것을 나타낸다. 그러나 퍼텐셜의 경계에서 멀어지면 입자가 발견될 확률이 0이 된다. C_1, C_2 등으로 나타내는 파동함수의 계수는 규격화 조건을 이용하여 구할 수 있다.

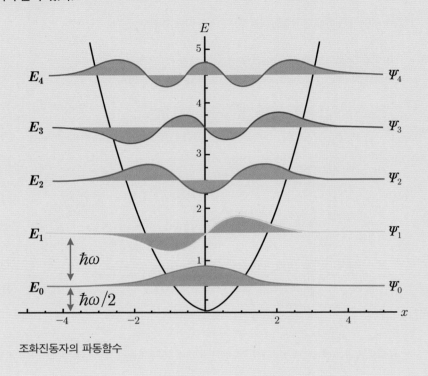

조화진동자의 파동함수

조화진동의 문제는 연산자 방법으로 해를 구할 수도 있다. 연산자 방법에서는 오름 연산자와 내림 연산자라는 새로운 연산자를 정의한다. 오름 연산자 A^+는 파동함수 ϕ_n에 작용하면 ϕ_{n+1}가 만들어지는 연산자이고, 내림 연산자 A는 파동함수 ϕ_n에 작용하면 ϕ_{n-1}을 만들어지는 연산자다. 따라서 바닥상태의 파동함수 ϕ_o에 내림 연산자를 작용하면 0이 되어야 한다.

$$A\phi_o = 0$$

이 방정식을 풀어서 ϕ_o을 구한 다음 여기에 오름 연산자를 차례로 적용하여 모든 파동함수와 고유 에너지를 구하는 것이 연산자 방법이다. 따라서 연산자 방법에서는 2차 미분방정식인 슈뢰딩거방정식을 푸는 대신 이보다 훨씬 간단한 $A\phi_o = 0$이라는 방정식을 풀면 된다. 양자물리학에서는 이와 비슷한 방법으로 연산자를 이용하여 문제를 푸는 경우가 많다.

양자물리학 강의실 엿보기

연산자를 이용한 해

먼저 단진동운동을 하는 물체의 총에너지, 즉 해밀토니안은 다음 식과 같이 주어진다.

$$H = \frac{p^2}{2m} + \frac{1}{2}m\omega^2 x^2$$

이제 다음과 같이 새로운 두 연산자를 정의해보자.

$$A = \sqrt{\frac{m\omega}{2}}\,x + i\,\frac{p}{\sqrt{2m\omega}},$$

$$A^+ = \sqrt{\frac{m\omega}{2}}\,x - i\,\frac{p}{\sqrt{2m\omega}}$$

이 연산자 사이에 다음과 같은 관계가 있다는 것은 실제 계산을 통해 쉽게 증명할 수 있다. 이 계산에서는 $[p, x] = -i\hbar$라는 관계식이 사용된다.

$$\omega A^+ A = \omega \left(\sqrt{\frac{m\omega}{2}}\, x - i\, \frac{p}{\sqrt{2m\omega}} \right) \left(\sqrt{\frac{m\omega}{2}}\, x + i\, \frac{p}{\sqrt{2m\omega}} \right)$$

$$= \frac{p^2}{2m} + \frac{m\omega^2}{2} x^2 - i\, \frac{\omega}{2}(px - xp) = H - \frac{1}{2}\hbar\omega$$

따라서 단진동운동을 하는 입자의 해밀토니안은 이 연산자를 이용해 다음과 같이 나타낼 수 있다.

$$H = \omega A^+ A + \frac{1}{2}\hbar\omega$$

우리는 새로운 연산자를 이용해 단진동 문제를 풀려고 하므로 새로운 연산자가 가지는 여러 가지 성질을 자세히 알아둘 필요가 있다. 다음과 같은 여러 가지 관계식을 증명하는 것은 그리 어려운 일이 아니다.

$$[A, A^+] = \left[\sqrt{\frac{m\omega}{2}}\, x + i\, \frac{p}{\sqrt{2m\omega}}, \ \sqrt{\frac{m\omega}{2}}\, x - i\, \frac{p}{\sqrt{2m\omega}} \right] = \hbar$$

그리고 연산자 A와 해밀토니안 연산자 H 사이에는 다음과 같은 관계가 성립한다.

$$[H, A] = -\hbar\omega A, \quad [H, A^+] = \hbar\omega A^+$$

이런 관계를 이용하여 고윳값 방정식을 쓰면 다음과 같다.

$$H\phi = E\phi$$

$$HA\phi = AH\phi - \hbar\omega A\phi = (E - \hbar\omega)A\phi$$

따라서 $A\phi$는 ϕ보다 에너지가 $\hbar\omega$만큼 작은 H의 고유함수라는 것을 알 수 있다. 따라서 A연산자를 작용시키면 고윳값이 한 단계씩 낮아지는 고유 상태가 만들어진다. 그러나 바닥 상태 아래는 파동함수가 존재할 수 없으므로 바닥상태에 A연산자를 적용시키면 0이 되어야 한다.

$$A\phi_o = 0$$

이 방정식을 풀면 ϕ_o를 구할 수 있다. 그리고 바닥상태의 에너지는 다음과 같이 구할 수 있다.

$$A\phi_o = \hbar\omega\left(A^+A + \frac{1}{2}\right)\phi_o = \frac{1}{2}\hbar\omega$$

또한 $A^+\phi$는 ϕ보다 에너지가 $\hbar\omega$만큼 높은 H의 고유함수다. 그러므로 A^+연산자를 작용시키면 고윳값이 한 단계씩 높아지는 고유 상태가 만들어진다. 따라서 조화 진동자가 가질 수 있는 에너지와 고유 상태는 다음과 같이 나타낼 수 있다.

$$E_n = \left(n + \frac{1}{2}\right)\hbar\omega$$

$$\phi_n = \frac{1}{\sqrt{n!}}(A^+)^n\phi_o$$

이 식에서 $\dfrac{1}{\sqrt{n!}}$ 은 규격화 상수다.

처음 연산자를 이용한 풀이 방법을 배웠을 때 이런 놀라운 방법을 찾아낸 이들은 어떤 사람들일까 생각했었다. 그러나 연산자 방법이 놀라운 풀이 방법이기는 해도 이런 수학적 기법을 사용하여 구한 해가 왜 실제 조화진동을 나타내야 하는지는 쉽게 납득할 수 없었다. 따라서 슈뢰딩거방정식을 풀어서 구한 해를 다른 방법으로 다시 한 번 확인해보는 것이 아닌가 하는 생각을 했다. 그런 생각은 지금도 마찬가지다. 아인슈타인이나 슈뢰딩거가 계속해서 이미지가 있는 해결 방법을 요구한 것은 이런 이유 때문이었을 것이다.

22. 수소형 원자

양자물리학의 가장 큰 성공은 수학적으로 원자의 구조를 완전히 풀어낸 것이라고 할 수 있다. 그러나 모든 원자를 수학적으로 완전히 풀어낼 수 있는 것은 아니다. 양자역학적으로 완전한 해를 구할 수 있는 것은 수소형 원자뿐이다. 수소형 원자는 원자핵 주위를 도는 전자가 하나뿐인 원자를 말한다. 중성원자 중 원자핵 주위를 도는 전자가 하나뿐인 원자는 수소와 수소의 동위원소인 중수소 그리고 삼중수소뿐이다. 그러나 헬륨 이온이나 리튬 이온 중에는 원자핵 주위를 도는 전자가 하나인 것들이 있다. 따라서 수소형 원자의 해는 수소 원자뿐만 아니라 이런 이온들에도 적용할 수 있다.

수소형 원자의 경우 전자는 원자핵이 가지고 있는 (+)전하에 의한 전기적 퍼텐셜 안에서 운동하고 있다. 원자핵을 도는 전자가 두 개 이상인 경우는 원자핵의 전하가 만들어내는 전기장 외에도 다른 전자의 영향을 고려해야 하기 때문에 완전한 수학적 해를 구하기가 쉽지 않다. 원자핵 주위를 도는 전자가 하나인 경우 전자보다 훨씬 무거운 원자핵은 원자의 한 가운데 정지해 있고 전자만 운동하는 것으로 가정하면 문제가 훨씬 간단해진다. 전자가 하나만 있는 경우에는 전자의 전기적 퍼텐셜은 다음과 같이 나타낼 수 있다.

$$V = -\frac{kZe^2}{r}$$

이 식에서 Z는 원자핵 안에 포함되어 있는 양성자 수를 나타내고, e는 양성자의 전하량을 나타내며, k는 $\frac{1}{4\pi\epsilon_o}$을 나타내는 상수다. 수소 원자의 경우 Z는 1이고, k는 약 $9 \times 10^9 Nm/C^2$이다. 따라서 수소형 원자의 구조를 밝혀내기 위해 풀어야 할 슈뢰딩거방정식은 다음과 같다.[22]

$$-\frac{\hbar^2}{2m}\left(\frac{\partial^2}{\partial x^2} + \frac{\partial^2}{\partial y^2} + \frac{\partial^2}{\partial z^2}\right)\phi - \frac{kZe^2}{r}\phi = E\phi$$

이 식에서 m은 전자의 질량이다. 원자핵 주위를 도는 전자는 3차원 공간에서 운동하고 있으므로 위치로 미분할 때는 x축뿐만 아니라 y축과 z축으로 미분한 값도 포함해야 한다. 그러므로 앞에서 1차원 퍼텐셜의 문제를 다룰 때보다 방정식이 복잡해졌다. 결국 수소형 원자의 문제는 이 방정식의 해를 구하는 수학 문제가 되었다. 1925년 말부터 1926년 초까지 슈뢰딩거가 매달렸던 문제도 이 방정식의 해를 구하는 것이었다. 혼자 이 방정식을 모두 풀 수 없었던 슈뢰딩거는 동료의 도움을 받기도 했다.

이 방정식을 잘 보면 앞부분은 xyz−좌표계를 이용해 나타나 있고, 퍼텐셜 부분에는 변수가 r이다. 물체의 운동을 기술하는 데 사용되는 좌표계에는 xyz−좌표계도 있지만 $r\theta\phi$를 변수로 하는 구좌표계도 있다. 구좌표계에서는 원점에서부터의 거리를 나타내는 r, z축과 이루는 각도를 나타내는 θ 그리고 x축과 이루는 각도를 나타내는 ϕ의 세 변수를 이용하여 위치를 나타낸다. 수소형 원자에서

---

22) John Wiley & Sons, 《Quantum Physics》 3rd edition, Stephen Gasiorowicz, 2003.

원자핵을 도는 전자의 운동을 기술하는 슈뢰딩거방정식은 퍼텐셜이 r의 함수로 나타나 있기 때문에 구좌표계를 이용하여 푸는 것이 편리하다. 처음 대학에서 이 방정식 푸는 것을 배웠을 때는 그 풀이 과정이 무척 복잡해서 처음 이 문제를 풀어낸 이들은 얼마나 머리 좋은 사람일까 하는 생각을 했었다. 그러나 이 문제는 어느 날 갑자기 풀어낸 것이 아니라 오랫동안 많은 사람들이 풀어온 미분방정식을 기초로 한 것이다. 다시 말해 이 방정식의 해를 구하는 데는 학자들의 오랫동안의 노력이 포함되어 있는 것이다. 그러니 이런 방정식을 처음 보았을 때 쉽게 이해되지 않는 것은 어쩌면 당연한 일일 것이다.

이 방정식을 구좌표계의 방정식으로 바꾸면 방정식은 $r\theta\phi$의 세 가지 변수로 나타내진다. 세 가지 변수로 나타내진 방정식은 변수 분리라는 수학적 기법을 통해 r만을 변수로 포함하는 방정식, θ만을 변수로 포함하는 방정식, ϕ만을 변수로 포함하는 방정식으로 분리할 수 있다. 이 각각의 방정식을 풀어서 그 해들을 곱한 것이 우리가 구하려는 전자의 파동함수다. 전자의 파동함수에는 전자가 어떤 에너지나 각운동량을 가져야 하는지에 대한 정보가 들어 있다.

r만의 함수로 나타나는 $r-$방정식(지름방정식)은 세 방정식 중에서 해를 구하는 과정이 가장 복잡하다. $r-$방정식이 물리적으로 의미 있는 해를 가지기 위해서는 n으로 표시된 상수가 자연수여야 한다. 이것이 수소형 원자 안에 있는 전자의 양자역학적 상태를 나타내는 데 사용되는 첫 번째 양자수로, 주양자수라고 부른다. 주양자수 n은 보어의 원자모형에서의 전자궤도 번호를 나타내던 양자수와 같다. 주양자수를 나타내는 n은 전자의 에너지의 크기를 결정한다. 주양자수가 n인 경우 전자의 에너지는 다음과 같다.

$$E_n = -\frac{1}{2}\frac{k^2 m e^4}{\hbar^2}\frac{1}{n^2} = -\frac{136 eV}{n^2}$$

$\theta-$방정식이 물리적으로 의미 있는 해를 가지기 위한 조건은 l로 표시된 상수

와 m으로 표시된 상수가 정수여야 한다는 것이다. 이것이 수소형 원자 안의 전자의 양자역학적 상태를 나타내는 두 번째와 세 번째 양자수로, 궤도 양자수와 자기 양자수다. 궤도 양자수는 전자의 각운동량의 크기를 나타낸다. 궤도 양자수가 l인 경우 전자의 각운동량의 크기는 다음과 같다.

$$L = \sqrt{l(l+1)}\,\hbar$$

그런데 궤도 양자수는 임의의 값을 가질 수 있는 것이 아니라 0에서부터 주양자수 n보다 하나 작은 정수까지만 가질 수 있다. 따라서 n이 1인 경우 l은 0만 가질 수 있고, 3인 경우 l은 0, 1, 2의 세 가지 값만 가질 수 있다. l이 0인 상태를 s, l이 1인 상태를 p, l이 3인 상태를 d로 나타내기도 한다. 따라서 주양자수와 궤도 양자수를 결합하여 $1s$, $2s$, $2p$, $3s$, $3p$, $3d$ 등의 기호로 전자의 상태를 나타내기도 한다.

기호	주양자수	궤도 양자수	에너지(eV)	각운동량
$1s$	1	0	-13.6	0
$2s$	2	0	$-13.6/4$	0
$2p$	2	1	$-13.6/4$	$\sqrt{2}\,\hbar$
$3s$	3	0	$-13.6/9$	0
$3p$	3	1	$-13.6/9$	$\sqrt{2}\,\hbar$
$3d$	3	2	$-13.6/9$	$\sqrt{6}\,\hbar$
$\vdots$	$\vdots$	$\vdots$	$\vdots$	$\vdots$

자기 양자수는 전자가 가지는 각운동량의 z성분의 크기를 결정하는 양자수이다. 그런데 자기 양자수 m은 임의의 값을 가질 수 있는 것이 아니라 궤도 양자수

가 l일 때 $-l$에서 l까지의 정숫값만을 가질 수 있다. 자기 양자수가 m인 경우 각
운동량의 z성분은 다음과 같다.

$$L_z = m\hbar \qquad (m = -l, \ -l+1, \ \cdots 0 \ \cdots, \ l-1, \ l)$$

따라서 수소형 원자 안에 들어 있는 전자의 운동을 나타내는 파동함수는 ϕ_{nlm}
과 같이 세 가지 양자수를 이용해야 한다.

파동함수	주 양자수	궤도 양자수	자기 양자수	에너지(eV)	궤도 각운동량	궤도 각운동량 z성분
ϕ_{100}	1	0	0	-13.6	0	0
ϕ_{200}	2	0	0	$-13.6/4$	0	0
ϕ_{210}	2	1	0	$-13.6/4$	$\sqrt{2}\,\hbar$	0
ϕ_{211}	2	1	1	$-13.6/4$	$\sqrt{2}\,\hbar$	$\hbar$
ϕ_{21-1}	2	1	-1	$-13.6/4$	$\sqrt{2}\,\hbar$	$-\hbar$
ϕ_{300}	3	0	0	$-13.6/9$	0	0
ϕ_{310}	3	1	0	$-13.6/9$	$\sqrt{2}\,\hbar$	0
ϕ_{311}	3	1	1	$-13.6/9$	$\sqrt{2}\,\hbar$	$\hbar$
ϕ_{31-1}	3	1	-1	$-13.6/9$	$\sqrt{2}\,\hbar$	$-\hbar$
ϕ_{320}	3	2	0	$-13.6/9$	$\sqrt{6}\,\hbar$	0
ϕ_{322}	3	2	2	$-13.6/9$	$\sqrt{6}\,\hbar$	$2\hbar$
ϕ_{321}	3	2	1	$-13.6/9$	$\sqrt{6}\,\hbar$	$\hbar$
ϕ_{32-1}	3	2	-1	$-13.6/9$	$\sqrt{6}\,\hbar$	$-\hbar$
ϕ_{32-2}	3	2	-2	$-13.6/9$	$\sqrt{6}\,\hbar$	$-2\hbar$

수소형 원자 안에 포함되어 있는 전자의 상태를 나타내는 양자수에는 슈뢰딩 거방정식이 물리적으로 의미 있는 해를 가지기 위한 양자수 외에 스핀 양자수가 하나 더 있다. 스핀 양자수는 전자의 스핀 값을 결정하는 양자수로 $-\frac{1}{2}$과 $\frac{1}{2}$ 의 두 가지 값만 가질 수 있다. 스핀에 의한 각운동량의 크기와 스핀에 의한 각 운동량의 z성분은 다음과 같다.

$$S=\sqrt{s(s+1)}\,\hbar=\sqrt{\frac{1}{2}\left(\frac{1}{2}+1\right)}\,\hbar=\frac{\sqrt{3}}{2}\hbar$$

$$S_z=\pm s\hbar$$

따라서 스핀 양자수는 스핀 각운동량의 값을 결정해주는 양자수다. 궤도 각운 동량과 스핀 각운동량은 모두 각운동량이므로 두 각운동량을 합한 것이 전자의 전체 각운동량이 된다. 전자의 전체 각운동량을 나타내는 양자수 j는 궤도 각운 동량을 나타내는 양자수 l과 스핀 상태를 나타내는 양자수 s의 합으로 나타낼 수 있다.

$$j=l\pm s=l\pm\frac{1}{2}$$

궤도 각운동량과 스핀 각운동량을 합한 전체 각운동량을 나타내는 양자수가 j인 경우 전체 각운동량의 크기와 전체 각운동량의 z방향 성분은 다음과 같다.

$$J=\sqrt{j(j+1)}\,\hbar$$

$$J_z=m_j\hbar \qquad (m_j=j, j-1, j-2, \cdots 0 \cdots, -j+1, -j)$$

예를 들면 주양자수 n이 2이고, 궤도 양자수 l이 1인 전자의 양자역학적 상태 는 다음과 같이 두 가지 방법으로 나타낼 수 있다.

n	l	m	s
2	1	1	$\frac{1}{2}, -\frac{1}{2}$
		0	$\frac{1}{2}, -\frac{1}{2}$
		-1	$\frac{1}{2}, -\frac{1}{2}$

n	j	m_j
2	$\frac{1}{2}$	$\frac{1}{2}, -\frac{1}{2}$
	$\frac{3}{2}$	$\frac{3}{2}, \frac{1}{2}, -\frac{1}{2}, -\frac{3}{2}$

　따라서 전자의 상태는 n, l, m, s의 네 가지 양자수로 나타낼 수도 있고, n, j, m_j의 세 가지 양자수로 나타낼 수도 있다. 그러나 전체 각운동량을 나타내는 양자수 j가 l과 s를 합한 것이므로 전자의 상태를 나타내는 양자수는 n, l, m, s의 네 가지다. 네 가지 양자수가 같으면 두 전자의 모든 물리량이 같아지게 되는데 이런 상태는 양자역학적으로 동일한 상태다. 파울리의 배타 원리에 의해 전자와 같은 페르미온 입자들은 양자역학적으로 동일한 상태에 두 개 이상의 입자가 들어갈 수 없다. 전자와 같은 입자들의 상태는 슈뢰딩거방정식의 해들의 선형결합으로 나타내는데 두 입자가 같은 양자역학적 상태에 들어가 있을 경우 스핀이 $\frac{1}{2}\hbar$의 홀수 배 스핀을 가지는 페르미온을 나타내는 파동함수는 0이 된다. 전자는 동일한 양자역학적 상태에 두 개 이상 들어가지만 않으면 어떤 상태에도 있을 수 있다. 그러나 전자들이 낮은 에너지 상태부터 차례로 채우게 되면 가장 안정한 에너지 상태가 된다. 이때 가장 바깥쪽 궤도를 채우고 있는 전자들을 원

자가전자라고 하는데 원소의 화학적 성질은 이들에 의해 결정된다.

그렇다면 전자들은 원자핵으로부터 얼마나 멀리 떨어져서 원자핵을 돌고 있을까? 보어의 원자모형에서는 궤도 번호를 알면 원자핵에서 전자까지의 거리를 계산할 수 있었다. 다시 말해 궤도 번호에 따라 결정되는 궤도 반지름이 존재했다. 그러나 양자역학적 원자모형에서는 더 이상 궤도 반지름 같은 것은 존재하지 않는다. 슈뢰딩거방정식을 풀어 ϕ_{211}의 파동함수를 구하면 이 파동함수에 의해 운동하는 전자의 에너지, 각운동량, 각운동량의 z성분을 알 수 있다. 그러나 이 전자가 어디에 있는지는 알 수 없다. 우리가 알 수 있는 것은 이 전자가 특정한 지점에 있을 확률뿐이다. 전자가 발견될 확률이 높은 곳은 진하게, 낮은 곳은 옅은 색으로 나타내면 마치 구름처럼 보이기 때문에 이것을 확률 구름 또는 전자구름이라고 부른다. 전자구름의 모양은 양자수에 따라 달라진다.

궤도 양자수가 0인 s궤도 전자의 전자구름 모양은 구형이어서 모든 방향으로 대칭이다. 1s궤도의 전자구름은 원자핵을 중심으로 한 하나의 구로 나타나지만 2s 또는 3s궤도의 전자구름은 두 개 또는 세 개의 동심구로 이루어졌다. 파동함수를 이용해 s궤도의 평균 반지름을 계산할 수 있다. 그림을 통해서도 알 수 있는 것처럼 1s궤도와 2s궤도 그리고 3s궤도의 전자구름은 많은 부분이 중복된다. 이것은 전자들이 뚜렷이 구분되는 궤도에서만 원자핵을 돌 수 있었던 보어의 원자모형과 크게 다른 점이다. 전자가 가질 수 있는 에너지는 양자화되어 있지만 서로 다른 에너지를 가지는 전자들도 같은 위치에서 발견될 수 있다.

궤도 양자수가 1인 p궤도에는 자기 양자수 m값이 다른 세 가지 상태가 존재한다. p궤도의 전자구름은 아령 모양이다. 길쭉한 아령을 놓는 방향이 세 가지인 것처럼 아령 모양을 하고 있는 p궤도 전자구름의 방향에도 세 가지가 있다. 궤도 양자수가 2인 d궤도에는 자기 양자수 m값이 다른 다섯 가지 상태가 존재한다. d궤도 전자의 전자구름은 아령 두 개를 결합해놓은 것과 같은 매우 복잡한

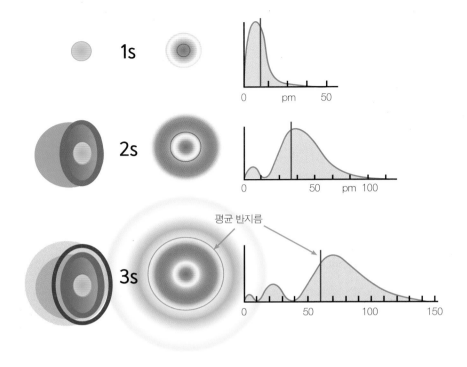

s궤도의 전자구름 모양.

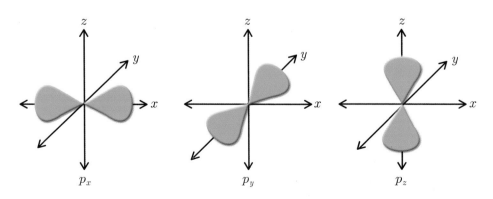

p궤도의 전자구름.

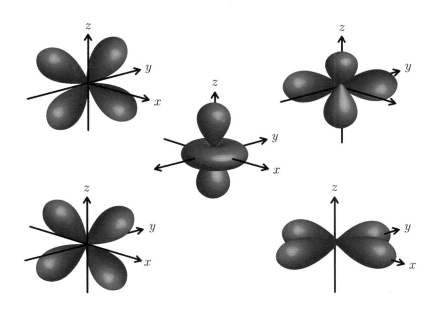

d궤도의 전자구름.

모양을 하고 있다. 궤도 양자수가 3인 f궤도에는 자기 양자수가 다른 일곱 가지 상태가 존재한다.

f궤도 전자의 전자구름 모양은 d궤도 전자의 전자구름보다 훨씬 복잡하다. 구름 모양에 따라 주양자수가 같은 전자들이라 해도 원자핵으로부터의 평균거리가 달라진다. 여러 개의 전자를 가지고 있는 원자의 경우 평균거리가 달라지면 다른 전자와의 상호작용이 달라진다. 주양자수가 같으면 에너지가 같아야 하지만 거리가 달라짐에 따라 다른 전자와의 상호작용이 달라지기 때문에 여러 개의 전자를 가지고 있는 원자에서는 주양자수가 같아도 에너지가 달라진다. 주기율표를 만들 때는 주양자수뿐만 아니라 궤도 양자수에 따라서도 달라지는 에너지 상태를 고려해야 한다. 이에 대해서는 주기율표를 다루는 부분에서 다시 설명할 예정이다.

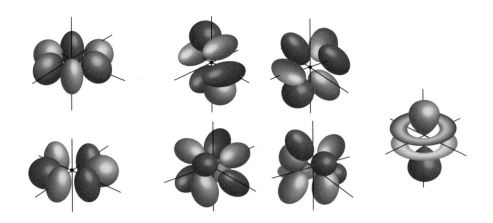

f궤도의 전자구름 모양.

양자역학적 원자모형은 원자의 성질을 성공적으로 설명하고 있다. 따라서 양자역학의 원자모형은 우리가 알고 있는 가장 정확한 원자모형이다. 그럼에도 불구하고 원자를 공부한 많은 사람들이 보어의 원자모형에 머물고 있다. 그것은 아마 보어의 원자모형이 수소 스펙트럼을 성공적으로 설명할 수 있을 뿐만 아니라 그림으로 그려 보여주기가 쉽기 때문일 것이다.

양자역학적 원자모형은 희미한 구름뿐이고 그것조차도 매우 복잡한 모양을 하고 있어서 산뜻하게 설명하기가 쉽지 않다. 그러나 확실한 것은 보어의 원자모형은 더 이상 정확한 원자모형이 아니고 양자역학적 원자모형이 실제 원자를 나타내는 원자모형이라는 것이다. 양자역학은 원자가 내는 스펙트럼의 종류와 세기, 주기율표를 설명할 수 있는 완전한 원자모형을 만들어내는 데 성공했다. 이로써 인류는 원자의 내부 구조를 밝혀냈다고 할 수 있게 된 것이다.

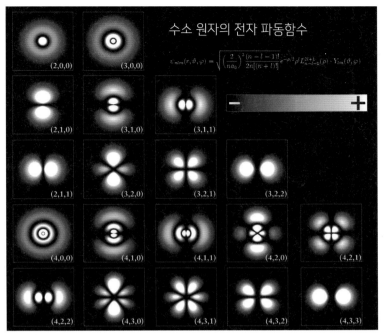

수소 원자의 전자 파동함수

$$\psi_{nlm}(r,\vartheta,\varphi) = \sqrt{\left(\frac{2}{na_0}\right)^3 \frac{(n-l-1)!}{2n[(n+l)!]}} e^{-\rho/2} \rho^l L_{n-l-1}^{2l+1}(\rho) \cdot Y_{lm}(\vartheta,\varphi)$$

(2,0,0) (3,0,0)

(2,1,0) (3,1,0) (3,1,1)

(2,1,1) (3,2,0) (3,2,1) (3,2,2)

(4,0,0) (4,1,0) (4,1,1) (4,2,0) (4,2,1)

(4,2,2) (4,3,0) (4,3,1) (4,3,2) (4,3,3)

2차원 평면에 나타낸 수소 원자의 전자구름.

수소형 원자의 슈뢰딩거방정식 풀이

수소, 중수소, 삼중수소, 헬륨 이온, 리튬의 플러스 2가 이온처럼 하나의 전자가 원자핵 주위를 돌고 있는 수소형 원자의 슈뢰딩거방정식은 다음과 같다.

$$\left(-\frac{\hbar^2}{2m}\nabla^2 + V(r)\right)\phi = E\phi$$

이 식에서 r은 원자핵과 전자 사이의 거리를 나타내고 m은 전자의 질량을 나타낸다. 전자기력과 같이 두 물체 사이의 거리에 의해 달라지는 힘이 작용하는 중심력장에서 운동하는 물체에 대한 슈뢰딩거방정식은 두 물체 사이의 퍼텐셜에너지가 두 물체 사이의 거리의 함수로 주어지므로 xyz 좌표계에서 다루는 것보다는 구좌표계를 이용하여 다루는 것이 여러모로 편리하다. 구좌표계에서의 라플라시안은 다음과 같다.

$$\nabla^2 = \frac{1}{r^2}\frac{\partial}{\partial r}\left(r^2\frac{\partial}{\partial r}\right) + \frac{1}{r^2\sin\theta}\frac{\partial}{\partial\theta}\left(\sin\theta\frac{\partial}{\partial\theta}\right) + \frac{1}{r^2\sin^2\theta}\frac{\partial^2}{\partial\phi^2}$$

이 식을 이용하여 슈뢰딩거방정식을 다시 쓰면 다음 식이 된다.

$$-\frac{\hbar^2}{2m}\left[\frac{1}{r^2}\frac{\partial}{\partial r}\left(r^2\frac{\partial}{\partial r}\right) + \frac{1}{r^2\sin\theta}\frac{\partial}{\partial\theta}\left(\sin\theta\frac{\partial}{\partial\theta}\right)\right.$$
$$\left. + \frac{1}{r^2\sin^2\theta}\frac{\partial^2}{\partial\Psi^2} + V(r) - E\right]\phi(r,\theta,\phi) = 0$$

이 식을 정리한 후 $\phi(r,\theta,\phi) = R(r)\Theta(\theta)\Phi(\phi)$ 로 놓고 변수 분리하여 r만을 변수로 포함하고 있는 방정식(r−방정식), θ만을 변수로 포함하고 있는 방정식(θ−방정식), ϕ만을 변수로 포함하고 있는 방정식(ϕ−방정식)으로 나타내면 다음과 같다.

r−방정식 $\quad \dfrac{r^2}{R(r)}\left[\dfrac{1}{r^2}\dfrac{d}{dr}\left(r^2\dfrac{d}{dr}\right) + \dfrac{2m}{\hbar^2}[-E - V(r)]\right]R(r) = \alpha$

θ−방정식 $\quad \left[-\dfrac{1}{\sin\theta}\dfrac{d}{d\theta}\left(\sin\theta\dfrac{d}{d\theta}\right) + \dfrac{m^2}{\sin^2\theta}\right]\Theta(\theta) = \alpha\Theta(\theta)$

ϕ−방정식 $\quad \dfrac{d^2}{d\phi^2}\Phi(\phi) = -m^2\Phi(\phi)$

이 세 방정식을 풀어서 구한 해를 곱하면 수소형 원자에서 원자핵을 돌고 있는 전자의 파동함수가 된다. θ−방정식의 해 $\Theta(\theta)$와 ϕ−방정식의 해 $\Phi(\phi)$를 곱한 것을 $Y(\theta,\phi)$로 나타내기도 한다.

ϕ - 방정식의 해

이 세 개의 방정식 중에서 마지막 방정식인 ϕ - 방정식의 해는 아주 쉽게 구할 수 있다.

$$\frac{d^2}{d\phi^2}\Phi(\phi) = -m^2\Phi(\phi)$$

이 방정식의 두 근은 $e^{im\phi}$와 $e^{-im\phi}$이다. 따라서 ϕ - 방정식의 해는 다음과 같이 쓸 수 있다.

$$\Phi_m(\phi) = C_m e^{-im\phi}$$

파동함수는 확률함수이므로 모든 변숫값에서의 제곱의 합이 1이 되어야 한다는 규격화 조건을 이용하여 계수 C_m은 다음과 같이 구할 수 있다.

$$\int_0^{2\pi} |\Phi_m(\phi)|^2 d\phi = 1$$

이 식을 이용하면 계수 C_m은 $\dfrac{1}{\sqrt{2\pi}}$이라는 것을 알 수 있다. 따라서 ϕ - 방정식의 완전한 해는 다음과 같다.

$$\Phi_m(\phi) = \frac{1}{\sqrt{2\pi}} e^{-im\phi}$$

θ - 방정식의 해

이제 θ - 방정식의 해를 구할 차례다. 풀어야 할 θ - 방정식은 다음과 같다.

$$\left[-\frac{1}{\sin\theta}\frac{d}{d\theta}\left(\sin\theta \frac{d}{d\theta}\right) + \frac{m^2}{\sin^2\theta} \right]\Theta(\theta) = \alpha\Theta(\theta)$$

이 방정식을 풀어서 해를 구하는 것은 그리 간단한 문제가 아니다. 그러나 이 방정식은 수학자들이 오래전부터 풀이법을 잘 연구해놓은 르장드르 연관 방정식이라는 이름을 가진 방정식이다. 이 방정식이 수렴하는 해를 가지기 위해서는 방정식 안에 포함된 분리 상수 α가

$l(l+1)$ 형태로 주어지는 정수여야 하고, 또 다른 분리 상수 m은 $-l$에서 l 사이의 정수여야 한다. 다시 말해 θ - 방정식이 물리적으로 의미 있는 수렴하는 해를 가지기 위한 조건으로부터 양자역학적 상태를 나타내는 두 개의 양자수가 자연스럽게 도입된다. 이것은 고전 양자론에서 운동량을 한 주기 동안 적분한 값이 플랑크상수의 정수배가 돼야 한다고 했던 것과는 다르다. 주어진 l과 m값에 대한 르장드르 연관 방정식 해는 다음과 같다.

l	m	$Y_{lm}(\theta, \phi) = \Theta(\theta)\Phi(\phi)$
0	0	$Y_{00} = \dfrac{1}{\sqrt{4\pi}}$
1	0	$Y_{10} = \sqrt{\dfrac{3}{4\pi}}\cos\theta$
	± 1	$Y_{1\pm 1} = \mp\sqrt{\dfrac{3}{8\pi}}\sin\theta\, e^{\pm i\phi}$
2	0	$Y_{20} = \sqrt{\dfrac{5}{16\pi}}(3\cos^2\theta - 1)$
	± 1	$Y_{2\pm 1} = \mp\sqrt{\dfrac{1}{8\pi}}\sin\theta\cos\theta\, e^{\pm i\phi}$
	± 2	$Y_{2\pm 2} = \sqrt{\dfrac{15}{32\pi}}\sin^2\theta\, e^{\pm 2i\phi}$
3	0	$Y_{30} = \sqrt{\dfrac{7}{16\pi}}(5\cos^3\theta - 3\cos\theta)$
	± 1	$Y_{3\pm 1} = \mp\sqrt{\dfrac{21}{64\pi}}\sin\theta\,(5\cos^2\theta - 1)e^{\pm i\phi}$
	± 2	$Y_{3\pm 2} = \sqrt{\dfrac{105}{32\pi}}\sin^2\theta\cos\theta\, e^{\pm 2i\phi}$
	± 3	$Y_{3\pm 3} = \mp\sqrt{\dfrac{35}{64\pi}}\sin^3\theta\, e^{3i\phi}$

그렇다면 이 파동함수들에 포함되어 있는 두 개의 양자수 l과 m은 어떤 물리량을 결정해 주는 상수일까? 그것은 $Y_{lm}(\theta, \phi)$에 L^2 연산자와 L_z 연산자의 고윳값을 구해보면 알 수 있다.

$$L^2 Y_{lm}(\theta, \phi) = l(l+1)\hbar^2 Y_{im}(\theta, \phi)$$
$$L_z Y_{lm}(\theta, \phi) = m\hbar Y_{im}(\theta, \phi)$$

이것은 양자수 l은 전자가 가지는 각운동량의 크기를 결정하고 m은 각운동량의 z성분을 결정한다는 것을 나타낸다. 다시 말해 파동함수 $Y_{lm}(\theta, \phi)$로 나타내는 전자의 각운동량과 각운동량의 z성분은 다음과 같다.

$$L = \sqrt{l(l+1)}\,\hbar$$
$$L_z = m\hbar$$

각운동량의 크기를 결정하는 l을 궤도 양자수라고 부르고, 각운동량의 z성분의 크기를 결정하는 m을 자기 양자수라고 한다.

r - 방정식의 해

수소형 원자의 문제를 풀기 위해 남은 일은 r - 방정식을 푸는 일이다. 우리가 풀어야 할 r - 방정식은 다음과 같다.

$$\left[\frac{1}{r^2}\frac{d}{dr}\left(r^2\frac{d}{dr}\right) - \frac{l(l+1)}{r^2} + \frac{2m}{\hbar^2}\left(E_{nl} - V(r)\right) \right] R_{nl}(r) = 0$$

r - 방정식에 포함되어 있던 분리 상수 a 대신 $l(l+1)$이 들어갔다. θ - 방정식에 포함되었던 분리 상수와 r - 방정식의 분리 상수는 같아야 하기 때문이다. 수소형 원자인 경우에 퍼텐셜 원자핵에 의한 전기적인 퍼텐셜에너지이므로 다음과 같다.

$$V(r) = -\frac{ke^2}{r}$$

이 퍼텐셜에너지를 $r-$방정식에 대입하면 비로소 우리가 풀어야 할 방정식을 얻을 수 있다.

$$\left[\frac{1}{r^2} \frac{d}{dr} \left(r^2 \frac{d}{dr} \right) - \frac{l(l+1)}{r^2} + \frac{2m}{\hbar^2} \left(E_{nl} + \frac{ke^2}{r} \right) \right] R_{nl}(r) = 0$$

이 방정식을 풀어서 파동함수 $R_{nl}(r)$과 에너지의 고윳값을 구하는 것은 $\theta-$방정식의 해를 구하는 것보다 조금 더 복잡하다. 슈뢰딩거의 전기《슈뢰딩거의 삶》에 의하면 $\theta-$방정식의 해는 쉽게 구했던 슈뢰딩거도 $r-$방정식의 해를 구하는 데는 어려움을 겪었다고 한다. 슈뢰딩거는 친구의 도움을 받아 이 방정식의 해를 구할 수 있었다.

이 방정식은 변수를 약간 변화시켜 정리하면 수학적으로 잘 알려진 라구에르 연관 방정식으로 변화시킬 수 있다. 이 방정식은 n이 0보다 큰 정수이고 l이 0에서부터 $n-1$까지의 정수일 때만 수렴하는 해를 가진다. 파동함수는 확률함수이므로 제곱이 1보다 클 수 없기 때문에 수렴하지 않는 해는 물리적인 의미를 가질 수 없다.

몇 가지 n과 l 값에 대한 $r-$방정식의 해 $R_{nl}(r)$은 다음과 같다.

n	l	$R_{nl}(r)$
1	0	$R_{10}(r) = 2\left(\dfrac{\pi}{a_o}\right)^{3/2} e^{-Zr/a_o}$
2	0	$R_{20}(r) = \left(\dfrac{Z}{2a_o}\right)^{3/2}\left(2 - \dfrac{Zr}{a_o}\right) e^{-Zr/2a_o}$
	1	$R_{21}(r) = \dfrac{1}{\sqrt{3}}\left(\dfrac{Z}{2a_o}\right)^{3/2}\left(\dfrac{Zr}{a_o}\right) e^{-Zr/2a_o}$
3	0	$R_{30}(r) = \dfrac{2}{3}\left(\dfrac{Z}{3a_o}\right)^{3/2}\left(3 - \dfrac{2Zr}{a_o} + \dfrac{2Z^2r^2}{9a_o^2}\right) e^{-Zr/3a_o}$
	1	$R_{31}(r) = \dfrac{2\sqrt{2}}{9}\left(\dfrac{Z}{3a_o}\right)^{3/2}\left(\dfrac{2Zr}{a_o} - \dfrac{Z^2r^2}{3a_o^2}\right) e^{-Zr/3a_o}$
	2	$R_{32}(r) = \dfrac{4}{27\sqrt{10}}\left(\dfrac{Z}{3a_o}\right)^{3/2}\left(\dfrac{Z^2r^2}{a_o^2}\right) e^{-Zr/3a_o}$

이 식들에 포함되어 있는 a_o는 수소 원자의 반지름인 보어의 반지름을 나타내는 상수다. r - 방정식의 해인 파동함수, $R_{nl}(r)$에 포함되어 있는 정수 n은 전자가 가지는 에너지를 나타낸다.

$$E_n = -\frac{Z^2 m e^4}{\hbar^2}\frac{1}{n^2} = -\frac{13.6(eV)}{n^2}$$

이 결과는 보어의 원자모형에서 양자수가 n번째 에너지준위에 있는 전자가 가지는 에너지와 같다. 이제 슈뢰딩거방정식에 포함되어 있는 세 방정식의 해를 모두 구했으므로 이 해들을 곱하면 슈뢰딩거방정식의 해를 구할 수 있다.

$$\phi_{nlm}(r, \theta, \phi) = R_{nl}(r) Y_{lm}(\theta, \phi)$$

따라서 간단한 양자수에 대한 파동함수는 다음과 같다.

n	l	m	$\phi_{nlm}(r,\theta,\phi)=R_n(r)Y_{lm}(\theta,\phi)$
1	0	0	$\phi_{100}=\dfrac{1}{\sqrt{\pi}}\left(\dfrac{Z}{a_o}\right)^{3/2}e^{-Zr/a_o}$
2	0	0	$\phi_{200}=\dfrac{4}{4\sqrt{2\pi}}\left(\dfrac{Z}{a_o}\right)^{3/2}\left(2-\dfrac{Zr}{a_o}\right)e^{-Zr/a_o}$
2	1	0	$\phi_{210}=\dfrac{4}{4\sqrt{2\pi}}\left(\dfrac{Z}{a_o}\right)^{3/2}\dfrac{Zr}{a_o}\,e^{-Zr/a_o}\cos\theta$
2	1	±1	$\phi_{21\pm1}=\dfrac{\mp1}{8\sqrt{\pi}}\left(\dfrac{Z}{a_o}\right)^{3/2}\dfrac{Zr}{a_o}\,e^{-Zr/a_o}\sin\theta\,e^{\pm i\phi}$
3	0	0	$\phi_{300}=\dfrac{1}{81\sqrt{3\pi}}\left(\dfrac{Z}{a_o}\right)^{3/2}\left(27-18\dfrac{Zr}{a_o}+2\dfrac{Z^2R^2}{a_o^2}\right)e^{-Zr/3a_o}$
3	1	0	$\phi_{310}=\dfrac{\sqrt{2}}{81\sqrt{\pi}}\left(\dfrac{Z}{a_o}\right)^{3/2}\left(6-\dfrac{Zr}{a_o}\right)\dfrac{Zr}{a_o}\,e^{-Zr/3a_o}\cos\theta$
3	1	±1	$\phi_{31\pm1}=\dfrac{\mp1}{81\sqrt{\pi}}\left(\dfrac{Z}{a_o}\right)^{3/2}\left(6-\dfrac{Zr}{a_o}\right)\dfrac{Zr}{a_o}\,e^{-Zr/3a_o}\sin\theta\,e^{\pm i\phi}$
3	2	0	$\phi_{320}=\dfrac{1}{81\sqrt{6\pi}}\left(\dfrac{Z}{a_o}\right)^{3/2}\dfrac{Z^2r^2}{a_o^2}\,e^{-Zr/3a_o}(3\cos^2\theta-1)$

이것으로 수소형 원자에서 원자핵을 돌고 있는 전자의 양자역학적 상태를 나타내는 파동함수의 정확한 해를 구했다. 수소 원자의 전자구조를 완전히 이해하게 된 것은 양자역학이 거둔 가장 큰 수확이라고 할 수 있다. 과학자들은 수소형 원자에 대한 이해를 바탕으로 여러 개의 전자를 가지고 있는 복잡한 원자의 에너지 구조도 이해할 수 있게 되었다.

23. 섭동이론

시간 독립적인 섭동이론

슈뢰딩거방정식은 간단한 형태의 1차원 퍼텐셜, 조화진동 그리고 수소 원자와 같은 몇 가지 경우에 대해서는 정확한 해를 구할 수 있지만 퍼텐셜이 복잡한 경우에는 정확한 해를 구하는 것이 어렵거나 불가능하다. 그러나 정확한 해를 구할 수 있는 퍼텐셜에너지에서 조금 벗어난 퍼텐셜의 경우에는 정확한 해를 이용하여 근삿값을 구할 수 있다. 이렇게 정확한 해를 구할 수 있는 퍼텐셜에서 조금 벗어나 있는 퍼텐셜이 작용하는 경우에 양자역학적으로 허용된 에너지 근삿값을 구하는 것을 섭동이론이라고 한다.

우선 정확한 해를 구할 수 있는 퍼텐셜을 포함하고 있는 에너지 연산자 H_o에 대한 슈뢰딩거방정식의 해를 ϕ_n이라 하고, ϕ_n 상태의 에너지를 $E_n^{(0)}$라고 하자.

$$H_o\phi_n = E_n^{(0)}\phi_n$$

이제 H_o와 약간 다른 퍼텐셜을 포함하고 있는 에너지 연산자 H를 $H = H_o + \lambda H_1$

라고 했을 때 우리가 구하고자 하는 것은 다음 슈뢰딩거방정식을 만족시키는 파동함수 ϕ_n과 이때의 E_n이다.

$$(H_o + \lambda H_1)\phi_n = E_n\phi_n$$

E_n을 이미 알고 있는 에너지 $E_n^{(0)}$을 이용하여 다음과 같이 나타내보자.

$$E_n = E_n^{(0)} + \lambda E_n^{(1)} + \lambda^2 E_n^{(2)} + \cdots$$

여기서 $\lambda E_n^{(1)}$을 1차 근삿값, $\lambda^2 E_n^{(2)}$을 2차 근삿값이라고 한다. 섭동이론에 의하면 에너지의 1차 근삿값과 2차 근삿값은 다음과 같다.

$$E_n^{(1)} = \int \phi_n^* H_1 \phi_n dx = <\phi_n^* | H_1 | \phi_n>$$

$$E_n^{(2)} = \sum_{k \neq n} \frac{|<\phi_n | H_1 | \phi_k>|^2}{E_n^{(0)} - E_k^{(0)}}$$

1차 근삿값이 0이 아닌 경우에는 대개 1차 근삿값만 구하지만 1차 근삿값이 0인 경우에는 2차 근삿값을 구한다.

양자물리학 강의실 엿보기

시간 독립적인 섭동이론

에너지 연산자 H_o에 대한 파동함수와 에너지 값을 이미 알고 있을 때 이 값을 이용하여 H_o와 조금 다른 에너지 연산자 $H = H_o + \lambda H_1$의 에너지 고윳값의 근삿값을 구하는 것을 섭동이라고 한다. 따라서 섭동이론은 다음과 같은 방정식의 해를 바탕으로 하고 있다. 이때 H_1이 시간의 함수가 아니면 시간 독립적인 섭동이라고 한다.

$$H_o\phi_n = E_n^{(0)}\phi_n$$

이제 $H = H_o + \lambda H_1$을 대입한 슈뢰딩거방정식을 생각해보자.

$$(H_o + \lambda H_1)|\phi_n> = E_n|\phi_n>$$

만약 $\lambda \to 0$이면 $E_n \to E_n^{(0)}$이 될 것이다. 이제 ϕ_n을 ϕ_n으로 급수 전개해보자.

$$|\phi_n> = N(\lambda)\Big[|\phi_n> + C_{n1}\phi_1 + C_{n2}\phi_2 + C_{n3}\phi_3 + \cdots\Big]$$

$$|\phi_n> = N(\lambda)\Big[|\phi_n> + \sum_{k \neq n} C_{nk}(\lambda)|\phi_k>\Big]$$

이 식에서 $N(\lambda)$는 $<\phi_n|\phi_n> = 1$이 되도록 하는 규격화 상수다. 그런데 $\lambda \to 0$이면 $|\phi_n> \to |\phi_n>$이어야 하므로 $N(0) = 1, C_{nk}(0) = 0$이어야 한다.

$$C_{nk}(\lambda) = \lambda C_{nk}^{(1)} + \lambda^2 C_{nk}^{(2)} + \cdots$$

$$|\phi_n> = |\phi_n> + \Big[\lambda C_{n1}^{(1)} + \lambda^2 C_{n1}^{(2)} + \lambda^3 C_{n1}^{(3)} + \cdots\Big]\phi_1$$

$$+ \Big[\lambda C_{n2}^{(1)} + \lambda^2 C_{n2}^{(2)} + \lambda^3 C_{n2}^{(3)} + \cdots\Big]\phi_2$$

$$+ \Big[\lambda C_{n3}^{(1)} + \lambda^2 C_{n3}^{(2)} + \lambda^3 C_{n3}^{(3)} + \cdots\Big]\phi_3$$

$$+ \cdots$$

$$|\phi_n> = N(\lambda)\Big[|\phi_n> + \lambda\sum_{k \neq n}^{\infty} C_{nk}^{(1)}|\phi_k> + \lambda^2\sum_{k \neq n}^{\infty} C_{nk}^{(2)}|\phi_k> + \cdots\Big]$$

$$E_n = E_n^{(0)} + \lambda E_n^{(1)} + \lambda^2 E_n^{(2)} + \cdots$$

따라서 슈뢰딩거방정식은 다음과 같이 된다.

$$\left(H_o+\lambda H_1\right)\left[\,|\,\phi_n>+\lambda\sum_{k\neq n}C_{nk}^{(1)}|\,\phi_k>+\lambda^2\sum_{k\neq n}C_{nk}^{(1)}|\,\phi_k>\cdots\right]$$

$$=\left(E_n^{(0)}+\lambda E_n^{(1)}+\lambda^2 E_n^{(2)}+\cdots\right)\left[\,|\,\phi_n>+\lambda\sum_{k\neq n}C_{nk}^{(1)}|\,\phi_k>+\lambda^2\sum_{k\neq n}C_{nk}^{(1)}|\,\phi_k>\cdots\right]$$

이 방정식을 m에 대해 같은 차수의 계수가 같아야 된다는 것을 이용하여 차수별로 정리하면 다음과 같다.

$$\lambda^0:H_o|\,\phi_n>=E_n^{(0)}|\,\phi_n>$$

$$\lambda^1:H_o\sum_{k\neq n}C_{nk}^{(1)}|\,\phi_k>+H_1|\,\phi_n>=E_n^{(0)}\sum_{k\neq n}C_{nk}^{(1)}|\,\phi_k>+E_n^{(1)}|\,\phi_n>$$

$$\lambda^2:H_1\sum_{k\neq n}C_{nk}^{(1)}|\,\phi_k>+H_o\sum_{k\neq n}C_{nk}^{(2)}|\,\phi_k>$$

$$=E_n^{(1)}\sum_{k\neq n}C_{nk}^{(1)}|\,\phi_k>+E_n^{(0)}\sum_{k\neq n}C_{nk}^{(2)}|\,\phi_k>+E_n^{(2)}|\,\phi_n>$$

λ^1의 계수를 $H_o|\,\phi_n>=E_n^{(0)}|\,\phi_n>$ 를 이용하여 다시 쓰면 다음과 같이 된다.

$$E_n^{(1)}|\,\phi_n>=H_1|\,\phi_n>+\sum_{k\neq n}\left(E_k^{(0)}-E_n^{(0)}\right)C_{nk}^{(1)}|\,\phi_k>$$

이 식의 양변을 $<\phi_n|$과의 스칼라 곱을 취하고 직교 조건 $<\phi_k|\,\phi_l>=\delta_{kl}$을 사용하면 다음과 같이 된다.

$$E_n^{(1)}=<\phi_n|\,H_1|\,\phi_n>$$

이 결과는 주어진 상태에 대한 제1차 에너지 변화는 그 상태에 대한 섭동 퍼텐셜의 기댓값이라는 것을 의미한다. 이것은 λH_1을 나타내는 행렬의 대각선 요소, 즉 λh_{11}, λh_{22}, λh_{33}, … 등이 에너지의 1차 근사라는 것을 나타낸다.

또한 $E_n^{(1)}|\,\phi_n>=H_1\phi_n>+\sum_{k\neq n}\left(E_k^{(0)}-E_n^{(0)}\right)C_{nk}^{(1)}|\,\phi_k>$의 양변에 $<\phi_k|$ 을 내적하면 $C_{nk}^{(1)}$

도 구할 수 있다.

$$<\phi_k|H_1|\phi_n> = (E_k^{(0)} - E_n^{(0)})\, C_{nk}^{(1)}$$

$$C_{nk}^{(1)} = \frac{<\phi_k|H_1|\phi_n>}{E_n^{(0)} - E_k^{(0)}}$$

이 식은 다음에 다룰 2차 에너지 근삿값 $E_n^{(2)}$를 계산할 때 이용된다.

2차 에너지 근삿값 $E_n^{(2)}$을 구하기 위해 λ^2의 계수,

$$H_1 \sum_{k \neq n} C_{nk}^{(1)}|\phi_k> + H_o \sum_{k \neq n} C_{nk}^{(2)}|\phi_k>$$

$$= E_n^{(1)} \sum_{k \neq n} C_{nk}^{(1)}|\phi_k> + E_n^{(0)} \sum_{k \neq n} C_{nk}^{(2)}|\phi_k> + E_n^{(2)}|\phi_n>$$

의 양변 각 항에 $<\phi_n|$를 곱한 후 앞에서 구해놓은 $C_{nk}^{(1)}$의 값을 대입하고, $<\phi_k|H_1|\phi_n> = <\phi_n|H_1|\phi_k>$인 에르미트 연산자의 특성을 이용하면 다음과 같이 쓸 수 있다.

$$E_n^{(2)} \sum_{k \neq n} <\phi_n|H_1|\phi_k> C_{nk}^{(1)} = \sum_{k \neq n} \frac{<\phi_n|H_1|\phi_k><\phi_k|H_1|\phi_n>}{E_n^{(0)} - E_k^{(0)}}$$

$$= \sum_{k \neq n} \frac{|<\phi_n|H_1|\phi_k>|^2}{E_n^{(0)} - E_k^{(0)}} = \sum_{k \neq n} \frac{|H_{nk}|^2}{E_n^{(0)} - E_k^{(0)}}$$

많은 경우 퍼텐셜이 대칭 형태이기 때문에 제1차 에너지 근삿값이 0이 되므로 이 식으로 나타내는 제2차 에너지 근삿값을 구해야 한다. 따라서 1차 근사에서 $N(\lambda)=1$로 놓으면 $|\phi_n>$의 2차 근사식은 다음과 같이 쓸 수 있다.

$$|\phi_n> = |\phi_n> + \sum_{k \neq n} \frac{<\phi_k|H_1|\phi_n>}{E_n^{(0)} - E_k^{(0)}}|\phi_k>$$

이 식을 이용하면 우리가 알고 있는 정확한 해를 이용하여 섭동항을 포함하는 해밀토니안 H의 고유값과 고유함수의 근삿값을 구할 수 있다. 양자역학에서 다루는 많은 문제들이 정확한 해를 구할 수 없기 때문에 섭동이론은 실제 원자의 성질을 이해하는데 필요하다.

슈타르크효과

섭동이론을 이용하면 외부 전기장이나 자기장에 의해 발생하는 에너지준위의 변화를 예측할 수 있고, 이를 통해 하나의 스펙트럼선이 전기장이나 자기장 안에서 여러 개의 선으로 갈라지는 현상을 설명할 수 있다.

외부 전기장이 수소형 원자의 에너지준위에 미치는 영향을 슈타르크효과라고 한다. 외부 전기장이 존재하지 않을 때는 주양자수가 같은 전자들은 같은 에너지를 가진다. 그러나 외부 전기장 안에서는 외부 전기장의 영향으로 각운동량이 다른 전자들이 조금씩 다른 에너지를 가지게 된다. 따라서 외부 전기장이 없을 때는 하나의 선스펙트럼으로 나타났던 것이 몇 개의 선으로 분리된다.

다음 그림은 같은 에너지를 가지고 있던 주양자수 n이 2인 네 가지 상태가 외부 전기장의 영향으로 어떻게 분리되는지를 보여준다. 주양자수 n이 2인 상태에는 ϕ_{200}, ϕ_{211}, ϕ_{210}, ϕ_{21-1}의 네 가지 상태가 있다. 전기장이나 자기장이 없는 경우 이 네 가지 상태는 같은 에너지를 갖는다. 그러나 외부 전기장이 존재하는 경우에는 세 가지 에너지 상태로 분리된다. 따라서 하나의 스펙트럼선이 세 개의 미세한 스펙트럼선으로 갈라진다.

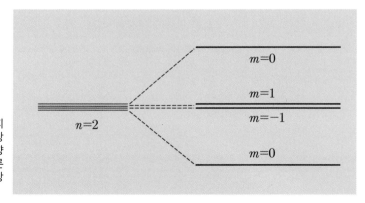

같은 에너지를 가지고 있던 네 가지 상태가 전기장의 영향으로 세 가지 다른 에너지를 가지는 상태로 분리된다.

제만효과

세기가 B인 자기장 안에 있는 원자의 전자들은 원자핵과 전자 사이의 전기적 퍼텐셜 외에 다음 식으로 나타나는 자기장에 의한 퍼텐셜의 영향을 받게 된다.

$$H_B = -\boldsymbol{\mu} \cdot \boldsymbol{B} = \frac{e}{2M} \boldsymbol{L} \cdot \boldsymbol{B}$$

자기장의 방향을 z축으로 잡으면 전자가 가질 수 있는 에너지는 자기 양자수에 따라 다음과 같이 달라진다.

$$\Delta E = \frac{eB\hbar}{2M} m$$

궤도 양자수가 l인 경우 자기 양자수는 $2l + 1$가지 값을 가질 수 있다. 따라서 같은 에너지를 가지고 있던 $2l + 1$개의 에너지준위들이 자기장에 의해 같은 간격으로 분리된다. 이를 제만효과라고 한다. 그런데 원자를 이용하여 실험한 과학자들은 스펙트럼선이 제만효과에 대한 분석을 통해 예상한 것보다 더 복잡하게 분리된다는 것을 발견했다. 처음 이 현상을 발견한 과학자들은 이를 설명하는 데 어려움을 겪었다. 그래서 이것을 비정상 제만효과라고 불렀다. 그러나 전자의 스핀이 발견된 후 스핀으로 인한 각운동량과 전자의 궤도운동으로 인한 각

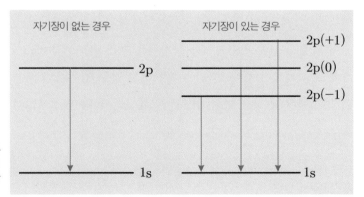

외부 자기장과 전자의 궤도 각운동량의 상호작용으로 인한 제만효과.

운동량을 더해 총각운동량을 계산에 넣자 스펙트럼선이 복잡하게 여러 개로 갈라지는 것을 설명할 수 있었다. 비정상 제만효과는 비정상적인 현상이 아니라 지극히 정상적인 현상이었던 것이다. 스핀을 각운동량에 포함시켰을 때 자기장 안에서의 해밀토니안의 변화량은 다음과 같다.

$$H_B = \frac{e}{2m_e} \left(L + 2S \right) \cdot B$$

섭동이론을 이용하여 이 해밀토니안에 의한 에너지의 1차 근삿값을 구해보면 다음과 같다.

$$\Delta E_n = m_j \left(\frac{eB\hbar}{2m_e} \right) \left(1 \pm \frac{1}{2l+1} \right)$$

궤도 양자수가 l인 경우 자기 궤도 양자수 m은 $l, l-1, l-2, \cdots, -l+1, -l$의 값을 가질 수 있다. 여기에 스핀 양자수 $\frac{1}{2}$ 과 $-\frac{1}{2}$을 더하면 $4l+2$가지 다른 에너지 상태가 만들어진다. 비정상 제만효과에 의해 $n=3$인 에너지준위가 갈라지는 것을 그래프를 이용하여 나타내면 오른쪽 위 그림과 같다.

제만효과에는 외부 자기장에 의한 것이 아니라 원자핵을 이루는 입자들의 스핀으로 인한 자기장 때문에 나타나는 제만효과도 있다. 이런 제만효과는 외부 자기장과 관계없이 항상 나타나므로 영구 제만효과라고 부른다. 영구 제만효과에 의한 스펙트럼선의 분리는 아주 미세해 초미세구조라고 부른다.

이 밖에도 실제 원자에서는 원자핵을 빠른 속도로 돌고 있는 전자의 상대론적 효과도 고려해야 한다. 최근에 발표된 논문[23]에 의하면 금과 같이 원자핵에 많은 양성자를 가지고 있는 원자에서 바깥쪽에 있는 전자들은 빛 속도의 50%가

23) Peter Schwertfeger, 《Relativistic Effects in Properties of Gold》, Heteroatom Chemstry, Vol 13, Number 6, 2012.

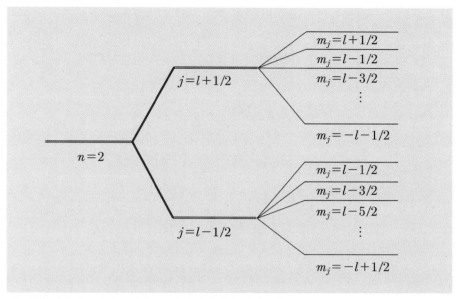

궤도 각운동량과 스핀 각운동량으로 인해 여러 개의 에너지 상태로 분리되는 비정상 제만효과.

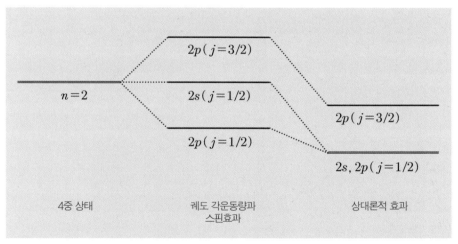

상대론적 효과에 의해 모든 에너지준위가 영향을 받지만 s궤도가 다른 궤도보다 더 큰 영향을 받는다.

넘는 빠른 속도로 원자핵을 돌고 있다. 이 전자들의 질량은 특수상대성이론에 따라 정지해 있을 때보다 약 20% 증가한다. 이로 인해 이 전자들의 궤도는 상당히 수축된다. 상대성이론의 효과에 의한 이런 수축은 궤도 양자수 l 값이 작을수록 커진다. 따라서 $l=0$인 s 궤도의 에너지준위가 다른 에너지준위보다 상대론적 효과의 영향을 더 크게 받는다. 이것은 금 원자가 금의 독특한 광택을 나타내는 원인이 되고 있다.

양자물리학 강의실 엿보기

상대론적 효과 계산하기

상대론의 효과를 감안하지 않았을 때 원자핵 주위를 돌고 있는 전자의 에너지 연산자는 다음과 같다.

$$H_o = \frac{p^2}{2m} - \frac{kZe^2}{r} = \frac{\hbar^2}{2m}\nabla^2 - \frac{kZe^2}{r}$$

그러나 상대성이론에서의 운동에너지는 총에너지에서 정지질량에 의한 에너지를 빼면 되므로 다음과 같이 주어진다.

$$E_k = \sqrt{p^2c^2 + m_o^2c^4} - m_oc^2 = m_oc^2\left(1 + \frac{p^2c^2}{m_o^2c^4}\right)^{1/2} - m_oc^2$$

$$\approx \frac{p^2}{2m} - \frac{1}{8}\frac{(p^2)c^2}{m^3c^2} + \cdots$$

따라서 상대론 효과를 고려한 에너지 연산자는 다음과 같다.

$$H = E_k + V = \sqrt{m_o^2c^4 + p^2c^2} - m_oc^2 - \frac{kZe^2}{r}$$

$$\approx \frac{p^2}{2m} - \frac{1}{8}\frac{p^4}{m_o^3c^2} - \frac{kZe^2}{r}$$

따라서 상대론에 의해 달라지는 에너지 연산자 부분은 다음과 같다.

$$H_1 = -\frac{1}{2}\left(\frac{p^2}{2m_o}\right)^2 \frac{1}{m_o c^2}$$

그런데 $p^2 = 2m\left(H_o + \frac{kZe^2}{r}\right)$ 이므로 H_1은 다음과 같이 쓸 수 있다.

$$H_1 = -\frac{1}{8}\frac{(p^2)^2}{m_e^3 c^2} = -\frac{1}{2m_e c^2}\left(\frac{p^2}{2m_e}\right)^2$$

$$= -\frac{1}{2m_e c^2}\left(H_o + \frac{Ze^2}{4\pi\epsilon_o r}\right)\left(H_o + \frac{Ze^2}{4\pi\epsilon_o r}\right)$$

이제 상대론적 효과에 의한 H_1의 1차 에너지 변환을 계산해보면 다음과 같다.

$$<\phi_{nlm}|H_1|\phi_{nlm}>$$

$$= -\frac{1}{2m_e c^2}\left\langle\phi_{nlm}\left|\left(H_o + \frac{Ze^2}{4\pi\epsilon_o r}\right)\left(H_o + \frac{Ze^2}{4\pi\epsilon_o r}\right)\right|\phi_{nlm}\right\rangle$$

$$= -\frac{1}{2m_e c^2}\left[E_n^2 + 2E_n\left\langle\phi_{nlm}\left|\frac{Ze^2}{4\pi\epsilon_o r}\right|\phi_{nlm}\right\rangle\right]$$

$$= -\frac{1}{2}m_e c^2 (A\alpha)^2\left[\frac{2(Z\alpha)^2}{n^3(2l+1)} + \frac{2(Z\alpha)^2}{4n^2}\right]$$

이 결과는 n값이 같을 경우 l값이 작은 전자에 더 큰 상대론적 효과가 나타난다는 것을 의미한다. 다시 말해 s궤도($l=l$)인 전자가 p궤도($l=1$)나 d궤도($l=2$) 전자보다 상대론적 효과가 더 크게 나타난다. $n=2$인 전자의 상대론적 효과에 의한 에너지준위의 변화를 그래프를 이용하여 나타내면 321쪽 그림과 같다.

시간 의존적 섭동과 전이율 그리고 선택 규칙

원자는 전자가 한 궤도에서 다른 궤도로 전이할 때 전자기파를 방출하거나 흡수한다. 이때 방출하는 복사선의 세기는 한 궤도에서 다른 궤도로 전이할 확률, 즉 전이율에 따라 달라진다. 양자역학의 목표 중 하나가 원자가 내는 스펙트럼의 세기를 계산하는 것이었으므로 전이율을 계산하는 것은 매우 중요한 문제이다. 그런데 전자가 한 궤도에서 다른 궤도로 전이하는 것은 시간의 흐름에 따라 한 상태에서 다른 상태로 바뀌어 간다는 것을 의미한다. 따라서 지금까지 다룬 시간 독립적인 해나 섭동이론으로는 전이율을 구할 수 없다. 시간 의존적 섭동이론이 필요한 것은 이 때문이다.

이제 해밀토니안 H_o에 대한 슈뢰딩거방정식의 고유값과 해가 알려져 있는 경우를 생각해보자.

$$H_o \phi_n^o = E_n^o \phi_n^o$$

이 경우 시간 의존적 슈뢰딩거방정식의 해는 다음과 같다.

$$\Psi_n^o(t) = e^{-iE_n^o t/\hbar} \phi_n^o$$

시간에 의존하는 섭동항이 도입된 해밀토니안은 다음과 같이 쓸 수 있다.

$$H = H_o + \lambda H_1(t)$$

이때의 슈뢰딩거방정식은 다음과 같이 된다.

$$i\hbar \frac{\partial \Psi(t)}{\partial t} H\Psi(t) = [H_o + \lambda H_1(t)]\Psi(t)$$

시간 의존적 섭동이론의 목표는 이 슈뢰딩거방정식의 고유함수, $\Psi(t)$와 고유값을 이미 알려져 있는 ϕ_n^o와 E_n^o, 그리고 $H_1(t)$를 이용하여 나타내는 것이다.

그리고 그것을 이용하여 전자가 ϕ_i^o 상태에서 시간 t가 흐른 후에 E_m^o 상태에 있을 확률, 즉 전이율을 계산하는 것이다. 전이율이 0이 아닐 조건을 이용하면 전이가 가능한 상태들 사이의 관계인 선택 규칙도 알아낼 수 있다.

양자물리학 강의실 엿보기

시간 의존적 섭동이론

섭동항이 도입된 슈뢰딩거방정식의 해를 알려진 H_o의 해들의 선형결합을 이용하여 다음과 같이 나타내보자.

$$\Psi(t) = \sum_n C_n(t) e^{-iE_n^o t/\hbar} \phi_n^o$$

이 식을 시간 의존적 섭동항을 포함하고 있는 슈뢰딩거방정식에 대입해보자.

$$i\hbar \frac{\partial}{\partial t} \left(\sum_n C_n(t) e^{-iE_n^o t/\hbar} \phi_n^o \right) = [H_o + \lambda H_1(t)] \left(\sum_n C_n(t) e^{-iE_n^o t/\hbar} \phi_n^o \right)$$

이 식의 좌변을 시간으로 미분하고, $H_o \phi_n^o = E_n^o \phi_n^o$를 대입하여 정리하면 다음 식을 얻을 수 있다.

$$i\hbar \sum_n \frac{dc_n(t)}{dt} e^{-iE_n^o t/\hbar} \phi_n^o = \lambda \sum H_1(t) c_n(t) e^{-iE_n^o t/\hbar} \phi_n^o$$

이 식의 양변에 ϕ_m^{o*}를 곱하고 모든 구간에서 적분하면 다음 식을 얻는다.

$$i\hbar \sum_n \frac{dc_n(t)}{dt} e^{-iE_n^o t/\hbar} <\phi_m^o | \phi_n^o>$$

$$= \lambda \sum c_n^o(t) e^{-iE_n^o t/\hbar} < \phi_m^o | H_1(t) | \phi_n^o >$$

그런데 $< \phi_m^o | \phi_n^o > = \delta_{mn}$ 이므로 이 식은 다음과 같이 쓸 수 있다.

$$i\hbar \frac{dc_m(t)}{dt} e^{-iE_m t/\hbar} = \lambda \sum_n c_n(t) e^{-ie_n^o t/\hbar} < \phi_m^o | H_1(t) | \phi_n^o >$$

$$i\hbar \frac{dc_m(t)}{dt} = \lambda \sum_n e^{i(E_m^o - E_n^o)t/\hbar} < \phi_m^o | H_1 | \phi_n^o >$$

여기서 계수 $c_m(t)$를 λ의 다항식으로 전개하면 다음과 같이 쓸 수 있다.

$$c_m(t) - c_m^o + \lambda c_m^1(t) + \lambda^2 c_m^2(t) + \cdots$$

이 식을 앞에서 구한 식에 대입한 뒤에 양변이 λ의 모든 차수에 대해 같도록 하면 다음과 같은 결과를 얻는다.

$$(\lambda의 0차항 계수) \quad i\hbar \frac{dc_m^o}{dt} = 0$$

$$(\lambda의 1차항 계수) \quad i\hbar \frac{dc_m^o}{dt} = \sum_n c_m^o e^{i(E_m^o - E_n^o)t/\hbar} < \phi_m^o | H_1 | \phi_n^o >$$

$$(\lambda의 2차항 계수) \quad i\hbar \frac{dc_m^o}{dt} = \sum_n c_m^1(t) e^{i(E_m^o - E_n^o)t/\hbar} < \phi_m^o | H_1 | \phi_n^o >$$

시간이 0이었을 때 즉 초기 상태가 H_o의 고유함수 중 하나라면 즉 $\Psi(0) = \phi_i^o$인 경우에는 $c_m^o = \delta_{mi}$ 이므로 이것을 대입한 후 시간에 대해 적분하면 다음 식을 얻는다.

$$c_m^1(t) = \frac{1}{i\hbar} \int dt e^{i(E_m^o - E_n^o)t/\hbar} < \phi_m^o | H_1(t) | \phi_n^o >$$

따라서 $c_m(t)$는 1차 항까지만 쓰면 다음과 같다.

$$c_m(t) \approx \delta_{mi} + \frac{\lambda}{i\hbar} \int dt\, e^{i(E_m^o - E_n^o)t/\hbar} <\phi_m^o | H_1(t) | \phi_n^o>$$

섭동항이 포함된 해밀토니안의 고유함수를 $\Psi(t) = \sum_n C_n(t) e^{-iE_n^o t/\hbar} \phi_n^o$ 와 같이 ϕ_n^o의 선형결합으로 나타냈으므로 초기상태 ϕ_i^o에서 시간 t가 경과한 후에 ϕ_m^o 상태로 전이할 확률은 다음과 같이 쓸 수 있다.

$$P_m(t) = |<\phi_m^o | \Psi(t)>|^2 = |c_m(t)|^2$$

이러한 결과를 이용하면 초기상태 ϕ_i^o가 광자를 방출하고 최종상태 ϕ_m^o으로 바뀌는 경우의 전이율은 다음과 같다는 것을 유도할 수 있다.

$$R_{i \to m} = \frac{2\pi}{\hbar} |<\phi_m^o | H_1 | \phi_i^o>|^2 \delta(E_m^o - E_i^o \pm \hbar\omega)$$

이 식으로부터 원자가 복사선을 방출할 때 전이율이 0이 아니도록 하는 선택 규칙도 구할 수 있다. 선택 규칙은 다음과 같다.

$$m = 0, \pm 1 \quad \Delta l = \pm 1,$$
$$\Delta s = 0, \quad \Delta m_s = 0$$

따라서 전이가 가능한 상태들을 그림으로 나타내면 오른쪽 그림과 같다.

우리가 관측하는 원자 스

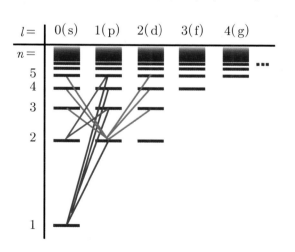

선택 규칙에 의해 $\Delta l = \pm 1$인 전이만 가능하다.

펙트럼에는 이러한 여러 가지 효과들이 모두 포함되어 있다. 양자물리학은 섭동 이론을 이용하여 원자가 내는 스펙트럼의 미세한 구조까지 성공적으로 설명했다. 복잡한 계산 과정을 통해 얻은 결과들이 실험 결과와 일치하는 것을 본 과학자들은 우리 상식으로는 이해할 수 없는 양자역학의 해석에도 불구하고 양자역학을 받아들이지 않을 수 없었다.

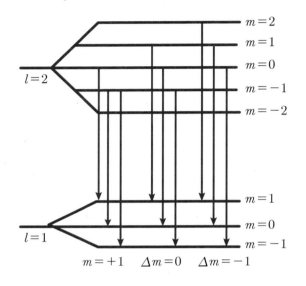

선택 규칙에 의해 $\Delta m = 0$, ± 1인 전이만 가능하다.

24. 양자역학과 주기율표

양자물리학의 목표는 원자가 내는 스펙트럼과 주기율표를 설명하는 것이었다. 지금까지 이야기한 것처럼 양자역학은 원자가 내는 복잡한 스펙트럼을 설명하는 데 큰 성공을 거두었다. 그렇다면 주기율표는 어떻게 설명할 수 있었을까? 앞에서 다룬 수소형 원자에는 전자가 하나밖에 없기 때문에 원자핵과 전자 사이의 상호작용을 방해하는 다른 전자가 없었다. 그러나 주기율표에는 여러 개의 전자들을 가지고 있는 다양한 원자들이 포함되어 있다. 여러 개의 전자들을 가지고 있는 원자에서는 전자들 사이의 상호작용이 중요한 역할을 한다. 여러 개의 전자를 가지고 있는 원자에서 한 전자에 영향을 주는 다른 모든 전자들의 효과를 스크리닝 효과를 이용하여 다룰 수 있다. 원자핵과 전자 사이에 있는 다른 전자들이 가지고 있는 (−)전하가 원자핵의 (+)전하를 가리는 것과 같은 역할을 하기 때문에 이런 이름이 붙게 되었다.

스크리닝 효과를 계산할 때는 자신을 제외한 다른 모든 전자들은 구형으로 분포하고 있다고 가정한다. 전자는 매우 빠른 속도로 원자핵을 돌고 있어 이런 가정은 실제와 크게 다르지 않다. 분석하고자 하는 전자보다 바깥쪽에 있는 전자는 이 전자에 아무런 영향을 주지 않는다. 구형의 물체 내부로 들어가면 이 물체보다 바깥쪽에 있는 물질에 의한 중력 작용은 상쇄되어 없어지고 이 물체보다 안쪽에 있는 물질에 의한 중력만 작용하는 것과 마찬가지다. 따라서 가장 안쪽에 있는 전자는 다른 전자들의 스크리닝 효과의 영향을 받지 않는다. 그리고 가장 바깥쪽에 있는 전자는 자신을 제외한 모든 전자에 의한 스크리닝 효과의 영향을 받는다. 따라서 스크리닝 효과를 감안한 전기 퍼텐셜은 다음과 같이 쓸 수 있다.

$$V_{screen} = -\frac{kZ(r)e^2}{r}$$

이 식에서 $Z(r)$은 원자핵으로부터의 거리에 따라 스크리닝 효과의 영향으로 줄어드는 전하를 나타내는 값이다. 가장 안쪽에 있는 전자, 즉 $r \rightarrow 0$인 경우에는 $Z(r)$은 Z값에 다가간다. 다시 말해 전자가 원자핵에 다가가면 스크리닝 효과가 없는 수소형 원자와 같게 된다. 그리고 가장 바깥쪽에 있는 전자, 즉 $r \rightarrow \infty$이면 $Z(r)$은 1로 다가간다. 다시 말해 가장 바깥쪽에 있는 전자가 볼 때는 자신을 제외한 다른 전자들이 모두 스크리닝 효과에 가담해 원자핵에 양성자 하나만 포함되어 있는 경우와 같아져서, 원자핵에 양성자를 하나만 가지고 있는 수소 원자와 같게 된다. 결국 여러 개의 전자들을 가지고 있는 원자의 경우에도 전자의 에너지 궤도는 수소형 원자의 에너지 궤도와 비슷한 형태를 띠게 된다. 다만 스크리닝 효과에 의해 각 에너지준위의 에너지 값이 달라질 뿐이다.

주양자수가 1이고 궤도 양자수가 0인 1s궤도에 들어가는 두 전자는 스크리닝 효과의 영향을 받지 않으므로 에너지준위가 변하지 않는다. 전자가 하나뿐인 수소형 원자에서는 주양자수가 2인 궤도에 들어가는 2s 전자와 2p 전자의 에너지

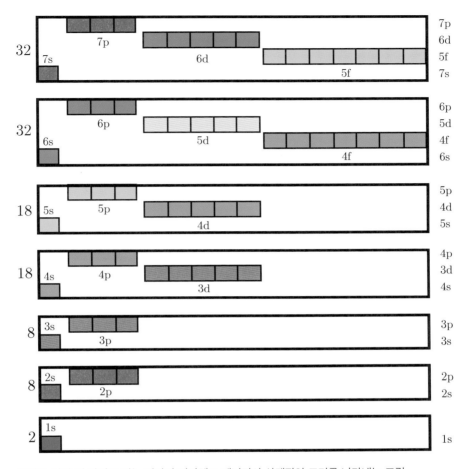

전자를 여러 개 가지고 있는 원자의 전자궤도 에너지의 상대적인 크기를 나타내는 그림.

가 같지만, 여러 개의 전자를 가지고 있는 원자에서는 스크리닝 효과로 인해 2s 궤도와 2p궤도에 들어가는 전자들의 에너지가 달라진다. 왜냐하면 2p궤도의 전자구름이 2s궤도의 전자구름보다 바깥쪽에 있어 스크리닝 효과가 더 크게 나타나기 때문이다. 이런 효과는 주양자수가 3인 3s, 3p, 3d 전자들 사이에도 나타나 3s궤도 전자가 3p궤도 전자보다 더 작은 에너지를 가지게 되고, 3d궤도의 전자들은 3s나 3p 궤도의 전자들보다 큰 에너지를 가지게 된다. 스크리닝 효과는 전자구름의 분포와 모양에 따라 달라진다.

스크리닝 효과로 인해 전자궤도의 에너지 구조가 복잡해진다. 따라서 안정한 에너지 구조를 가지기 위해 전자가 궤도를 채우는 방법도 복잡해진다. 전자가 궤도를 채우는 순서는 여러 학자들에 의해 발견되었다. 전자궤도의 에너지는 주 양자수뿐만 아니라 궤도 양자수와도 관계가 있어 주양자수(n)와 궤도 양자수 (l)를 합한 값($n+l$)에 따라 달라진다는 것이 원자가 내는 스펙트럼의 분석을 통해 밝혀졌다.

프랑스의 발명가 겸 생물학자였던 샤를 자넷$^{Charles\ Janet\ (1849\sim1932)}$은 1927년에 주양자수와 궤도 양자수를 합한 값($n+l$)이 같은 원소들을 한 주기에 배열하는 주기율표를 제안했다. ($n+l$)의 값이 작은 원소를 우측에 오도록 배열한 이 주 기율표는 현재 우리가 사용하는 주기율표와는 다른 모양이었다. 1936년 독일 의 물리학자 에르빈 마델룽$^{Erwin\ Madelung\ (1881\sim1972)}$은 $n+l$ 값이 작은 궤도에 전자 가 먼저 채워지고 $n+l$의 값이 같은 경우에는 주양자수(n)의 값이 작은 궤도에 전자가 먼저 채워진다는 마델룽 규칙을 발표했다. 마델룽은 원자가 내는 스펙트 럼 분석을 통해 결정한 에너지준위를 바탕으로 경험 법칙인 마델룽 규칙을 찾 아냈다. 마델룽이 1926년부터 이미 이런 규칙을 생각하고 있었던 것으로 보인 다. 1962년에는 러시아의 농화학자 브세볼로드 마브리키예비치 클레흐코프스 키$^{Vsevolod\ Mavrikievich\ Klechkovsky\ (1900\sim1972)}$가 처음으로 $n+l$이 전자궤도의 에너지에 미치는 영향을 스크리닝 효과와 전자 사이의 반발력을 이용하여 이론적으로 설 명했다. 따라서 마델룽 규칙은 사용하는 언어에 따라 자넷 규칙, 또는 클레흐코 프스키 규칙이라고도 부른다. 마델룽 규칙에 의하면 전자가 채워지는 순서는 다 음과 같다.

$1s(1) < 2s(2) < 2p(3) < 3s(3) <$

$3p(4) < 4s(4) < 3d(5) < 4p(5) <$

$5s(5) < 4d(6) < 5p(6) < 6s(6) <$

$4f(7) < 5d(7) < 6p(7) < 7s(7) <$

$5f(8) < 6d(8) < 7p(8)$

1s

2s 2p

3s 3p 3d

4s 4p 4d 4f

5s 5p 5d 5f …

6s 6p 6d … … …

전자가 채워지는 순서를 나타내는 마델룽 규칙.

전자가 채워지는 순서를 나타내는 마델룽 규칙은 바닥상태에 있는 중성원자에만 적용되므로 이온에는 적용되지 않고 중성원자 중에서도 이 규칙을 따르지 않는 원자들이 다수 있다.

마델룽 규칙에 의하면 $n+l$값이 4인 4s궤도가 $n+l$값이 5인 3d궤도보다 먼저 채워져야 한다. 그러나 구리에서는 3d궤도가 4s궤도보다 먼저 채워진다. 크롬의 경우에는 4s궤도에 하나의 전자가 채워진 후 3d궤도 전자가 채워진다. 팔라듐, 란탄, 악티늄 등의 원소에서도 마델룽 규칙의 예외가 발견된다. 마델룽 규칙에 예외가 생기는 데는 여러 가지 이유가 있지만 가장 중요한 것은 상대론적 효과로 보인다. 원자번호가 큰 원자에서는 전자가 빠른 속도로 원자핵을 돌고 있기 때문에 상대론적 효과가 크게 나타난다.

주양자수, 궤도 양자수, 자기 양자수가 같은 같은 상태에는 스핀 상태가 다른 두 개의 전자가 들어갈 수 있다. 따라서 궤도 양자수가 0인 s궤도에는 스핀 상태가 다른 두 개의 전자가 들어갈 수 있다. 궤도 양자수가 1인 p궤도에는 자기 양자수가 다른 세 가지 상태가 존재하므로 스핀 상태까지 감안하면 모두 여섯 개의 전자가 들어갈 수 있다. 궤도 양자수가 2인 d궤도에는 자기 양자수가 다섯 가지 가능하므로 모두 열 개의 전자가 들어갈 수 있다. 마찬가지 방법으로 f궤도에는 14개의 전자가 들어갈 수 있다.

그렇다면 주양자수와 궤도 양자수가 같은 궤도들에서는 전자들이 어떻게 채워질까? 전자가 주양자수와 궤도 양자수가 같고 자기 양자수가 다른 궤도를 채울 때는 자기 양자수가 다른 빈 궤도를 먼저 채운 다음 하나의 전자가 들어가 있는 궤도를 채운다. 이처럼 자기 양자수가 다른 궤도에 전자가 들어가는 순서를 규정한 것을 훈트의 규칙이라고 한다.

훈트의 규칙은 1927년에 독일 물리학자 프리드리히 훈트[Friedrich Hund(1896~1997)]가 제안했다. 훈트의 규칙에 의하면 전자 전체의 스핀 값을 최대로 하는 전자 배열이 가장 낮은 에너지 배열이 된다. 따라서 전자는 동일한 자기 양자수를 가지는 궤도에 두 개의 전

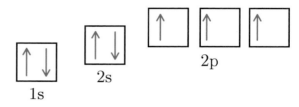

훈트의 규칙에 따른 질소의 전자 배치.

자가 들어가 하나는 업, 하나는 다운 상태에 있는 것보다 자기 양자수가 다른 두 궤도에 들어가 두 전자가 모두 업 상태에 있는 것이 더 안정된 상태다.

모두 일곱 개의 전자를 가지고 있는 질소 원자의 경우 처음 네 개의 전자는 1s궤도와 2s궤도에 들어간다. 다음 세 개의 전자는 2p궤도에 들어가는데 자기 양자수가 같은 상태에 두 전자가 들어가지 않고 자기 양자수가 다른 세 개의 궤도에 들어가 모두 스핀 업 상태에 있는 것이 더 안정한 전자 배치다.

하나의 전자껍질에 두 개, 여덟 개, 열여덟 개의 전자가 들어가 있으면 원자의 전자 배치가 안정한 원자가 된다. 이것을 옥텟 규칙이라고 한다.

첫 번째 전자껍질에는 두 개의 전자, 두 번째와 전자껍질에는 여덟 개의 전자가 들어가야 안정한 원자가 된다. 이런 전자구조를 가지고 있지 않은 원자들은

다른 원자와 전자를 공유하거
나 전자를 잃거나 얻어서 이
런 전자구조를 만들려고 한
다. 따라서 옥텟 규칙은 원자
들이 결합하여 분자를 만드는
것을 설명하는 데 필요하다.

원소에서 전자를 하나 분리
해내는 데 필요한 에너지를
이온화 에너지라고 하는데 이
온화 에너지는 가장 바깥쪽에
있는 전자가 높은 에너지를

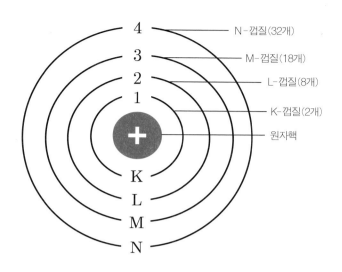

각 에너지 껍질에 들어가는 전자의 수를 결정하는 옥텟 규칙.

가질수록 작아진다. 에너지 상태가 높은 전자는 원자에서 떼어내기가 쉽기 때문
이다. 같은 족에 속하는 원소들은 아래로 갈수록 이온화 에너지가 작아진다. 가

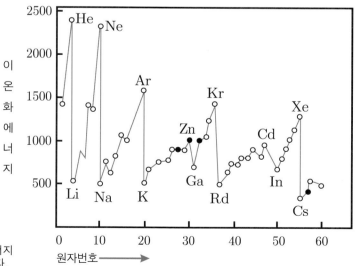

원자의 이온화 에너지
도 주기적으로 변한다.

장 바깥쪽 에너지준위가 높아지면서 전자의 에너지가 커지기 때문이다. 그러나 같은 주기, 즉 같은 행에 있는 원소들은 원자번호가 증가할수록 이온화 에너지가 커진다. 원자번호가 커지면 원자핵의 전하가 늘어나 전자와의 결합이 더 단단해지기 때문이다.

원자의 크기도 이온화 에너지와 비슷한 경향을 보인다. 같은 족에 속하는 원소들은 아래로 갈수록, 즉 원자번호가 증가할수록 원자의 크기가 커진다. 그러나 같은 주기에 속하는 원자들은 우측으로 갈수록, 즉 원자번호가 증가할수록 원자의 크기가 줄어든다. 이제 전자가 배열되는 것과 관련된 모든 규칙이 준비되었다. 이제는 이 규칙대로 에너지가 낮은 상태부터 전자를 차례로 채워가면서 주기율표를 만들기만 하면 된다.

주기율표

주기율표에는 118개의 원소가 18개의 열과 7개의 행으로 이루어진 표 안에 원자번호 순서대로 배열되어 있다. 18개의 열을 족이라고 한다. 다시 말해 모든 원소는 18개의 족으로 나눌 수 있다. 같은 족에 들어가 있는 원소는 화학적 성질이 비슷하다. 행을 주기라고 하는데 각 주기는 가장 바깥쪽 전자가 같은 전자껍질에 들어가 있는 원소들이 배열되어 있다.

원소들은 몇 가지 그룹으로 나누기도 한다. 1족과 2족 원소들, 즉 가장 바깥쪽 전자가 s궤도에 들어가는 원소들을 알칼리금속과 알칼리토금속이라고 부른다. 가장 바깥쪽에 있는 전자가 d궤도에 들어가는 3족에서 12족까지의 원소들은 전이금속으로 분류한다. 13족부터 17족까지의 원소들은 가장 바깥쪽 전자가 p궤도에 들어가기 때문에 p-블록이라고 한다. 란탄 계열과 악티늄 계열 원소들은 가장 바깥쪽 전자가 f궤도에 들어가는 원소들이다.

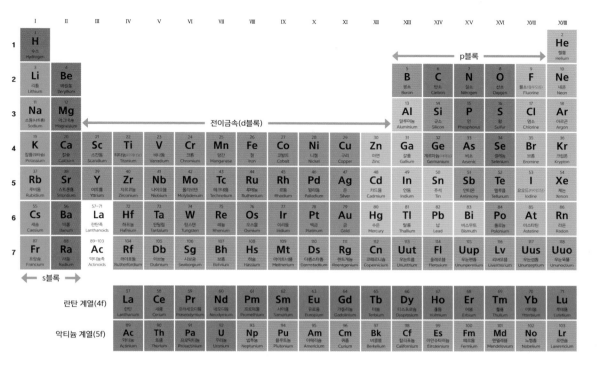

118개의 원소를 원자번호 순으로 배열한 주기율표.

1s					1s
2s					2p
3s					3p
4s	3d				4p
5s	4d				5p
6s	4f	5d			6p
7s	5f	6d			7p
4f					
5f					

가장 바깥쪽 전자가 들어가는 궤도.

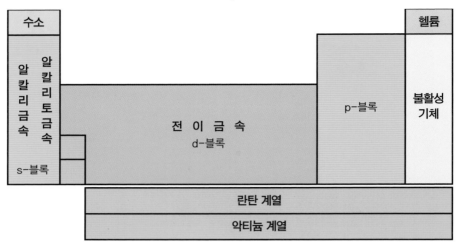

원소들의 분류.

주기율표의 맨 위 행, 즉 첫 번째 주기에는 두 개의 원소가 배열되어 있다. 하나는 맨 좌측의 1족에 배열되어 있는 수소이고 다른 하나는 맨 우측의 18족에 배열되어 있는 헬륨이다. 수소는 하나의 전자를 가지고 있고 이 전자는 1s궤도에 들어가 있다. 따라서 수소의 전자 배열은 $1s^1$으로 나타낸다. 수소 다음으로 두 번째로 가벼운 원소인 헬륨은 두 개의 전자를 가지고 있는데 헬륨의 두 전자는 모두 1s궤도에 들어가 있다. 따라서 헬륨의 전자구조는 $1s^2$로 나타낸다. 수소는 한 개의 전자만 가지고 있어 1s궤도가 반만 채워져 있다. 이에 따라 다른 원자와의 공유결합을 통해 빈자리를 채우려는 경향이 강하다. 따라서 수소는 다른 원소와 활발하게 화학반응을 하여 다양한 분자를 만든다. 그러나 1s궤도가 모두 채워진 헬륨은 다른 원자와 화학반응을 하지 않는 불활성기체다. 수소와 헬륨이 가지고 있는 전자의 수는 하나밖에 차이가 나지 않지만 이 하나의 차이가 두 원소의 화학적 성질을 전혀 다르게 만든다는 것을 알 수 있다.

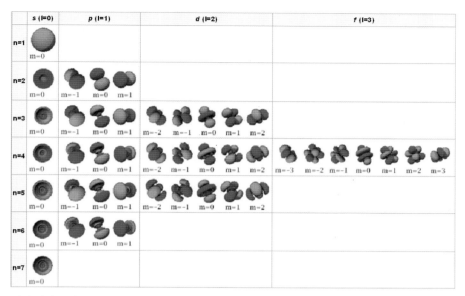

가장 바깥쪽 전자의 확률 구름으로 나타낸 주기율표.

알칼리금속과 알칼리토금속

주기율표에서 1족에 속하는 일곱 개의 원소 중에서 수소를 제외한 여섯 개의 원소를 알칼리금속이라 부르고, 2족에 속하는 여섯 개의 원소를 알칼리토금속이라고 부른다. 알칼리금속과 알칼리토금속에 속하는 원소들은 모두 가장 바깥쪽 전자가 s궤도를 채우고 있는 s-블록 원소들이다. 알칼리금속 원소들은 s궤도에 하나의 전자가 채워져 있고 알칼리토금속 원소들은 s궤도에 두 개의 전자가 채워져 있다.

가장 바깥쪽 에너지 껍질의 s궤도에 하나의 전자가 채워져 있는 1족 원소들을 알칼리금속이라 부르는 것은 이 금속을 물에 녹이면 강한 알칼리 용액을 만들기 때문이다. 알칼리금속들은 상온에서 모두 고체지만 연하며, 광택이 나는 표면을 가지고 있고, 반응성이 강해 기름 속이나 불활성기체 안에 보관해야 한다. 알칼리금속의 원자들은 전자 하나만 잃으면 안정한 전자껍질 구조를 만들 수 있다. 따라서 알칼리금속들은 쉽게 전자를 잃고 (+) 이온이 되기 때문에 다양한 이온 화합물을 만든다. 알칼리금속들은 물과 격렬하게 반응하여 수소 기체를 발생시키고 용액 안에 여분의 수산 이온(OH^-)을 남긴다. 수산 이온이 수소 이온보다 많은 용액이 알칼리 용액이다.

가장 바깥쪽 전자껍질의 s궤도에 두 개의 전자가 들어가 있는 알칼리토금속은 알칼리금속과 비슷한 성질을 가지지만 알칼리금속보다 반응성이 약하다. 알칼리토금속 원소들도 공기나 물과 반응하지만 알칼리금속이 차가운 물과 폭발적으로 반응하고 공기와 자발적으로 반응하는 것과 달리 알칼리토금속은 뜨거운 물하고만 반응한다. 알칼리금속이 가장 바깥쪽 전자껍질에 한 개의 전자를 가지고 있어 쉽게 전자 하나를 잃고 이온이 될 수 있는 것과는 달리 알칼리토금속 원소들은 가장 바깥쪽 전자껍질에 두 개의 전자를 가지고 있어 이온화 에너지가 크다.

2족 원소들을 알칼리토금속이라고 부르는 데에는 역사적인 이유가 있다. 중세에

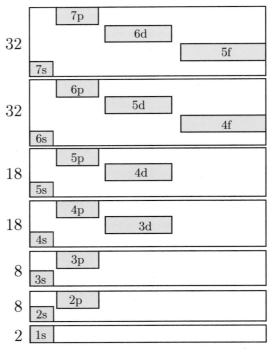

알칼리금속과 알칼리토금속 원소는 가장 바깥쪽 전자가 s궤도에 들어간다.

	I	II	III	IV	V	VI	VII	VIII	IX	X	XI	XII	XIII	XIV	XV	XVI	XVII	XVIII
1	1 H 수소 Hydrogen																	2 He 헬륨 Helium
2	3 Li 리튬 Lithium	4 Be 베릴륨 Beryllium											5 B 붕소 Boron	6 C 탄소 Carbon	7 N 질소 Nitrogen	8 O 산소 Oxygen	9 F 불소(플루오린) Fluorine	10 Ne 네온 Neon
3	11 Na 소듐(나트륨) Sodium	12 Mg 마그네슘 Magnesium											13 Al 알루미늄 Aluminium	14 Si 규소 Silicon	15 P 인 Phosphorus	16 S 황 Sulfur	17 Cl 염소 Chlorine	18 Ar 아르곤 Argon
4	19 K 칼륨(포타슘) Potassium	20 Ca 칼슘 Calcium	21 Sc 스칸듐 Scandium	22 Ti 티타늄(타이타늄) Titanium	23 V 바나듐 Vanadium	24 Cr 크롬 Chromium	25 Mn 망간 Manganese	26 Fe 철 Iron	27 Co 코발트 Cobalt	28 Ni 니켈 Nickel	29 Cu 구리 Copper	30 Zn 아연 Zinc	31 Ga 갈륨 Gallium	32 Ge 게르마늄(저마늄) Germanium	33 As 비소 Arsenic	34 Se 셀레늄 Selenium	35 Br 브롬 Bromine	36 Kr 크립톤 Krypton
5	37 Rb 루비듐 Rubidium	38 Sr 스트론튬 Strontium	39 Y 이트륨 Yttrium	40 Zr 지르코늄 Zirconium	41 Nb 니오븀 Niobium	42 Mo 몰리브덴 Molybdenum	43 Tc 테크네튬 Technetium	44 Ru 루테늄 Ruthenium	45 Rh 로듐 Rhodium	46 Pd 팔라듐 Palladium	47 Ag 은 Silver	48 Cd 카드뮴 Cadmium	49 In 인듐 Indium	50 Sn 주석 Tin	51 Sb 안티몬 Antimony	52 Te 텔루륨 Tellurium	53 I 요오드(아이오딘) Iodine	54 Xe 제논 Xenon
6	55 Cs 세슘 Caesium	56 Ba 바륨 Barium	57~71 란탄족 Lanthanoids	72 Hf 하프늄 Hafnium	73 Ta 탄탈럼 Tantalum	74 W 텅스텐 Tungsten	75 Re 레늄 Rhenium	76 Os 오스뮴 Osmium	77 Ir 이리듐 Iridium	78 Pt 백금 Platinum	79 Au 금 Gold	80 Hg 수은 Mercury	81 Tl 탈륨 Thallium	82 Pb 납 Lead	83 Bi 비스무트 Bismuth	84 Po 폴로늄 Polonium	85 At 아스타틴 Astatine	86 Rn 라돈 Radon
7	87 Fr 프랑슘 Francium	88 Ra 라듐 Radium	89~103 악티늄족 Actinoids	104 Rf 러더포듐 Rutherfordium	105 Db 더브늄 Dubnium	106 Sg 시보귬 Seaborgium	107 Bh 보륨 Bohrium	108 Hs 하슘 Hassium	109 Mt 마이트너륨 Meitnerium	110 Ds 다름스타튬 Darmstadtium	111 Rg 뢴트게늄 Roentgenium	112 Cn 코페르니슘 Copernicium	113 Uut 우눈트륨 Ununtrium	114 Fl 플레로븀 Flerovium	115 Uup 우눈펜튬 Ununpentium	116 Lv 리버모륨 Livermorium	117 Uus 우눈셉튬 Ununseptium	118 Uuo 우눈옥튬 Ununoctium

란탄 계열(4f)	57 La 란탄 Lanthanum	58 Ce 세륨 Cerium	59 Pr 프라세오디뮴 Praseodymium	60 Nd 네오디뮴 Neodymium	61 Pm 프로메튬 Promethium	62 Sm 사마륨 Samarium	63 Eu 유로퓸 Europium	64 Gd 가돌리늄 Gadolinium	65 Tb 터븀 Terbium	66 Dy 디스프로슘 Dysprosium	67 Ho 홀뮴 Holmium	68 Er 어븀 Erbium	69 Tm 툴륨 Thulium	70 Yb 이터븀 Ytterbium	71 Lu 루테튬 Lutetium
악티늄 계열(5f)	89 Ac 악티늄 Actinium	90 Th 토륨 Thorium	91 Pa 프로탁티늄 Protactinium	92 U 우라늄 Uranium	93 Np 넵투늄 Neptunium	94 Pu 플루토늄 Plutonium	95 Am 아메리슘 Americium	96 Cm 퀴륨 Curium	97 Bk 버클륨 Berkelium	98 Cf 칼리포늄 Californium	99 Es 아인슈타이늄 Einsteinium	100 Fm 페르뮴 Fermium	101 Md 멘델레븀 Mendelevium	102 No 노벨륨 Nobelium	103 Lr 로렌슘 Lawrencium

알칼리금속은 s궤도에 전자가 하나 들어가 있고, 알칼리토금속은 s궤도에 전자가 두 개 들어가 있는 금속 원소다.

는 흙(토^{earth})이라는 단어를 산화칼슘이나 산화마그네슘과 같이 가열했을 때 분해되지 않는 물질을 나타낼 때 사용했다.

2족 원소의 산화물은 결합력이 강해 가열해도 분해되지 않아 토금속이라고 불렀다. 족 이름에 알칼리라는 말이 들어간 것은 알칼리금속과 마찬가지로 물에 녹아 알칼리 용액을 만들기 때문이다. 알칼리토금속에 속하는 원소들도 전자를 잃어 이온이 되기 쉽고 따라서 다른 원소들과의 이온결합을 통해 다양한 이온 화합물을 만든다. 그러나 2족 원소 중 가장 가벼운 베릴륨은 알칼리토금속에 속하는 여느 원소들과 달리 이온을 만들지 않는다. 따라서 베릴륨 화합물은 모두 이온결합 화합물이 아닌 공유결합 화합물이다.

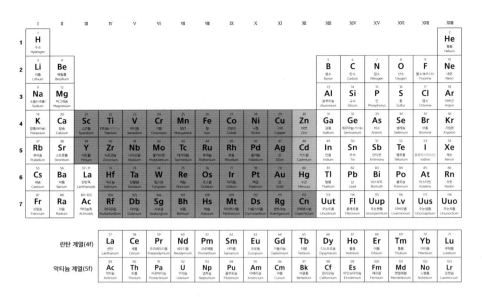

전이금속은 가장 바깥쪽 전자들이 d궤도에 들어가는 3족에서 12족까지의 원소들이다.

전이금속

3족부터 12족까지의 금속을 전이금속이라고 부른다. 전이금속은 가장 바깥쪽 전자가 d궤도에 들어가 있는 원소들이다. 궤도 양자수가 2인 d궤도에는 자기 양자수가 -2, -1, 0, 1, 2인 다섯 가지 상태가 있다. 따라서 d궤도에는 열 개의 전자가 들어갈 수 있다. 가장 바깥쪽 전자가 d궤도를 채우고 있는 d-블록에 속한 전이금속이 열 개의 족을 이루는 것은 이 때문이다. 3

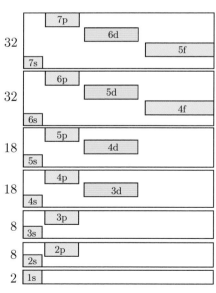

전이금속 원소들은 가장 바깥쪽 전자가 d궤도에 들어가 있는 원소들이다.

	I	II	III	IV	V	VI	VII	VIII	IX	X	XI	XII	XIII	XIV	XV	XVI	XVII	XVIII
1	1 H 수소 Hydrogen																	2 He 헬륨 Helium
2	3 Li 리튬 Lithium	4 Be 베릴륨 Beryllium											5 B 붕소 Boron	6 C 탄소 Carbon	7 N 질소 Nitrogen	8 O 산소 Oxygen	9 F 불소(플루오린) Fluorine	10 Ne 네온 Neon
3	11 Na 소듐(나트륨) Sodium	12 Mg 마그네슘 Magnesium											13 Al 알루미늄 Aluminium	14 Si 규소 Silicon	15 P 인 Phosphorus	16 S 황 Sulfur	17 Cl 염소 Chlorine	18 Ar 아르곤 Argon
4	19 K 칼륨(포타슘) Potassium	20 Ca 칼슘 Calcium	21 Sc 스칸듐 Scandium	22 Ti 티타늄(타이타늄) Titanium	23 V 바나듐 Vanadium	24 Cr 크롬 Chromium	25 Mn 망간 Manganese	26 Fe 철 Iron	27 Co 코발트 Cobalt	28 Ni 니켈 Nickel	29 Cu 구리 Copper	30 Zn 아연 Zinc	31 Ga 갈륨 Gallium	32 Ge 게르마늄 Germanium	33 As 비소 Arsenic	34 Se 셀레늄 Selenium	35 Br 브롬 Bromine	36 Kr 크립톤 Krypton
5	37 Rb 루비듐 Rubidium	38 Sr 스트론튬 Strontium	39 Y 이트륨 Yttrium	40 Zr 지르코늄 Zirconium	41 Nb 나이오븀 Niobium	42 Mo 몰리브덴 Molybdenum	43 Tc 테크네튬 Technetium	44 Ru 루테늄 Ruthenium	45 Rh 로듐 Rhodium	46 Pd 팔라듐 Palladium	47 Ag 은 Silver	48 Cd 카드뮴 Cadmium	49 In 인듐 Indium	50 Sn 주석 Tin	51 Sb 안티몬 Antimony	52 Te 텔루륨 Tellurium	53 I 요오드(아이오딘) Iodine	54 Xe 제논 Xenon
6	55 Cs 세슘 Caesium	56 Ba 바륨 Barium	57~71 La 란탄족 Lanthanoids	72 Hf 하프늄 Hafnium	73 Ta 탄탈럼 Tantalum	74 W 텅스텐 Tungsten	75 Re 레늄 Rhenium	76 Os 오스뮴 Osmium	77 Ir 이리듐 Iridium	78 Pt 백금 Platinum	79 Au 금 Gold	80 Hg 수은 Mercury	81 Tl 탈륨 Thallium	82 Pb 납 Lead	83 Bi 비스무트 Bismuth	84 Po 폴로늄 Polonium	85 At 아스타틴 Astatine	86 Rn 라돈 Radon
7	87 Fr 프랑슘 Francium	88 Ra 라듐 Radium	89~103 Ac 악티늄족 Actinoids	104 Rf 러더포듐 Rutherfordium	105 Db 더브늄 Dubnium	106 Sg 시보귬 Seaborgium	107 Bh 보륨 Bohrium	108 Hs 하슘 Hassium	109 Mt 마이트너륨 Meitnerium	110 Ds 다름슈타튬 Darmstadtium	111 Rg 뢴트게늄 Roentgenium	112 Cn 코페르니슘 Copernicium	113 Uut 우눈트륨 Ununtrium	114 Fl 플레로븀 Flerovium	115 Uup 우눈펜튬 Ununpentium	116 Lv 리버모륨 Livermorium	117 Uus 우눈셉튬 Ununseptium	118 Uuo 우누녹튬 Ununoctium

범례:
귀금속은 아니지만 반응성이 약한 금속
백금족 금속
기타 귀금속

란탄 계열(4f)	57 La 란탄 Lanthanum	58 Ce 세륨 Cerium	59 Pr 프라세오디뮴 Praseodymium	60 Nd 네오디뮴 Neodymium	61 Pm 프로메튬 Promethium	62 Sm 사마륨 Samarium	63 Eu 유로퓸 Europium	64 Gd 가돌리늄 Gadolinium	65 Tb 터븀 Terbium	66 Dy 디스프로슘 Dysprosium	67 Ho 홀뮴 Holmium	68 Er 어븀 Erbium	69 Tm 툴륨 Thulium	70 Yb 이터븀 Ytterbium	71 Lu 루테튬 Lutetium
악티늄 계열(5f)	89 Ac 악티늄 Actinium	90 Th 토륨 Thorium	91 Pa 프로탁티늄 Protactinium	92 U 우라늄 Uranium	93 Np 넵투늄 Neptunium	94 Pu 플루토늄 Plutonium	95 Am 아메리슘 Americium	96 Cm 퀴륨 Curium	97 Bk 버클륨 Berkelium	98 Cf 캘리포늄 Californium	99 Es 아인슈타이늄 Einsteinium	100 Fm 페르뮴 Fermium	101 Md 멘델레븀 Mendelevium	102 No 노벨륨 Nobelium	103 Lr 로렌슘 Lawrencium

백금족 원소와 노블금속.

족은 d궤도에 전자가 하나 들어가 있는 원소들이고, 4족은 d궤도에 두 개의 전자, 5족은 d궤도에 세 개의 전자가 들어가 있으며 12족은 d궤도에 열 개의 전자가 들어가 있다. 그런데 앞에서 살펴본 대로 3d궤도의 에너지는 4p궤도보다 높고, 4d궤도의 에너지는 5p궤도의 에너지보다 높다. 따라서 3d궤도에 전자가 채워지는 원소들은 3주기가 아니라 4주기에 배열되어 있고, 4d궤도에 전자가 채워지는 원소들은 5주기에 배열되어 있다. 따라서 3주기에 d궤도 원소들이 들어갈 자리는 비어 있다.

d-블록에 속하는 원소들을 전이금속이라고 부르는 것은 전자를 잃어 (+) 이온이 되는 경향이 있는 s-블록 원소들에서 전자를 얻어 (-) 이온이 되는 경향이 있는 p-블록 원소들 사이를 연결해주고 있기 때문이다. 국제순수및응용화학연합IUPAC은 전이금속을 '채워지지 않은 d궤도를 가지고 있는 원소 또는 채워지지 않은 d궤도를 가지고 있으면서 (+) 이온이 될 수 있는 원소'라고 정의했다. 전

이금속에 대한 이러한 정의에 따르면 12족에 속한 원소들은 d궤도가 채워져 있기 때문에 전이금속에 속할 수 없다. 따라서 12족 원소들은 전이후 금속으로 따로 분류하기도 하지만 전이금속과 비슷한 성질을 가지고 있고, d-블록에 속해 있어 일반적으로 전이금속에 포함시킨다.

전이금속에는 모두 38개의 원소가 포함되어 있다. 우리가 일상생활에서 가장 많이 사용하는 철, 구리, 니켈, 망간과 같은 금속이 모두 전이금속이며, 금, 백금, 은과 같은 귀금속도 전이금속에 포함되어 있다. 대부분의 보석들도 전이금속의 산화물인 경우가 많다. 원자번호 104번부터 112번까지의 원소는 가장 바깥쪽 전자가 d궤도에 들어가 있어 전이금속으로 분류되기도 하지만 자연에서 발견되지 않아 인공적으로 만든 인공 방사성원소들이다.

전이금속에 속하는 원소들은 금과 구리를 제외하고는 모두 은회색의 광택을 가지고 있으며 전기와 열을 잘 전달한다. 전이금속은 모두 늘어나는 성질이 커서 원하는 여러 가지 형태로 만들 수 있다. 상온에서 액체인 수은도 고체 상태에서는 잘 늘어나는 성질을 가지고 있다. 전이금속에 속하는 원소들은 알칼리금속이나 알칼리토금속보다 반응성이 낮아 자연에서 순수한 상태로 발견되기도 한다. 대부분의 전이금속은 밝은 색을 띠는 다양한 화합물을 만든다. 루비의 붉은 색은 크롬 이온으로 인한 것이고, 녹슨 철이 붉은 갈색으로 보이는 것은 산화철 때문이다. 많은 전이금속이 반응에 참여하지는 않지만 반응을 촉진시키는 촉매로 사용된다. 전이금속은 서로 잘 섞이기 때문에 다양한 합금을 만드는 데 사용된다.

전이금속에 속하는 원소들은 같은 성질을 가진 원소들을 묶어 몇 가지 그룹으로 나누기도 한다. 주기율표에서 백금과 인접해 있는 루테늄, 로듐, 팔라듐, 오스뮴, 이리듐 그리고 백금의 여섯 가지 원소는 백금족원소라고도 부른다. 이 원소들은 모두 녹는점이 높고 비중이 크며 부식에 잘 견디는 내식성이 크다. 다른 원자연에서 순수한 원소 상태로 발견되는 일곱 가지 고대금속.

소와 화학반응을 잘하지 않아 비활성이며 산과 알칼리에 잘 녹지 않는다. 이 금속들은 각종 유기 화합물의 반응에 촉매작용을 한다.

화학에서는 화학반응성이 낮아 부식이 잘되지 않으며 습도가 높은 공기 중에서 산화되지 않는 금속을 노블 금속noble metal으로 분류한다. 노블 금속은 귀금속으로 번역할 수 있지만 우리가 일반적으로 이야기하는 귀금속과는 다르다. 우리가 이야기하는 귀금속은 영어에서는 희귀 금속precious metal이라고 한다. 화학에서의 노블 금속에는 루테늄, 로듐, 팔라듐, 은, 오스뮴, 이리듐, 백금 그리고 금이 속해 있다. 이외에도 때로는 수은이나 레늄 그리고 구리가 여기에 포함되기도 한다. 티타늄, 니오븀, 탄탈룸도 내식성이 강한 원소지만 노블 금속에 포함시키지는 않는다. 어떤 원소를 노블 금속에 포함시키느냐 하는 것은 지질학이나 금속학, 화학과 같은 연구 분야에 따라 다르고 역사적인 유래에 따라 다르기 때문에 명확하지 않다.

우리가 보통 귀금속이라고 이야기하는 희귀 금속은 화학반응성이 낮아 비교적 내식성이 강하면서 경제적 가치가 큰 금속을 말한다. 역사적으로 희귀 금속은 화폐로 많이 사용되어왔으며, 경제적 투자의 대상이 되어왔다. 금, 은, 백금 그리고 팔라듐이 대표적인 희귀 금속이다. 여러 나라에서 오래전부터 화폐로 사용되어온 금과 은은 예술 분야, 보석, 산업용으로도 널리 사용되고 있다. 백금족에 속하는 금속들도 희귀 금속으로 분류하기도 하는데 그중에서는 백금이 가장 널리 사용되고 있다.

전이금속에 속하는 철, 구리, 아연, 은, 금, 수은과 14족 원소인 납은 다른 원소들과 화학반응을 잘하지 않아 자연에서 순수한 원소 상태로 발견된다. 따라서 이들 금속은 고대 금속 기술자들에게도 잘 알려져 있었기 때문에 고대 금속이라고 부른다. 고대 금속은 인류의 금속 문명에서 중요한 역할을 한 금속 원소들이다.

p-블록 원소들

13족부터 18족까지의 원소들은 가장 바깥쪽 전자가 p 궤도에 들어가는 원소들이어서 p-블록 원소로 분류한다. p-블록에 속하는 원소들 중에서 13족부터 17족까지의 원소들은 p 궤도가 모두 채워지지 않은 원소들인 반면 18족 원소들은 p 궤도가 모두 채워진 원소들이다. 따라서 18족 원소들은 다른 원소와 화학반응을 거의 하지 않는다. 때문에 18족 원소들은 불활성기체로 따로 분류한다. 그래서 13족부터 17족까지의 30개 원소들이 p-블록 원소들이다. p-블록에 속하는 30개 원소들 중 113번부터 117번까지의 다섯 개 원소는 자연에서 발견되지 않는 인공 방사성원소들이다. 따라서 자연에서 발견되는 p-블록 원소는 모두 25개다. p-블록에 속하는 원소들은 화학적 성질과 물리적 성질이 매우 다양하다. 자연에서 발견되는 25개의 p-블록 원소들 중 20개의 원소는 상온에서 고체이

Periodic table:

I	II	III	IV	V	VI	VII	VIII	IX	X	XI	XII	XIII	XIV	XV	XVI	XVII	XVIII
H (1)																	**He** (2)
Li (3)	**Be** (4)											**B** (5)	**C** (6)	**N** (7)	**O** (8)	**F** (9)	**Ne** (10)
Na (11)	**Mg** (12)											**Al** (13)	**Si** (14)	**P** (15)	**S** (16)	**Cl** (17)	**Ar** (18)
K (19)	**Ca** (20)	**Sc** (21)	**Ti** (22)	**V** (23)	**Cr** (24)	**Mn** (25)	**Fe** (26)	**Co** (27)	**Ni** (28)	**Cu** (29)	**Zn** (30)	**Ga** (31)	**Ge** (32)	**As** (33)	**Se** (34)	**Br** (35)	**Kr** (36)
Rb (37)	**Sr** (38)	**Y** (39)	**Zr** (40)	**Nb** (41)	**Mo** (42)	**Tc** (43)	**Ru** (44)	**Rh** (45)	**Pd** (46)	**Ag** (47)	**Cd** (48)	**In** (49)	**Sn** (50)	**Sb** (51)	**Te** (52)	**I** (53)	**Xe** (54)
Cs (55)	**Ba** (56)	**La** (57-71)	**Hf** (72)	**Ta** (73)	**W** (74)	**Re** (75)	**Os** (76)	**Ir** (77)	**Pt** (78)	**Au** (79)	**Hg** (80)	**Tl** (81)	**Pb** (82)	**Bi** (83)	**Po** (84)	**At** (85)	**Rn** (86)
Fr (87)	**Ra** (88)	**Ac** (89-103)	**Rf** (104)	**Db** (105)	**Sg** (106)	**Bh** (107)	**Hs** (108)	**Mt** (109)	**Ds** (110)	**Rg** (111)	**Cn** (112)	**Uut** (113)	**Fl** (114)	**Uup** (115)	**Lv** (116)	**Uus** (117)	**Uuo** (118)

란탄 계열(4f)	**La** (57)	**Ce** (58)	**Pr** (59)	**Nd** (60)	**Pm** (61)	**Sm** (62)	**Eu** (63)	**Gd** (64)	**Tb** (65)	**Dy** (66)	**Ho** (67)	**Er** (68)	**Tm** (69)	**Yb** (70)	**Lu** (71)
악티늄 계열(5f)	**Ac** (89)	**Th** (90)	**Pa** (91)	**U** (92)	**Np** (93)	**Pu** (94)	**Am** (95)	**Cm** (96)	**Bk** (97)	**Cf** (98)	**Es** (99)	**Fm** (100)	**Md** (101)	**No** (102)	**Lr** (103)

가장 바깥쪽 전자가 p궤도에 들어가 있는 p-블록 원소들은 13족에서 17족까지의 원소들이다.

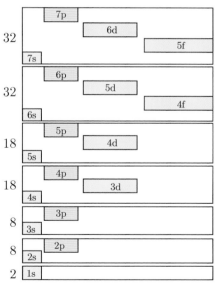

p-블록 원소들은 가장 바깥쪽 전자가 p궤도에 들어가는 원소들이다.

고, 네 개는 기체이며, 한 개는 액체이다. 모든 원소들 중에서 상온에서 액체인 원소는 전이금속에 속하는 수은과 p-블록 원소인 브롬뿐이다.

p-블록 원소들 중 가장 좌측에 있는 원소들은 13족 원소들이다. 13족에 속하는 원소들은 가장 바깥 전자껍질의 s궤도에 두 개, p궤도에 하나의 전자를 가지고 있다. 13족에서 가장 널리 사용되고 있는 원소는 알루미늄이다. 13족에 속하는 또 다른 원소인 붕소, 갈륨, 인듐, 탈륨은 알루미늄보다

덜 알려져 있지만 다양한 용도로 사용되고 있다. 붕소는 금속과 비금속의 중간 성질을 가지는 반금속으로 공유결합만 하고, 알루미늄과 갈륨은 일부 비금속 성질을 가지고 있는 금속으로 공유결합과 이온결합을 한다. 인듐과 탈륨은 금속으로 이온결합만 한다.

14족에는 생명체를 이루는 분자의 주요 구성 원소인 탄소와 대표적 반도체인 규소와 게르마늄이 포함되어 있다. 14족 원소 중 탄소는 비금속이고, 규소, 게르마늄, 주석, 납은 금속이다. 14족의 원소들은 모두 가장 바깥쪽 전자껍질에 네 개의 전자를 가지고 있다. 부분적으로 채워진 바깥쪽 전자껍질로 인해 14족 원소들은 매우 흥미로운 화학적 성질을 가지고 있다.

탄소의 s 궤도 전자와 p 궤도 전자는 다른 원소의 전자들과 전자를 공유하여 원자핵 주변에 좀 더 골고루 전자를 분포시켜 안정한 전자배치를 만든다. 이런 전자배치로 인해 탄소는 다른 모든 원소의 화합물을 합한 것보다 더 많은 수의 화합물을 형성한다. 탄소는 지구 상의 모든 생명체의 바탕이 되는 원소다. 일상생활에서 접할 수 있는 대부분의 물체들이 탄소를 포함하고 있다. 예를 들면 나무, 종이, 플라스틱, 석유, 천연가스, 식품, 생명 물질과 같은 것들이 모두 탄소를 기반으로 하는 분자로 이루어져 있다.

15족에는 지구의 대기 중에 가장 많이 분포하는 질소가 포함되어 있다. 15족에 포함되어 있는 질소와 인은 지구 상의 생명체에게 매우 중요한 원소다. 이 원소들은 가장 바깥쪽 전자껍질에 다섯 개의 전자를 가지고 있다. 두 개는 s 궤도에 있고 세 개는 p 궤도에 있다. 두 개의 전자가 들어 있는 s 궤도의 전자구름은 구형이다. 다른 세 개의 전자는 세 개의 p 궤도에 하나씩 들어간다. 이런 배치로 p 궤도의 전자구름도 구 대칭을 이룬다. 이 원소들은 반만 채워진 전자껍질로 인해 같은 종류의 원자들이나 다른 원자들과 쉽게 결합한다. 결합이 강하기 때문에 15족 원소들의 화합물은 대부분 매우 안정한 화합물이다.

16족 원소들은 가장 바깥쪽 전자껍질에 여섯 개의 전자가 들어 있다. 두 개의 전자는 s궤도에 들어 있고, p궤도에 네 개의 전자가 들어가 있다. 16족 원소들의 성질은 다른 족 원소들보다 다양하다. 16족 원소들은 가장 바깥쪽 전자껍질을 채우기 위해 두 개의 전자를 얻거나, p궤도의 네 전자를 잃거나 또는 s궤도와 p궤도의 전자 여섯 개 모두를 잃어야 한다. 원자가 이 중 어떤 것을 선택하는지는 원자의 크기에 따라 달라진다. 16족 원소들의 화학적 성질이 다양한 것은 이 때문이다. 산소는 16족에 속하는 원소 중에서 가장 중요한 원소이다. 산소는 지각과 수권에 가장 많이 포함되어 있는 원소이고, 공기 중에는 두 번째로 많이 포함되어 있으며 또한 생명 물질 질량의 많은 부분을 차지하고 있다. 사람의 경우에는 65%가 산소다.

17족 원소들은 모두 반응성이 큰 비금속 원소들로 하나의 전자를 얻어 음이온을 만들어 이온결합을 한다. 따라서 17족 원소들의 화학적 성질은 비슷하다. 17족 원소들은 할로겐 원소라고도 부른다. 소금을 뜻하는 그리스어 할스^{hals}에서 유래한 할로겐이라는 명칭은 소금의 성분 중 하나인 염소가 17족 원소인 염소이기 때문에 붙여진 이름이다. 불소와 염소는 상온에서 기체이고, 브롬은 액체이며 요오드는 고체다.

불활성기체

18족 원소들은 가장 바깥쪽 p궤도가 모두 채워져 있는 원소들이다. 모든 전자껍질이 채워져 있는 18족 원소들의 전자구름은 구형이다. 전자껍질이 모두 채워져 있어 안정한 전자구조를 만들기 위해 더 이상의 전자가 필요 없는 불활성 원소들은 화학반응을 잘하지 않기 때문에 불활성기체라고 부른다. 이 원소들이 주기율표의 맨 우측에 배열된 것도 전자껍질이 모두 채워져 있는 전자구조 때문이

	I	II	III	IV	V	VI	VII	VIII	IX	X	XI	XII	XIII	XIV	XV	XVI	XVII	XVIII
1	H 수소 Hydrogen																	He 헬륨 Helium
2	Li 리튬 Lithium	Be 베릴륨 Beryllium											B 붕소 Boron	C 탄소 Carbon	N 질소 Nitrogen	O 산소 Oxygen	F 불소(플루오린) Fluorine	Ne 네온 Neon
3	Na 소듐(나트륨) Sodium	Mg 마그네슘 Magnesium											Al 알루미늄 Aluminium	Si 규소 Silicon	P 인 Phosphorus	S 황 Sulfur	Cl 염소 Chlorine	Ar 아르곤 Argon
4	K 칼륨(포타슘) Potassium	Ca 칼슘 Calcium	Sc 스칸듐 Scandium	Ti 티타늄(타이타늄) Titanium	V 바나듐 Vanadium	Cr 크롬 Chromium	Mn 망간 Manganese	Fe 철 Iron	Co 코발트 Cobalt	Ni 니켈 Nickel	Cu 구리 Copper	Zn 아연 Zinc	Ga 갈륨 Gallium	Ge 게르마늄(저마늄) Germanium	As 비소 Arsenic	Se 셀레늄 Selenium	Br 브롬 Bromine	Kr 크립톤 Krypton
5	Rb 루비듐 Rubidium	Sr 스트론튬 Strontium	Y 이트륨 Yttrium	Zr 지르코늄 Zirconium	Nb 나이오븀 Niobium	Mo 몰리브덴 Molybdenum	Tc 테크네튬 Technetium	Ru 루테늄 Ruthenium	Rh 로듐 Rhodium	Pd 팔라듐 Palladium	Ag 은 Silver	Cd 카드뮴 Cadmium	In 인듐 Indium	Sn 주석 Tin	Sb 안티몬 Antimony	Te 텔루륨 Tellurium	I 요오드(아이오딘) Iodine	Xe 제논 Xenon
6	Cs 세슘 Caesium	Ba 바륨 Barium	La 란탄족 Lanthanoids 57~71	Hf 하프늄 Hafnium	Ta 탄탈럼 Tantalum	W 텅스텐 Tungsten	Re 레늄 Rhenium	Os 오스뮴 Osmium	Ir 이리듐 Iridium	Pt 백금 Platinum	Au 금 Gold	Hg 수은 Mercury	Tl 탈륨 Thallium	Pb 납 Lead	Bi 비스무트 Bismuth	Po 폴로늄 Polonium	At 아스타틴 Astatine	Rn 라돈 Radon
7	Fr 프랑슘 Francium	Ra 라듐 Radium	Ac 악티늄족 Actinoids 89~103	Rf 러더포듐 Rutherfordium	Db 더브늄 Dubnium	Sg 시보귬 Seaborgium	Bh 보륨 Bohrium	Hs 하슘 Hassium	Mt 마이트너륨 Meitnerium	Ds 다름스타튬 Darmstadtium	Rg 뢴트게늄 Roentgenium	Cn 코페르니슘 Copernicium	Uut 우눈트륨 Ununtrium	Fl 플레로븀 Flerovium	Uup 우눈펜튬 Ununpentium	Lv 리버모륨 Livermorium	Uus 우눈셉튬 Ununseptium	Uuo 우누녹튬 Ununoctium

란탄 계열(4f)	La 란탄 Lanthanum	Ce 세륨 Cerium	Pr 프라세오디뮴 Praseodymium	Nd 네오디뮴 Neodymium	Pm 프로메튬 Promethium	Sm 사마륨 Samarium	Eu 유로퓸 Europium	Gd 가돌리늄 Gadolinium	Tb 터븀 Terbium	Dy 디스프로슘 Dysprosium	Ho 홀뮴 Holmium	Er 어븀 Erbium	Tm 툴륨 Thulium	Yb 이터븀 Ytterbium	Lu 루테튬 Lutetium
악티늄 계열(5f)	Ac 악티늄 Actinium	Th 토륨 Thorium	Pa 프로탁티늄 Protactinium	U 우라늄 Uranium	Np 넵투늄 Neptunium	Pu 플루토늄 Plutonium	Am 아메리슘 Americium	Cm 퀴륨 Curium	Bk 버클륨 Berkelium	Cf 칼리포늄 Californium	Es 아인슈타이늄 Einsteinium	Fm 페르뮴 Fermium	Md 멘델레븀 Mendelevium	No 노벨륨 Nobelium	Lr 로렌슘 Lawrencium

가장 바깥쪽 전자껍질이 채워져 있는 18족 원소들은 불활성기체들이다.

다. 이 원소들은 불활성이어서 같은 종류의 원자들과도 결합하지 않는다. 따라서 18족 원소들은 하나의 원자로 이루어진 단원자분자다. 이 기체들은 모두 끓는점이 아주 낮다. 따라서 아주 낮은 온도에서도 기체 상태를 유지한다. 헬륨은 끓는점이 가장 낮아 -269℃이고, 라돈은 -61℃에서 끓는다. 불활성기체인 라돈은 안정한 동위원소를 가지고 있지 않은 방사성원소다. 라돈 동위원소 중에서 반감기가 가장 길고 가장 많이 존재하는 라돈-222의 반감기는 3.8일이다.

란탄 계열과 악티늄 계열

주기율표 3족에는 39번 이트륨 아래 두 칸이 비어 있다. 그러나 이 두 칸은 비어 있는 것이 아니라 너무 많은 원소들이 들어가야 할 자리여서 비워둔 것이다. 그 대신 이 두 칸에 들어갈 원소들은 주기율표 아래쪽에 따로 배치되어 있다. 이

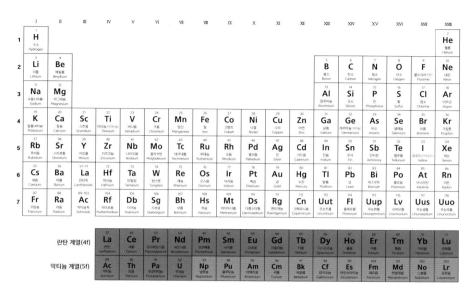

가장 바깥쪽 전자가 f궤도에 들어가는 란탄 계열과 악티늄 계열 원소들은 주기율표 아래쪽 두 행에 따로 배열되어 있다.

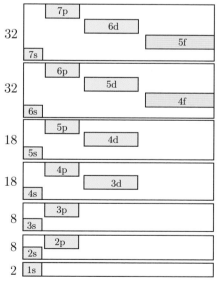

란탄 계열과 악티늄 계열 원소들은 가장 바깥쪽 전자가 f궤도에 들어간다.

트륨 바로 아래의 빈칸에 들어가는 15개의 원소를 란탄 계열 원소라 하고, 다음 칸에 들어갈 15개의 원소를 악티늄 계열 원소라고 부른다. 란탄 계열 원소들은 가장 바깥쪽 전자가 4f궤도에 들어가는 원소들이고, 악티늄 계열 원소들은 가장 바깥쪽 전자가 5f궤도에 들어가는 원소들이다. 궤도 양자수가 3인 f궤도에는 자기 양자수가 3, 2, 1, 0, -1, -2, -3인 일곱 개의 상태가 존재한다. 따라서 전자의 스핀 상태까지 고려하면 f궤도에는 모두 14개의 전자가 들어갈 수 있다. 그런데 란탄 계열과 악티늄 계열 원소가 각각 15개인 것은 무엇 때문일까?

주기율표에서 란탄 계열과 악티늄 계열 원소들이 들어가는 이트륨 아래 두 자리는 원래 d궤도에 하나의 전자가 채워지는 원소가 들어가야 할 자리였다. 따라서 원래 이 자리에 들어갈 원소에 f궤도에 가장 바깥쪽 전자가 들어가는 14개 원소를 합해 15개 원소가 된 것이다. 그러나 란탄 계열과 악티늄 계열 원소들에서는 전자가 채워지는 방법이 조금 복잡해 몇몇 원소에서는 f궤도에 전자가 채워지기 전에 d궤도에 전자가 하나 또는 둘이 들어간다. 란탄 계열과 악티늄 계열의 첫 번째 원소인 란탄과 악티늄은 f궤도에 전자가 채워지기 전에 d궤도에 먼저 채워지는 원소다. 란탄 계열과 악티늄 계열의 마지막 원소인 루테튬과 로렌슘은 f궤도에 전자가 모두 채워진 다음 d궤도에 전자가 하나 채워진 원소다.

란탄의 전자구조:　$[1s^2]$ $[2s^2\ 2p^6]$ $[3s^2\ 3p^6]$ $[4s^2\ 3d^{10}\ 4p^6]$
$[5s^2\ 4d^{10}\ 5p^6]$ $[6s^2\ 5d^1]$

악티늄의 전자구조:$[1s^2]$ $[2s^2\ 2p^6]$ $[3s^2\ 3p^6]$ $[4s^2\ 3d^{10}\ 4p^6]$
$[5s^2\ 4d^{10}\ 5p^6]$ $[6s^2\ 4f^{14}\ 5d^{10}\ 6p^6]$ $[7s^2\ 6d^1]$

루테튬의 전자구조:$[1s^2]$ $[2s^2\ 2p^6]$ $[3s^2\ 3p^6]$ $[4s^2\ 3d^{10}\ 4p^6]$
$[5s^2\ 4d^{10}\ 5p^6]$ $[6s^2\ 4f^{14}\ 5d^1]$

로렌슘의 전자구조:$[1s^2]$ $[2s^2\ 2p^6]$ $[3s^2\ 3p^6]$ $[4s^2\ 3d^{10}\ 4p^6]$
$[5s^2\ 4d^{10}\ 5p^6]$ $[6s^2\ 4f^{14}\ 5d^{10}\ 6p^6]$ $[7s^2\ 5f^{14}\ 6d^1]$

학자들 중에는 f궤도에 가장 바깥쪽 전자가 들어가 있지 않은 란탄과 악티늄 그리고 루테튬과 로렌슘을 란탄 계열과 악티늄 계열에서 제외시켜야 한다고 주장하는 이들도 있다. 그러나 일반적으로 란탄과 악티늄 그리고 루테튬과 로렌슘을 포함해 15개 원소들을 각각 란탄 계열과 악티늄 계열로 분류한다. 하지만 악티늄 계열에 속하는 15개 원소들 중 11개의 원소는 인공 방사성원소여서 자연에 존재하는 원소는 네 개뿐이다.

란탄 계열에 속하는 15가지 금속 원소에 21번 스칸듐(Sc)과 39번 이트륨(Yt)을 포함한 17가지 금속 원소들을 희토류금속이라고 부르기도 한다. 희토류금속이라는 말에서 '토(흙)'는 금속 산화물을 말하고 '희'는 희귀한 원소라는 뜻이다. 전에는 매우 희귀한 금속이어서 이런 이름을 가지게 되었지만 실제로는 그렇게 희귀하지 않다. 희토류금속들은 전자공학에서 매우 중요한 역할을 한다. 중국이 희토류 원소 생산량의 반이 훨씬 넘는 양을 생산하고 있으며 촉매나 자석 그리고 여러 가지 유용한 합금에도 사용된다.

모든 악티늄 계열 원소들은 방사성원소들이다. 그러나 토륨과 우라늄은 반감기가 아주 길어서 지구 형성 초기부터 존재하던 원소들이 아직도 지구 상에서 발견된다. 인공적으로 만들어서 처음 발견한 넵투늄과 플루토늄은 우라늄 광석에서도 소량 발견된다. 자연에서는 반감기가 짧은 방사성원소들도 다수 발견된다. 지구 형성 초기에 존재하던 반감기가 짧은 방사성원소들은 모두 분열하여 이제는 지구 상에서 발견할 수 없지만 반감기가 짧은 방사성원소가 아직도 자연에서 발견되는 것은 계속 새로 만들어지기 때문이다. 이런 반감기가 짧은 방사성원소의 공급원이 바로 악티늄 계열에 속하는 우라늄과 토륨이다. 우라늄의 동위원소인 U_{92}^{235}와 U_{92}^{238} 그리고 Th_{90}^{232}이 방사성붕괴를 통해 안정한 원소인 납에 이르는 동안 여러 단계의 중간 과정을 거치게 되는데, 이 과정에서 만들어지는 방사성원소들이 자연에서 발견되는 반감기가 짧은 방사성원소들이다. 이 원소들의 붕괴 계열에 속하지 않으면서 반감기가 짧은 동위원소만 가지고 있는 전이금속인 47번 테크네튬과 란탄 계열에 속하는 61번 프로메튬은 자연에서 발견되지 않아 인공적으로 합성했다.

인공적으로 합성한 후에 발견된 원소들

원자번호 93번부터 118번까지의 26개 원소는 인공적으로 합성된 후 발견되었다.[24] 이 중 93번에서 98번까지의 여섯 원소는 소량이지만 우라늄 광석 안에서 자연 상태로도 발견된다는 것이 후에 밝혀졌다.

우라늄보다 원자번호가 큰 초우라늄 원소를 만들어내는 일은 1932년에 채드윅이 중성자를 발견한 후 시작되었다. 1934년에 이탈리아 물리학자 엔리코 페르미Enrico Fermi(1901~1954)가 느린중성자를 여러 가지 원소의 원자핵에 충돌시키자 중성자가 원자핵에 침투하여 원자핵을 불안정하게 만들었다. 느린중성자를 사용하는 것은 빠른중성자보다 느린중성자가 원자핵에 포획되기 쉽기 때문이다. 이런 불안정한 원자핵이 베타붕괴를 하면 원자번호가 하나 더 큰 새로운 원자핵이 만들어진다. 페르미는 이런 방법으로 많은 인공 방사성동위원소를 만들어냈다.

1940년에 캘리포니아 대학 버클리 캠퍼스의 미국 물리학자 에드윈 맥밀런Edwin McMillan(1907~1991)과 필립 아벨손Philip Abelson(1913~2004)이 우라늄에 느린중성자를 충돌시켜 93번 넵투늄을 만들어내는 데 성공했다. 94번 원소인 플루토늄은 1940년대 후반에 버클리에서 미국 원자핵화학자 글렌 시보그Glenn Seaborg(1912~1999)의 연구팀이 발견했다. 이들은 우라늄에 하나의 양성자와 두 개의 중성자로 이루어진 중수소 원자핵을 충돌시켜 플루토늄을 만들어냈다. 시보그의 연구팀은 플루토늄-239에 알파입자를 충돌시켜 다음 두 초우라늄 원소인 아메리슘과 퀴륨도 만들었고, 알파입자를 아메리슘에 충돌시켜 버클륨을 만들었으며, 퀴륨을 이용해서는 캘리포늄을 만들었다.

원자번호가 99번인 아인슈타이늄과 100번인 페르뮴은 1952년에 있었던 수소폭탄 실험의 방사능 낙진에서 처음 발견되었다. 1955년에는 캘리포니아 대학에

---

24) 잭 첼로너 저, 곽영직 역, 《빅 퀘스천 118 원소》, G-브레인, 2015.

	I	II	III	IV	V	VI	VII	VIII	IX	X	XI	XII	XIII	XIV	XV	XVI	XVII	XVIII
1	H																	He
2	Li	Be											B	C	N	O	F	Ne
3	Na	Mg											Al	Si	P	S	Cl	Ar
4	K	Ca	Sc	Ti	V	Cr	Mn	Fe	Co	Ni	Cu	Zn	Ga	Ge	As	Se	Br	Kr
5	Rb	Sr	Y	Zr	Nb	Mo	Tc	Ru	Rh	Pd	Ag	Cd	In	Sn	Sb	Te	I	Xe
6	Cs	Ba	57~71 La	Hf	Ta	W	Re	Os	Ir	Pt	Au	Hg	Tl	Pb	Bi	Po	At	Rn
7	Fr	Ra	89~103 Ac	Rf	Db	Sg	Bh	Hs	Mt	Ds	Rg	Cn	Uut	Fl	Uup	Lv	Uus	Uuo

란탄 계열(4f)	La	Ce	Pr	Nd	Pm	Sm	Eu	Gd	Tb	Dy	Ho	Er	Tm	Yb	Lu
악티늄 계열(5f)	Ac	Th	Pa	U	Np	Pu	Am	Cm	Bk	Cf	Es	Fm	Md	No	Lr

인공적으로 합성한 후 발견된 원소들.

서 아인슈타이늄에 알파입자를 충돌시켜 원자번호가 101번인 멘델레븀이 만들어졌다. 원자번호 102보다 무거운 원소들은 납, 비스무트, 플루토늄과 같은 무거운 원소에 탄소, 칼슘, 니켈, 납과 같은 원소의 이온을 충돌시켜 합성했다. 1956년에는 소련에 속해 있던 러시아의 두브나에 있는 공동원자핵연구소에서 원자번호가 102번인 원소를 합성했다고 발표했다. 1957년에는 스웨덴의 스톡홀름에 있는 노벨 물리학연구소의 연구팀도 이 원소를 만드는 데 성공했다고 발표하고 노벨의 이름을 따라 노벨륨이라 부를 것을 제안했다. 1958년에는 미국의 앨버트 기오르소$^{Albert Ghiorso(1915~2010)}$와 시보그가 중이온 선형가속기^{HILAC}를 이용하여 탄소 이온을 퀴륨에 충돌시켜 원자번호가 102번인 이 원소를 합성하는 데 성공했다. 노벨 연구소의 발표는 잘못된 것으로 밝혀졌지만 그들의 제안대로 원소명은 노벨륨이라고 하기로 했다. 1961년에는 103번 원소인 로렌슘을 미국 캘리포니아 대학 버클리의 기오르소가 이끄는 연구팀이 보론$^{(붕소)}$ 이온을 캘리포늄에 충돌시켜 처음 만들었다.

104번, 105번, 106번 원소는 발견과 명명에 상당한 논쟁이 있었다. 세 원소 모두 구소련의 두브나 연구팀이 1964년, 1967년 1974년에 발견했다고 발표했다. 그러나 그들의 발견에 버클리의 기오르소 연구팀이 반론을 제기했다. 그 후 이 원소들은 다시 만들어져 자세히 연구되었다. 국제순수및응용화학연합^{IUPAC}은 1997년에 이 원소들의 이름을 결정했다. 104번 원소는 원자핵을 발견한 러더퍼드의 이름을 따서 러더포듐, 105번 원소는 소련 연구팀이 있던 이름을 따서 더브늄, 106번 원소는 시보그의 이름을 따서 시보귬이라 부르기로 했다. 이것은 살아 있는 사람의 이름을 따서 원소 이름을 지은 유일한 경우다.

원자번호가 107번인 보륨의 발견에도 논란이 있었다. 독일 다름스타트에 있던 중이온연구소와 소련의 두브나 연구팀이 각각 1970년대 후반에 이 원소를 발견했다고 주장했지만 받아들여지지 않았다. 1981년에 107번 원소의 합성에 성공한 것은 독일 연구팀이었고 이 원소 발견의 명예도 그들에게 돌아갔다. 이 원소는 보어의 이름을 따서 보륨이라 부르기로 했다. 독일 연구팀은 108번 원소인 하슘도 만들었다. 이 원소의 이름은 연구소가 있던 독일 주의 라틴어 이름인 헤세^{Hesse}를 따라 명명되었다. 독일 물리학자 마이트너의 이름을 따서 마이트너륨이라 부르기로 한 109번 원소도 이 연구팀이 최초로 만들었다.

110번 원소인 다름스타튬의 여러 동위원소는 독일과 소련의 연구팀이 1987년 이후 만들었다. 이 원소의 이름은 독일 연구소가 있던 다름스타트에서 따왔다. 111번 원소인 렌트게늄은 1994년에 독일 연구팀이 처음 만들었고 엑스선을 처음 발견한 뢴트겐의 이름을 따라 명명되었다. 역시 독일 연구팀이 1996년에 처음 만든 112번 원소인 코페르니슘은 코페르니쿠스의 이름을 따라 명명되었다.

2004년에 국제순수및응용화학연합^{IUPAC}은 그리스어와 라틴어의 숫자를 기반으로 하여 새로운 원소에 임시 이름을 부여하는 체계를 만들었다. 따라서 113번 원소는 우눈트륨(1-1-3-ium)이고, 115번 원소는 우눈펜튬이며 117번 원소는 우눈셉튬, 118번 원소는 우눈옥튬이라고 불린다. 원소의 존재가 공식적으로 인정되면 영구적인 이름을 부여할 수 있다.

새로운 원소를 만들려는 노력이 모두 끝난 것은 아니다. 118번 원소보다 무거운 원소들이 합성된다면 그런 원소들은 매우 불안정해 아주 짧은 시간만 존재할 것이다. 그러나 의외로 안정한 원소가 존재할 가능성도 있다. 일부 과학자들은 126번 원소(운비핵슘)가 상대적으로 안정할 것이라고 주장하고 있다.

25. 원자핵의 에너지 구조

　지금까지 설명한 원자의 성질은 모두 원자핵 주위를 돌고 있는 전자들이 만들어내는 성질들이다. 원자가 내는 스펙트럼이나 원자가 가지고 있는 화학적 성질은 모두 원자핵 주위를 돌고 있는 전자들의 에너지 구조에 의해 결정된다. 그러나 원자에는 아직 설명하지 않은 중요한 부분이 남아 있다. 그것은 원자질량의 대부분을 차지하는 원자핵이다. 크기로 보면 원자핵은 원자에서 아주 작은 부분을 차지하고 있지만 에너지와 질량 대부분이 이곳에 들어 있다. 따라서 원자핵을 이해하기 전까지는 원자를 이해했다고 할 수 없을 것이다.

　그러나 원자핵을 이해하는 것은 원자의 전자구조를 이해하는 것보다 훨씬 어렵다. 고전 역학처럼 양자역학에서도 정확한 수학적인 해를 구할 수 있는 것은 하나의 물체가 운동하는 경우와 두 물체가 상호작용하면서 운동하는 경우뿐이다. 세 개 이상의 물체가 서로 상호작용하면서 운동하는 경우에는 엄밀한 수학적 분석이 가능하지 않다. 원자핵 주위를 도는 전자가 하나인 수소형 원자의 경우에는 슈뢰딩거방정식의 해를 구할 수 있다. 여러 개의 전자를 가지고 있는 원자의 경우에는 하나의 전자를 제외한 다른 전자들이 스크리닝 효과에 참여한다고 가정하여 수소 원자와 비슷하게 만들어 근사적으로 문제를 해결했다.

그러나 원자핵의 경우에는 이런 방법이 통하지 않는다. 원자핵은 크기가 비슷한 양성자와 중성자가 여러 개 결합하여 이루어졌다. 따라서 원자핵을 수학적으로 다루기 위해서는 여러 입자들의 상호작용을 모두 계산에 포함시켜야 한다. 하지만 여러 개의 상호작용을 계산에 포함시킨 슈뢰딩거방정식의 해를 구하는 것은 가능하지 않다.

원자핵을 처음 발견한 사람은 어니스트 러더퍼드[Ernest Rutherford(1871~1937)]였다. 그러나 원자핵이 양성자와 중성자로 이루어져 있다는 것이 밝혀진 것은 1932년 러더퍼드의 제자였던 제임스 채드윅[James Chadwick(1891~1974)]이 중성자를 발견한 후의 일이다. 맨체스터에서 러더퍼드의 지도를 받으면서 공부했던 채드윅은 퀴리의 딸과 사위인 이렌 졸리오퀴리[Irène Joliot~Curie(1897~1956)]와 장 프레데리 졸리오퀴리[Jean Frédéric Joliot~Curie(1900~1958)] 부부가 행한 실험을 분석하여 중성자의 존재를 확인했다. 1930년에 독일의 핵물리학자 발터 보테[Walther Bothe(1891~1957)]와 게오르게 페르디난트 베커[George Ferdinand Becker(1847~1919)]는 폴로늄에서 나오는 알파선을 여러

원자의 전자구름 안에는 양성자와 중성자로 이루어진 원자핵이 자리 잡고 있다.

종류의 원자에 충돌시켰더니 원자들이 방사능을 갖게 되어 감마선을 방출한다는 것을 알게 되었다. 보테와 베커의 실험을 알고 있던 이렌과 졸리오 부부는 폴로늄에서 방출되는 알파선을 베릴륨에 충돌시켰을 때 나오는 감마선의 투과력을 알아보기 위한 실험을 했다. 그들은 이 실험을 하는 동안 베릴륨 표적 주위에 수소를 많이 포함하고 있는 파라핀 같은 물질에서 양성자가 방출된다는 것을 알아냈지만 파라핀에서 양성자가 방출되는 이유를 설명할 수는 없었다.

채드윅은 이 실험 결과를 분석하여 알파입자가 베릴륨에 충돌할 때 양성자와 비슷한 질량을 가진 중성입자를 방출하고, 이 중성입자가 수소의 원자핵인 양성자와 충돌하여 양성자를 방출하는 것이라고 설명했다. 채드윅은 이 중성입자가 바로 러더퍼드가 제안한 중성자라는 것을 확인했다. 러더퍼드는 원자핵의 전하량은 양성자의 전하량에 양성자의 수(원자번호)를 곱한 값과 같지만 질량은 양성자 질량에 양성자 수를 곱한 값보다 큰 것을 설명하기 위해 원자핵에 전하를 가지고 있지는 않지만 질량은 양성자와 비슷한 중성자가 포함되어 있을 것이라고 제안했었다. 중성자의 발견으로 원자핵이 양성자와 중성자로 이루어졌다는 것을 알게 되었다. 원자번호가 Z인 원자의 원자핵은 Z개의 양성자와 N개의 중성자로 이루어져 있으며, 중성자는 양성자의 질량과 매우 비슷한 크기의 질량을 갖기 때문에 원자량(A)은 Z+N이 된다. 중성원자에서는 양성자의 수와 전자의 수가 같지만 전자를 잃거나 얻어서 만들어지는 이온에서는 전자의 수가 양성자의 수보다 크거나 작다. 원자번호는 원자핵에 포함되어 있는 양성자의 수에 의해 결정된다. 원자번호가 같은 원소들은 같은 원소다. 원자핵 안에 포함된 양성자의 수는 같고, 중성자의 수가 다르면 화학적 성질은 같지만 물리적 성질은 다르다. 이런 원자핵들을 동위원소라고 한다. 대부분의 원소들은 여러 개의 동위원소들을 가지고 있다.

원소와 달리 핵종으로 원자핵의 종류를 구별하기도 한다. 같은 수의 양성자와 중성자를 포함하고 있는 것을 같은 핵종이라고 하며, 양성자나 중성자 어느 하나의 개수가 달라도 다른 핵종으로 구별하는 것이다. 주기율표에는 118가지 원소가 실려 있지만 자연에서 발견되는 원소는 약 94가지다. 그러나 자연에서 발견되는 안정한 핵종의 수는 약 300여 개이며, 방사성을 가지고 있어 불안정한 핵종까지 합하면 약 1300종의 핵종이 존재한다.

그렇다면 양성자와 중성자가 결합하여 만들어지는 원자핵에는 어떤 힘이 작용하고 있을까? 양성자는 (+)전하를 가지고 있기 때문에 양성자들 사이에는 전기적 반발력이 작용한다. 양성자들 사이에 작용하는 전기적 반발력은 거리 제곱에 반비례하므로 아주 짧은 거리에서는 반발력이 매우 크다. 원자핵은 작은 공간에 여러 개의 양성자가 들어 있다. 따라서 원자핵 안의 양성자들 사이에 작용하는 전기적 반발력이 매우 크기 때문에 양성자가 결합하여 원자핵을 만들기 위해서는 전기적인 반발력보다 더 큰 인력이 작용해야 한다. 이러한 인력을 설명하기 위해 일본인으로 최초 노벨상을 수상한 유가와 히데키湯川秀樹(1907~1981)는 1934년에 원자핵을 이루는 입자들 사이에는 파이중간자를 매개로 하는 핵력이 작용하고 있다고 제안했다. 1947년 영국의 실험물리학자 세실 프랭크 파월Cecil Frank Powell(1903~1969)은 우주에서 오는 우주선을 측정하는 실험을 통해 유가와가 예측했던 중간자를 발견했다. 후에 원자핵을 구성하는 핵자들 사이에 작용하는 핵력에는 강한 핵력(강력 또는 강한상호작용)과 약한 핵력(약력 또는 약한상호작용)이 있다는 것을 알게 되었다. 양성자와 중성자를 결합시켜 원자핵을 만드는 강한 핵력은 전하 사이에 작용하는 전자기력보다 훨씬 크지만 아주 짧은 거리에서만 작용하는 힘이다.

마법의 수

원자핵 안에는 여러 개의 양성자와 중성자가 들어 있다. 그렇다면 원자핵에 포함되어 있는 양성자와 중성자의 수를 결정하는 것은 무엇일까? 과학자들은 실험을 통해 원자핵에 포함되어 있는 양성자와 중성자 수에 엄격한 제한이 있다는 것을 알게 되었다. 다시 말해 양성자와 중성자가 일정한 비율을 이룰 때만 안정한 원자핵을 만들고 이 비율에서 조금 벗어나면 불안정한 원자핵이 되며, 멀리 벗어나면 아예 원자핵이 만들어지지 않는다는 것을 알게 된 것이다. 원자번

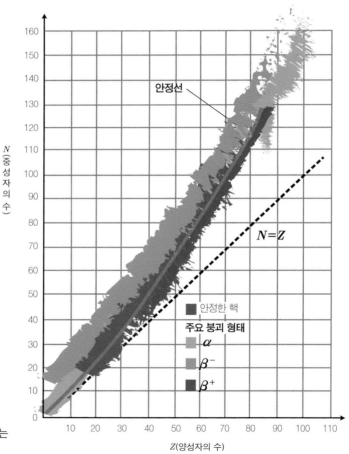

원자핵에 포함되어 있는
양성자와 중성자의 수.

호가 작은 원소에서는 양성자 수와 중성자 수가 같을 때 안정한 원자핵이 된다. 그러나 원자번호가 큰 원소에서는 중성자의 수가 양성자의 수보다 많을 때 안정한 원자핵이 만들어진다. 원자번호가 8인 산소의 원자핵에는 양성자가 여덟 개, 중성자가 여덟 개 들어 있다. 하지만 원자번호가 82인 납의 안정한 동위원소의 원자핵에는 양성자 82개, 중성자 126개가 들어 있다.

안정한 원자핵을 이루는 비율보다 양성자의 수가 많으면 원자핵은 알파붕괴를 하거나 양전자를 방출하는 베타붕괴를 해서 안정한 원자핵으로 바뀐다. 알파붕괴에서는 중성자 두 개와 양성자 두 개로 이루어진 알파입자가 방출되고, 양전자를 방출하는 베타붕괴에서는 양성자 하나가 중성자로 바뀌면서 원자핵의 양성자와 중성자의 비율이 달라진다. 반대로 안정한 원자핵을 이루는 비율보다 중성자의 수가 많으면 전자를 방출하는 베타붕괴를 해서 안정한 원자핵으로 변환한다. 전자를 방출하는 베타붕괴를 하면 중성자 하나가 양성자로 바뀌므로 원자번호가 하나 증가하면서 원자핵의 양성자와 중성자의 비율이 달라진다.

양성자와 중성자로 이루어진 원자핵의 구성을 연구하던 과학자들은 재미있는 현상을 발견했다. 특정한 수의 양성자와 중성자를 포함하고 있는 원자핵이 이보다 조금 작거나 많은 양성자나 중성자를 가지고 있는 원자핵보다 훨씬 결합력이 강하다는 것을 알게 된 것이다. 안정한 원자핵을 구성하는 양성자와 중성자의 수를 마법의 수라고 부른다. 양성자의 경우에는 2, 8, 20, 28, 50, 82가 마법의 수이고 중성자의 경우에는 2, 8, 20, 28, 50, 82, 126이 마법의 수이다. 양성자나 중성자의 수 중 하나가 마법의 수인 경우에도 안정한 원자핵이 되지만 양성자와 중성자가 모두 마법의 수인 경우에는 특히 안정한 원자핵을 이룬다. 원자번호가 20인 칼슘의 동위원소들을 살펴보면 마법의 수의 중요성을 잘 알 수 있다.

칼슘의 안정한 동위원소에는 Ca_{20}^{40}과 Ca_{20}^{48}이 있다, 이 두 동위원소의 양성자와 중성자 수는 모두 마법의 수다. 그러나 중성자의 수가 마법수가 아닌 다른 동위원소들은 불안정한 방사성동위원소들이다. 옆 그림에서 결합에너지가 음수인 것은 불안정한 방사성동위원소라는 것을 나타낸다.

양성자의 수와 중성자의 수가 모두 마법의 수여서 안정한 원자핵에는 칼슘의 동위원소 외에도 He_2^4, O_8^{16}, Pb_{82}^{208} 등이 있다. 이러한 마법의 수는 원자핵의 에너지 구조를 이해할 수 있는 실

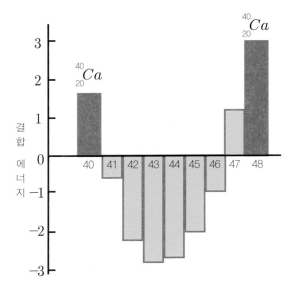

여러 가지 칼슘 동위원소의 결합에너지.

마리를 제공한다. 과학자들은 원자핵이 가지고 있는 마법의 수를 설명할 수 있는 원자핵의 에너지 구조를 연구하기 시작했다.

마법의 수는 원자핵에만 존재하는 것이 아니다. 원자핵을 도는 전자구조의 경우에도 마법의 수가 존재한다. 원자번호가 2, 10, 18, 36, 54, 86인 원소들이 다른 원소들보다 훨씬 안정한 불활성기체를 이룬다. 따라서 이 숫자들은 전자구조의 마법의 수라고 할 수 있다. 그러나 과학자들은 이 숫자들을 마법의 수라고 부르는 대신 이 숫자들을 바탕으로 주기율표를 만들었다. 주기율표가 만들어지는 것을 이해하는 것은 양자물리학의 중요한 목표 중 하나였다. 전자구조의 마법의 수를 포함하고 있는 주기율표를 이해하려는 노력이 양자역학에 의한 전자의 에너지 껍질구조를 밝혀내도록 한 것처럼 원자핵의 마법의 수는 원자핵을 구성하고 있는 핵자들의 에너지 껍질을 이해하는 실마리를 제공했다.

원자핵 에너지 껍질 모형

원자핵이 마법의 수를 가지고 있는 것이나 알파붕괴 때 원자핵에서 방출되는 알파입자가 불연속적인 에너지를 가지고 있다는 것은 원자핵 안에도 원자핵 주위를 도는 전자의 경우처럼 양자역학적으로 허용된 불연속적인 에너지준위가 존재한다는 것을 나타낸다. 이 밖에도 불안정한 원자핵이 붕괴를 거듭하여 마지막에 도달하는 원자핵의 양성자와 중성자 수가 마법의 수라는 것, 양성자와 중성자의 수가 마법의 수인 원자핵의 중성자 흡수율이 눈에 띄게 떨어진다는 것, 마법의 수보다 하나 큰 수의 양성자나 중성자를 가지는 경우 결합에너지가 급격히 떨어진다는 것 등을 통해서도 원자핵이 불연속적인 에너지준위를 가지고 있다는 것을 알 수 있다. 과학자들은 이러한 사실을 바탕으로 원자핵의 에너지 껍질 모형을 만들었다.

1932년에 원자핵의 에너지 껍질 모형을 처음 제안한 사람은 우크라이나 출신으로 모스크바 국립대학 교수였던 드미트리 이바넨코Dmitri Ivanenko(1904~1994)였다. 1949년에는 미국의 유진 폴 위그너Eugene Paul Wigner(1902~1995), 마리아 메이어Maria Goeppert Mayer(1906~1972), 요하네스 한스 다니엘 옌젠Johannes Hans Daniel Jensen(1907~1973)이 원자핵의 에너지 껍질 모형을 발전시켰고, 그 공로로 1963년 노벨 물리학상을 공동 수상했다.

원자핵의 에너지 껍질 모형은 원자핵 주위를 도는 전자의 에너지 껍질 모형과 유사하다. 전자가 페르미온이어서 같은 양자역학적 상태에 여러 개의 전자가 들어갈 수 없는 것과 마찬가지로 중성자와 양성자도 페르미온이어서 두 개 이상의 입자가 하나의 양자역학적 상태에 있을 수 없다. 따라서 양성자와 중성자는 에너지 껍질 아래에서부터 채워가게 되고, 마지막 에너지 껍질이 완전히 채워지면 안정한 원자핵이 된다.

이제 문제는 원자핵에는 어떤 에너지 껍질들이 있느냐 하는 것이다. 원자핵의 에너지 껍질을 연구하는 학자들은 원자핵을 구성하고 있는 입자에 작용하는 퍼텐셜이 조화진동을 하는 입자의 퍼텐셜과 퍼텐셜 우물의 퍼텐셜을 결합한 형태일 것이라고 생각하고 있다. 양성자와 양성자, 중성자와 중성자 그리고 양성자와 중성자 사이에 작용하는 강한 핵력은 중력이나 전자기력과는 달리 거리가 멀어지면 세기가 약해지는 것이 아니라 오히려 강해진다. 용수철에 작용하는 힘이 늘어난 길이가 클수록 강해지는 것과 비슷하다. 그러나 원자핵 내부에서는 여러 개의 핵자에 둘러싸여 있어 사방에서 강한 핵력이 작용해 힘이 작용하지 않는 것과 같다. 따라서 원자핵 내부에서의 퍼텐셜은 0에 가깝다. 중성자 사이에는 강한 핵력만 작용하지만 양성자 사이에는 전기적 반발력도 작용하기 때문에 양성자의 퍼텐셜에는 전기적 반발력에 의한 퍼텐셜을 더해주어야 한다. 따라서 양성자의 퍼텐셜은 중성자의 퍼텐셜보다 조금 더 높다. 양성자와 중성자의 퍼텐셜이 다른 것이 핵 안의 양성자와 중성자의 수가 다른 원인이 된다.

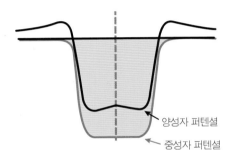

양성자 퍼텐셜
중성자 퍼텐셜

양성자 사이에는 전기적 반발력이 작용해 양성자의 퍼텐셜은 중성자의 퍼텐셜보다 높고 모양도 조금 다르다.

원자핵 안에 양성자와 중성자의 퍼텐셜의 대략적인 모양을 알았으므로 양성자와 중성자에 양자역학적으로 허용된 에너지준위가 어떨 것인지를 예측할 수 있다. 퍼텐셜 우물 안에 갇혀 있는 입자 역시 불연속적인 에너지만 가질 수 있다. 입자의 에너지를 나타내는 양자수를 n이라고 하면 n은 1, 2, 3, …과 같은 양의 정숫값을 가질 수 있다. 양성자와 중성자의 에너지준위는 주양자수 n뿐만 아니라 궤도 각운동량과 스핀 각운동량에 의해서도 크게 달라진다. 원자핵 주위를 돌고 있는 전자의 경우에는 에너지의 크기를 나타내는 주양자수 n이 전자가 가지는 에너지를 결정하고 궤도 양자수나 자기 양자수는 주양자수로 결정되는 에너지준위를 약간 변화시켜 스펙트럼에 미세구조가 나타나도록 한다. 그러나 양성자와 중성자의 경우에는 궤도 양자수와 스핀이 에너지에 큰 영향을 준다. 특히 스핀의 영향이 커서 스핀에 따라 에너지 값이 크게 달라진다.

양성자와 중성자의 경우에도 궤도 각운동량을 고려해야 한다는 것은 양성자나 중성자도 원자핵 안에서 궤도운동을 하고 있다는 것을 나타낸다. 양성자와 중성자가 조밀하게 모여 있는 원자핵 안에서 양성자나 중성자가 궤도운동을 한다는 것은 선뜻 이해하기 어렵다. 양성자와 중성자가 원자핵 안에서 궤도운동을 하면 다른 입자들과 수없이 충돌할 것으로 예상할 수 있다. 그러나 핵자들이 계속 충돌하는 원자핵 모형은 실험 결과를 설명할 수 없다. 실험을 통해 밝혀진 마법의 수는 핵자들이 궤도운동을 하고 있는 모형을 통해서만 설명이 가능하다. 핵자들로 가득한 원자핵 안에서 다른 입자와 충돌하지 않고 궤도운동을 하는 것이 어떻게 가능할까? 여기에서도 같은 양자역학적 상태에는 두 개 이상의 입자가 들어갈 수 없다는 파울리의 배타 원리가 중요한 역할을 한다. 입자가 가지고 있는 에너지로 도달할 수 있는 범위 안에 채워지지 않은 에너지준위가 존재하지 않으면 입자는 다른 입자와 상호작용하지 않는다. 다시 말해 에너지를 주고받을 수 없으면 충돌이 일어나지 않는다. 이것은 연속적인 모든 에너지를 가질 수 있는 고전 역학이 적용되는 큰 세상에서는 일어날 수 없는 일이다.

원자핵 주위를 돌고 있는 전자의 경우에는 궤도 각운동량을 나타내는 양자수 l의 값은 0에서부터 주양자수 n보다 1작은 수까지의 정숫값을 가질 수 있다. 따라서 주양자수 n이 3인 경우 궤도 양자수 l은 0, 1, 2의 세 가지 값만 가질 수 있다. 이것을 기호로 나타내면 3s, 3p, 3d 상태만 가능하다. 그러나 원자핵 안의 양성자와 중성자의 경우에는 이러한 제한이 없다. 따라서 주양자수가 1인 경우에도 궤도 양자수 l은 모든 값을 가질 수 있다. 따라서 1s, 1p, 1d, 1f, 1g, … 등의 상태가 가능하다. 그리고 양성자와 중성자의 경우에도 궤도 양자수와 스핀 양자수를 합한 전체 각운동량을 나타내는 양자수 j가 존재한다. 양성자와 중성자의 에너지는 스핀 상태에 따라 크게 달라지므로 전체 각운동량을 나타내는 양자수가 중요하다. 따라서 양성자와 중성자의 양자역학적 상태는 다음과 같이 나타낼 수 있다.

n	l	m	s
1	$0, 1, 2, 3, \cdots$	$l, l-1, \cdots -l+1, -l$	$\dfrac{1}{2}, -\dfrac{1}{2}$
2	$0, 1, 2, 3, \cdots$	$l, l-1, \cdots -l+1, -l$	$\dfrac{1}{2}, -\dfrac{1}{2}$
3	$0, 1, 2, 3, \cdots$	$l, l-1, \cdots -l+1, -l$	$\dfrac{1}{2}, -\dfrac{1}{2}$

모든 주양자수에 대해 많은 가능한 궤도 양자수가 존재하므로 주양자수 n이 1인 경우에 대해서만 좀 더 자세히 알아보자.

기호	n	l	m	s	입자 수
$1s$	1	0	0	$\dfrac{1}{2}, -\dfrac{1}{2}$	(2)
$1p$	1	1	1	$\dfrac{1}{2}, -\dfrac{1}{2}$	(2)
			0	$\dfrac{1}{2}, -\dfrac{1}{2}$	(2)
			-1	$\dfrac{1}{2}, -\dfrac{1}{2}$	(2)
$1d$	1	2	2	$\dfrac{1}{2}, -\dfrac{1}{2}$	(2)
			1	$\dfrac{1}{2}, -\dfrac{1}{2}$	(2)
			0	$\dfrac{1}{2}, -\dfrac{1}{2}$	(2)
$\vdots$	$\vdots$	$\vdots$	$\vdots$	$\vdots$	$\vdots$

전자의 경우와 마찬가지로 궤도 각운동량과 스핀 각운동량을 합한 전체 각운동량을 나타내는 양자수 j를 이용하여 나타낼 수도 있다. 전체 각운동량을 나타내는 양자수는 $j = l \pm \frac{1}{2}$ 이므로 주양자수가 1인 핵자의 상태는 다음과 같이 나타낼 수도 있다.

기호	n	j	m_j	입자 수
$1s_{1/2}$	1	$0 + \frac{1}{2} = \frac{1}{2}$	$\frac{1}{2}, -\frac{1}{2}$	(2)
$1p_{1/2}$	1	$1 - \frac{1}{2} = \frac{1}{2}$	$\frac{1}{2}, -\frac{1}{2}$	(2)
$1p_{3/2}$	1	$1 + \frac{1}{2} = \frac{3}{2}$	$\frac{3}{2}, \cdots -\frac{3}{2}$	(4)
$1d_{3/2}$	1	$2 - \frac{1}{2} = \frac{3}{2}$	$\frac{3}{2}, \cdots -\frac{3}{2}$	(4)
$1d_{5/2}$	1	$2 + \frac{1}{2} = \frac{5}{2}$	$\frac{5}{2}, \cdots -\frac{5}{2}$	(6)
$1f_{5/2}$	1	$3 - \frac{1}{2} = \frac{5}{2}$	$\frac{5}{2}, \cdots -\frac{5}{2}$	(6)
$1f_{7/2}$	1	$3 + \frac{1}{2} = \frac{7}{2}$	$\frac{7}{2}, \cdots -\frac{7}{2}$	(8)
$\vdots$	$\vdots$	$\vdots$	$\vdots$	$\vdots$

양성자와 중성자의 양자역학적 상태의 에너지를 아래부터 차례로 배열하면 에너지 간격이 넓은 부분이 나타난다. 이 부분 아래까지 모두 핵자가 채워져 있으면 결합에너지가 큰 안정한 원자핵이 되고 부분적으로 채워져 있으면 결합에너지가 작아진다. 이것이 원자핵에 마법의 수가 나타나는 이유다.

양성자와 중성자의 에너지는 주양자수보다는 궤도 양자수와 스핀 양자수를 결합하여 총각운동량을 나타내는 양자수 j와 m_j에 따라 달라진다. 스핀 각운동량을 고려하지 않고 궤도 각운동량만을 감안한 에너지의 순서는 다음과 같다.

$$1s\,(2) < 1p\,(6) < 1d\,(10) < 2s\,(2) < 1f\,(14) < 2p\,(6) \cdots$$

괄호 안의 숫자는 각 상태에 들어갈 수 있는 입자의 수를 나타낸다. 이 숫자들만을 조합해서는 원자핵의 마법의 수가 나타나지 않는다. 그러나 스핀을 고려하면 에너지준위가 크게 달라진다. 같은 궤도 양자수를 가진 입자들의 에너지도 스핀에 따라 크게 달라져 다른 궤도와 중복되기도 한다. 스핀을 고려한 상태의 에너지준위를 작은 것에서부터 차례로 배열하면 다음과 같다.

$$1s_{1/2} < 1p_{3/2} < 1p_{1/2} < 2d_{5/3} < 1s_{1/2} < 2d_{3/2} \cdots$$

각 상태 사이의 에너지 간격이 다르다. 따라서 비슷한 에너지를 가진 준위들을 묶으면 원자핵의 마법의 수를 설명할 수 있는 에너지 껍질 모형이 만들어진다. 원자핵 에너지 껍질 모형에서 첫 번째 껍질에는 주양자수가 1이고 궤도 양자수가 0인 1s궤도에 두 개의 핵자가 들어간다. 두 번째 껍질에는 2p궤도에 핵자가 여섯 개 들어가는데 이들은 총각운동량을 나타내는 양자수가 1/2인 상태에 두 개, 3/2인 상태에 네 개의 핵자가 들어간다. 세 번째 껍질에는 2s궤도에 두 개, 1d궤도에 열 개의 핵자가 들어간다. 2s궤도에 들어가는 핵자의 총각운동량을 나타내는 양자수는 1/2이다. 그러나 1d궤도에는 총각운동량을 나타내는 양자수 j가 3/2인 상태에 네 개, 5/2인 상태에 여섯 개가 들어간다. 2d궤도에 들어가는 핵자 열 개의 궤도 각운동량은 같지만 스핀에 의해 j가 3/2인 상태와 5/2인 상태로 분리되며 이 두 상태는 다른 에너지를 갖는다.

첫 번째 껍질(2)　　　$1s_{1/2}$　　(2)　　$\boxed{2}$

두 번째 껍질(6)　　　$1s_{3/2}$　　(4)
　　　　　　　　　　$1p_{1/2}$　　(2)　　$\boxed{8}$

세 번째 껍질(12)　　　$1d_{5/2}$　　(6)
　　　　　　　　　　$2s_{1/2}$　　(2)
　　　　　　　　　　$1d_{3/2}$　　(4)　　$\boxed{20}$

네 번째 껍질(8)　　　$1f_{7/2}$　　(8)　　$\boxed{28}$

다섯 번째 껍질(22)　　$2p_{3/2}$　　(4)
　　　　　　　　　　$1f_{5/2}$　　(6)
　　　　　　　　　　$2p_{1/2}$　　(2)
　　　　　　　　　　$1g_{9/2}$　　(10)　$\boxed{50}$

양성자의 퍼텐셜은 전기적 반발력으로 인해 중성자의 퍼텐셜보다 약간 높다. 낮은 에너지준위에서는 두 에너지준위의 차이가 그리 크지 않지만 높은 에너지준위로 가면 그 차이가 커진다. 따라서 양성자와 중성자의 수가 적은 작은 원자핵에서는 양성자와 중성자의 수가 같아야 전체 에너지를 낮은 상태로 유지할 수 있다. 그러나 중성자와 양성자의 수가 많은 큰 원자핵에서는 중성자의

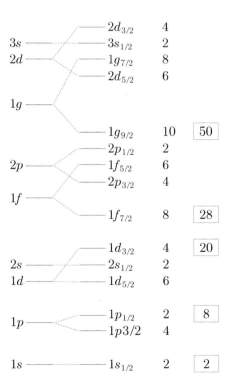

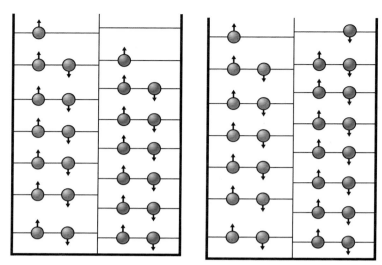

Al^{26}의 양성자와 중성자의 에너지준위. Al^{28}의 양성자와 중성자의 에너지준위.

수가 양성자의 수보다 많을 때 더 안정한 원자핵을 만든다. 가장 높은 에너지준위에 들어가 있는 양성자와 중성자의 에너지가 같을 때 전체적으로 안정한 원자핵이 된다.

원자핵의 방사성붕괴도 에너지 껍질 모형을 이용하면 설명할 수 있다. 원자번호가 13인 알루미늄은 Al^{26}, Al^{27}, Al^{28}의 동위원소를 가지고 있다. 가장 높은 에너지준위에 있는 중성자와 가장 높은 에너지준위에 있는 양성자가 거의 같은 에너지를 가지고 있는 Al^{28}은 가장 낮은 에너지 상태에 있기 때문에 안정한 동위원소다. 중성자 수가 양성자 수보다 더 많으면서도 가장 높은 에너지준위에 있는 양성자와 중성자의 에너지가 같은 것은 양성자와 중성자의 퍼텐셜이 다르기 때문이다. 그러나 양성자와 중성자 수가 같은 Al^{26}의 경우에는 가장 높은 에너지준위에 있는 양성자의 에너지가 가장 높은 에너지준위에 있는 중성자의 에너지보다 높다. 따라서 양성자 하나가 중성자로 변환해 중성자의 궤도로 옮겨가면 전체적인 원자핵의 에너지 상태가 낮아질 수 있다. 따라서 양성자가 중성자로 바뀌면서 양전자를 방출하는 베타붕괴를 하게 된다. 양전자를 방출하는 베타붕괴를 하면 양성자의 수가 하나 줄어들어 원자번호가 12인 마그네슘으로 바뀐다.

원자핵 안에 포함된 양성자의 수가 적은 경우에는 양성자 사이의 전기적 반발력이 크지 않아 양성자와 중성자의 에너지준위가 거의 같다. 이런 경우에는 양성자와 중성자의 수가 같을 때 안정한 에너지 구조가 된다. 따라서 양성자 수가 중성자 수와 다른 원자핵은 방사성붕괴를 통해 양성자 수와 중성자 수를 같게 하거나 비슷하게 만든다. 이때 양성자 수와 중성자 수의 차이가 큰 원자핵은 매우 불안정해 반감기가 짧고, 양성자의 수와 중성자의 수의 차이가 작으면 반감기가 길다.

양성자 여덟 개와 중성자 다섯 개를 가지고 있는 산소의 동위원소 O_8^{13}은 중성자 수가 양성자 수보다 3이나 적어 매우 불안정한 동위원소다. 따라서 O_8^{13}는 양성자 하나가 중성자로 변환하면서 양전자를 방출하는 베타붕괴를 하고 N_8^{13}으로 바뀌는데 반감기는 8.9밀리초(ms)다. 불안정한 O_8^{13}는 아주 짧은 순간 동안만 존재할 수 있다. N_8^{13}에는 양성자 일곱 개, 중성자가 여섯 개 포함되어 있어 양성

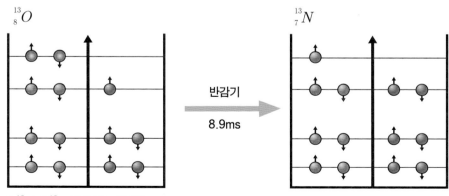

O_8^{13}가 N_7^{13}로 변환하는 핵변환.

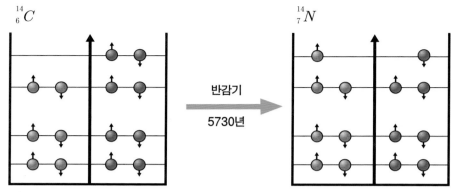

$^{14}_{6}C$

반감기

5730년

$^{14}_{7}N$

C^{26}_{6}가 N^{14}_{7}로 변환하는 핵변환.

자와 중성자의 차이는 1이다. 따라서 양성자와 중성자의 차이가 3인 O^{13}_{8} 보다 안정한 원자핵이다.

　탄소는 양성자 여섯 개와 중성자 여덟 개를 가지고 있어 양성자가 중성자보다 두 개 적어 불안정한 방사성 동위원소 C^{14}_{6} 를 가지고 있다. C^{14}_{6} 는 중성자 하나가 양성자로 바뀌면서 전자를 방출하는 베타붕괴를 하고 양성자의 수와 중성자의 수가 같은 안정한 동위원소인 N^{14}_{7} 로 바뀐다. 양성자와 중성자 수의 차이가 두 개인 C^{14}_{6} 의 원자핵은 차이가 세 개인 O^{13}_{8} 원자핵보다 덜 불안정하기 때문에 반감기가 5730년이다. C^{14}_{6} 는 역사적으로 중요한 유물의 연대를 결정하는 탄소 연대측정법에 사용되는 동위원소다.

원자핵의 크기와 핵자당 결합에너지

　원자핵 안에서는 핵자들 사이에 작용하는 강한 핵력과 양성자들 사이에 작용하는 전기적 반발력 사이의 경쟁이 벌어지고 있다. 핵자의 수가 너무 작으면 핵자들 사이의 강한 핵력이 너무 약하고, 핵자의 수가 너무 많으면 양성자들 사이

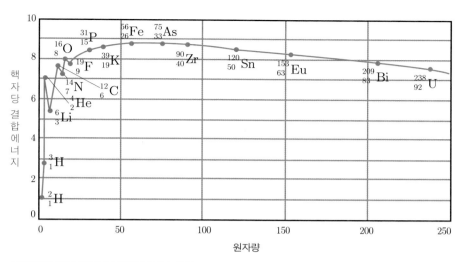

원자량에 따른 핵자당 결합에너지의 변화.

의 반발력이 너무 커서 안정한 원자핵을 만들 수 없다. 따라서 원자핵은 적당한 수의 핵자를 포함하고 있을 때 가장 단단히 결합된 안정한 원자핵이 된다. 원자핵의 안정성은 주로 핵자당 결합에너지를 사용하여 나타낸다. 핵자당 결합에너지는 원자핵을 이루고 있는 핵자들을 완전히 분리해서 자유로운 입자들로 만드는 데 필요한 에너지를 핵자의 수로 나눈 것으로, 핵자의 평균 결합에너지라고 할 수 있다. 핵자당 결합에너지가 크다는 것은 원자핵이 단단하게 결합되어 있다는 뜻이고 따라서 안정한 원자핵이다. 핵자당 결합에너지는 핵자 수가 증가함에 따라 증가하다가 특정한 핵자 수에서 최댓값을 갖고 그 이상 핵자 수가 증가하면 오히려 감소한다.

핵자당 결합에너지가 최대가 되는 핵자의 수는 56으로 원자번호 26인 철(Fe)의 원자핵이 여기에 해당한다. 따라서 원자핵을 이루는 핵자의 수가 56보다 큰 원소는 핵자 중의 일부를 방출하거나 두 개의 원자핵으로 분리되어 더 안정한 상태의 핵으로 변환될 수 있고, 핵자의 수가 56보다 적은 원자핵은 다른 원자핵과의 융합을 통해 더 안정한 핵이 될 수 있다. 작은 원자핵이 융합하여 더 안정한 큰 원자핵으로 변해가는 것을 핵융합이라 하고 큰 원자핵이 분열하여 작은 안정한 원자핵으로 변환되는 것을 핵분열이라고 한다.

원자핵이 분열하거나 융합하는 경우에는 더 안정한 새로운 원자핵이 만들어지면서 에너지를 방출한다. 핵분열이나 핵융합을 핵반응이라고 하는데 핵반응 때에는 질량이 보존되지 않는다. 원자핵 주위를 도는 전자들 사이의 결합에 의해 일어나는 화학반응에서는 반응 전후에 질량이 보존되는 것과는 달리 핵반응에서는 질량 중 일부가 에너지로 변한다. 하나의 원자핵이 분열할 때 나오는 에너지의 양은 매우 적지만 수없이 많은 원자핵이 아주 짧은 시간 동안에 연쇄반응을 일으키면 엄청난 에너지를 방출할 수 있다. 이런 에너지를 이용하는 것이 원자폭탄이나 수소폭탄 그리고 원자력발전소다. 원자폭탄은 U_{92}^{235}나 Pu_{94}^{239}의 원자핵이 분열할 때 방출하는 에너지를 이용하는 폭탄이고, 수소폭탄은 수소 원자

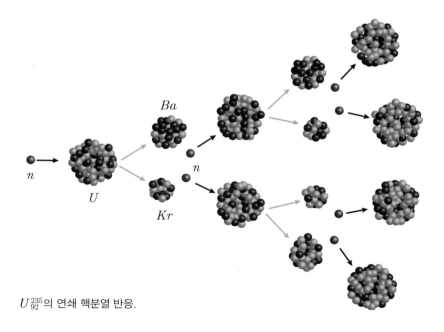

U_{92}^{235}의 연쇄 핵분열 반응.

핵이 융합하여 헬륨 원자핵이 되면서 방출하는 에너지를 이용하는 폭탄이다. 수소가 핵융합하기 위해서는 높은 온도와 압력이 필요한데 수소폭탄에서는 먼저 U_{92}^{235} 원자폭탄을 폭발시켜 이런 조건을 만들어낸다.

현재 원자력 발전에 사용되는 연료는 U_{92}^{235} 이다. 자연에서 발견되는 우라늄에는 연료로 사용되지 않는 U_{92}^{238} 이 전체 우라늄의 대부분을 차지하고 있다. 이는 U_{92}^{235} 의 반감기가 7억 년이고 U_{92}^{238} 의 반감기는 45억 년이나 되어 U_{92}^{238} 이 자연에 훨씬 많이 남아 있기 때문이다. 핵연료로 사용하기 위해서는 우라늄 중에서 U_{92}^{235} 를 농축하여 U_{92}^{235} 의 농도가 3.2% 이상이 되도록 해야 한다. U_{92}^{235} 의 핵은 중성자를 흡수하면 들뜬상태가 된다. 들뜬 U_{92}^{235} 의 원자핵은 가벼운 원자핵으로 분열되면서 중성자와 에너지를 내놓는다. 이때 방출된 중성자는 다시 다른 U_{92}^{235} 의 원자핵을 분열시킨다. 이런 반응이 연쇄적으로 일어나게 되면 많은 에너지가 방출된다.

원자핵이 분열할 때 방출되는 에너지를 이용하여 전기에너지를 생산하는 원자로에는 적당한 속도로 연쇄반응이 일어나도록 중성자를 흡수하는 제어봉과 효과적으로 연쇄반응이 일어나도록 도와주는 감속제가 들어 있다. 우라늄 원자핵이 분열할 때 나오는 빠른중성자는 다른 우라늄 원자핵에 잘 포획되지 않아 효과적으로 핵분열에 참여하지 못한다. 따라서 중성자의 속도를 감속시킬 필요가 있는데 주로 물이나 흑연이 감속제로 사용된다.

핵분열과는 반대로 핵융합은 작은 원자핵이 융합하여 더욱 안정한 큰 원자핵이 되면서 에너지를 내놓는 반응이다. 그러나 (+)전하를 가지고 원자핵은 전기적 반발력으로 인해 가까이 다가가는 것이 힘들기 때문에 핵융합이 일어나기 위해서는 까다로운 조건이 필요하다. 원자핵의 핵융합 중에서 가장 쉽게 일어날수 있는 수소 원자핵이 융합하여 헬륨 원자핵으로 변하는 핵융합이 일어나기 위해서도 1억 도에 이르는 높은 온도가 필요하다. 이런 높은 온도에서 원자핵들은

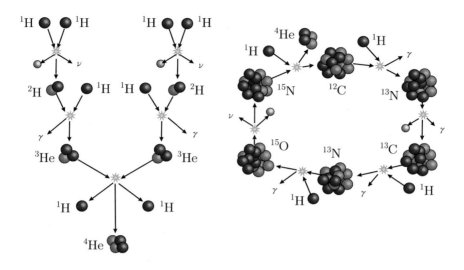

수소 원자핵(양성자) 네 개가 융합하여 헬륨 원자핵이 되는 핵융합반응에는 탄소, 질소, 산소를 촉매로 하는 반응(CNO 싸이클)과 촉매를 필요로 하지 않은 두 가지 반응이 있다.

두 원자핵이 충분히 가까이 다가갈 수 있을 만큼 빠르게 운동하고 있기 때문이다. 원자핵들이 충분히 자주 상호 충돌하게 하려면 원자핵의 밀도도 어느 정도 높아야 된다. 온도가 올라가면 밀도는 작아지므로 이런 조건을 만족시키기가 쉽지 않다. 마지막으로 충분히 높은 온도와 밀도를 얻었다 해도 원자핵들이 반응할 기회를 주기 위해서는 이런 상태가 일정한 시간 동안 지속돼야 한다. 밀도가 아주 큰 태양과 같은 별의 내부에서는 수천만 도에서도 핵융합반응이 일어날 수 있다. 수소 원자핵이 융합하여 헬륨원자핵이 되는 핵융합반응에는 탄소, 질소, 산소를 촉매로 하는 핵융합반응과 촉매를 필요로 하지 않은 핵융합반응의 두 가지가 있는 것으로 알려져 있다.

수소의 핵융합반응에 의해 만들어진 헬륨 원자핵은 다른 헬륨 원자핵과 융합하여 베릴륨 원자핵이 되고, 베릴륨 원자핵은 다른 헬륨 원자핵과 융합하여 탄소 원자핵이 된다. 이렇게 작은 원자핵들이 융합하여 더 큰 원자핵이 되는 핵융합반응은 가장 안정한 원자핵인 철 원자핵에서 끝난다. 철보다 더 큰 원자핵이 합성되면 에너지를 방출하는 것이 아니라 오히려 에너지를 흡수한다. 따라서 아주 큰 에너지가 제공될 때만 철보다 더 큰 원자핵이 만들어질 수 있다. 이런 큰 에너지는 큰 별의 마지막을 장식하는 초신성 폭발이 제공한다. 따라서 초신성 폭발 때 철보다 더 큰 원소들이 만들어진다. 우리 지구가 무거운 원소들을 많이 포함하고 있는 것은 태양계가 1세대 별이 초신성 폭발을 하면서 우주 공간에 흩어놓은 무거운 원소를 많이 포함하고 있는 성간운에서 형성되었기 때문이다.

이렇게 해서 양자역학은 원자핵의 구조와 원자핵이 형성되는 과정 그리고 우리를 구성하고 있는 원소의 기원까지를 밝혀냈다. 원자핵의 구조까지 밝혀냄으로써 이제 우리는 세상을 구성하고 있는 원자를 이해했다고 할 수 있게 되었다. 그러나 원자를 구성하고 있는 양성자와 중성자 그리고 전자가 물질을 구성하고 있는 가장 작은 단위가 아니라는 것이 곧 밝혀졌다. 그것은 물질의 근원을 밝혀내기 위한 탐사 여행이 원자보다 더 작은 세계로 계속되어야 한다는 것을 뜻한다. 1950년대 이후 원자보다 작은 세계를 탐사하는 데 필요한 거대한 입자가속

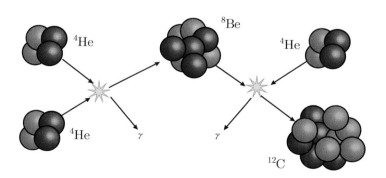

헬륨 원자핵은 융합하여 베릴륨 원자핵이 되고, 베릴륨 원자핵이 헬륨 원자핵과 융합하면 탄소 원자핵이 된다.

기와 입자검출기의 개발로 원자보다 작은 입자에 대해 많은 것을 알게 되었다. 그럼에도 불구하고 원자에 대한 지식이 인류가 알아낸 최고의 지식이라는 생각에는 변함이 없다. 원자의 구조를 밝혀내는 데 필요한 양자역학을 만드는 과정은 도저히 넘을 수 없어 보이던 거대한 산맥을 넘는 것과 같은 위대한 모험이었다. 그러나 원자보다 더 작은 소립자 세계에 대한 탐험은 양자역학의 대탐험의 연장선에서 작은 언덕을 몇 개 더 넘는 것과 같은 것이었다고 할 수 있다.

양자역학은 우리에게 원자라는 새로운 세상의 문을 활짝 열어젖혔다. 원자에 대한 이해를 바탕으로 우리는 우주를 좀 더 깊이 이해할 수 있게 되었으며, 현대 문명을 건설할 수 있게 되었다. 양자역학을 통해 우리 감각과 감각 경험을 바탕으로 한 상식의 한계를 알게 되었고, 자연을 이해한다는 것이 어떤 것인지를 다시 생각해볼 수 있게 되었다. 우리 상식으로는 이해할 수 없는 양자역학은 원자보다 작은 세계나 우주를 이해하는 데 필요한 새로운 패러다임을 제공했다. 20세기 초에 열정적인 과학자들이 상식적으로는 이해할 수 없는 양자역학을 만들어낸 것은 기적이라는 말로밖에는 설명할 수 없지만 이제 양자역학과 양자역학이 밝혀낸 원자의 구조는 현대인의 상식이 되어가고 있다.

나는 강의 시간에 과학은 합리적인 방법을 통해 인간과 자연과 신의 관계를 알아내는 활동이라는 이야기를 자주 한다. 과학 시간에 신의 이야기를 하지 않는다는 것을 잘 알고 있는 학생들은 이런 설명에 처음에는 어리둥절해 한다. 그러나 과학은 역사를 통해 신과 인간과 자연의 관계를 근본적으로 바꾸어 놓았다. 지금부터 약 330년 전쯤 뉴턴역학이 등장하기 이전에는 신과 자연이 인간을 지배한다고 생각했다. 자연은 신이 있는 자리였고, 자연현상은 신의 뜻을 인간에게 나타내는 수단이었다. 자연물을 숭배하고 자연현상에서 신의 뜻을 찾으려고 한 것은 이 때문이다. 그러나 뉴턴역학이 등장한 후 자연은 자연법칙의 지배를 받고 있다는 것을 알게 되었다. 인간과 자연을 창조한 위대한 신은 이제 더 이상 자연현상에 개입하지 않는다고 생각하게 된 것이다. 하지만 약 150년 전에 진화론이 등장하면서 인간과 신 그리고 자연 사이의 관계가 다시 한 번 큰 변화를 겪게 되었다.

인간도 자연의 일부로 편입된 것이다. 따라서 자연을 창조했지만 더 이상 간섭하지 않는 신과 자연법칙의 지배를 받는 자연만이 존재하게 되었다. 물론 이런 생각을 모든 사람들이 받아들인 것은 아니다. 진화론에 대한 반대는 의외로 강경해 아직도 전선에서는 포성이 그치지 않고 있다.

20세기 초에 등장한 양자역학은 신과 자연 그리고 인간의 관계에 미묘한 영향을 주고 있다. 기계론적 인과관계를 주장해 온 뉴턴역학과는 달리 양자역학에서는 신을 위한 여지를 남겨 놓고 있다. 원자세계에서 일어나는 일들이 확률에 의존한다는 것이나, 우리가 측정할 수 있는 물리량의 정밀도에 한계가 있다는 불확정성 원리가 그런 것이다. 물론 확률에 의존한다고 해도 우리가 그 확률을 계산할 수 있고 그런 결과를 확인할 수 있으므로 확률이 꼭 신을 위한 여지를 제공한다고는 할 수는 없다. 불확정성의 오차 내에서는 물리량이 존재하지 않고 따라서 물리법칙도 존재할 수 없다는 불확정성의 원리도 신을 위한 공간이라고 보기에는 너무 제약이 많다. 전지전능한 신이 그런 제약 안에서 누리는 재량권에 만족할 것 같지 않다. 그러나 확률이나 불확정성의 원리의 도입은 과학이 절대 진리일 것이라는 믿음을 상당 부분 훼손시키고 있는 것도 사실이다.

18세기와 19세기는 뉴턴역학이 절정을 이루던 시기였다. 이 시기에는 뉴턴역학의 기본 법칙들에 문제가 있을 것이라고 생각하는 사람들이 거의 없었다. 과학에서 해야 할 남은 일은 뉴턴역학을 이용해 자연에서 일어나는 복잡한 현상을 설명해 내기 위한 수학적 기법을 찾아내는 것뿐이라고 생각하는 사람들이 많았다. 그러나 1905년에 발표된 특수상대성이론과 1915년에 발표된 일반상대성이론 그리고 1920년대에 완성된 양자역학으로 인해 뉴턴역학은 만신창이가 됐다.

그렇다면 난공불락으로 여겨지던 뉴턴역학을 무너뜨린 상대성이론과 양자역학을 사람들은 얼마나 신뢰하고 있을까? 그토록 위세 당당하던 뉴턴역학을 무너뜨렸으니 상대성이론이나 양자역학은 정말 대단하다고 생각할까? 나는 그 반대라고 생각한다. 많은 사람들은 뉴턴역학이 무너진 것을 예로 들면서 언젠가 상대성이론과 양자역학도 무너질 것이라고 생각하고 있다. 그것은 상대성이론이나 뉴턴역학을 잘 알고 있는 사람들이나 잘 모르고 있는 사람들이나 마찬가지이다. 결국 상대성이론과 양자역학은 새로운 과학의 지평을 열었지만 과학에 대한 신뢰는 오히려 저하시킨 것으로 보인다. 그래서 우리는 과학은 절대적인 진리를 다루는 학문이므로 과학이 발전하면 모든 자연현상을 이해할 수 있게 될 것이라고 생각했던 19세기 사람들과는 달리 과학으로 자연의 모든 것을 이해하는 것이 가능하지 않을지도 모른다는 의심스런 눈으로 과학을 바라보게 되었다. 양자역학에서 도입한 확률이나 불확정성 원리보다 오히려 이런 면이 신을 위한 여지를 만들어 주고 있는 것이 아닌가 하는 생각이 든다.

지금까지 양자역학 이야기를 하면서 양자역학 발전에 공헌한 많은 과학자들의 이야기를 했다. 과학자들 이야기의 말미에는 노벨상과 관련된 이야기를 덧붙였다. 다시 원고를 읽어보면서 노벨상 이야기가 지나치게 자주 등장한다는 느낌을 받았다. 그러나 과학자의 업적을 이야기하면서 그 사람이 노벨상 받은 것을 이야기하지 않을 수는 없다. 그 사람의 일생에 가장 중요한 경력이기 때문이다. 과학 이론을 소개할 때도 마찬가지이다. 노벨상은 그 이론이 학계에서 인정받고 있다는 가장 확실한 증거이기 때문에 그 이론의 정당성을 주장하기 위해서 노벨상을 받은 연구라는 것을 거론하게 된다.

우리나라 사람들은 우리나라의 과학 분야에서 노벨상을 받은 사람이 없는 것을 무척이나 아쉬워하고 있다. 그러나 어쩌면 이것은 너무나 당연한 일이다. 우리나라에서 기초 과학 교육을 본격적으로 시작한 것은 1950년 이후이다. 그때는 이미 현대 과학의 기초가 모두 마련된 후였다. 상대성이론은 1905년에 발표되었고 양자이론도 1920년대 완성되었다. 이런 연구들의 후속 연구들도 1950년대까지 거의 완성을 향해 달려가고 있었다. 다른 나라 과학자들은 결승점에 가까이 갔을 때 우리는 출발점에서 출발 신호를 기다리고 있었다. 따라서 지난 50년 동안 우리나라에서 노벨상 수상자가 나올 수 없었던 것은 어찌 보면 당연한 결과였다.

그러나 지난 50년 동안에 우리는 열심히 그들의 뒤를 쫓아와 이제 몇몇 분야에서는 외국의 과학자들과 어깨를 나란히 하게 되었다. 따라서 앞으로 20년 또는 30년 안에는 우리나라에서 노벨상을 받는 과학자가 여러 명 나올 것이 틀림없다. 그러나 염려스러운 부분이 없는 것은 아니다. 언제부터인가 대학에서 기초과학이 뒤로 밀려나기 시작한 것이다. 학과가 없어지거나 명칭이 바뀌면 그것은 거의 틀림없이 인

문학이나 기초과학과 관련된 학과이다. 지원자가 적다는 것과 취직이 잘 안 된다는 것이 가장 큰 이유이다. 그러나 이 문제는 대학이 왜 필요한지 대학이 사회에서 어떤 역할을 해야 하는지에 대한 심도 있는 연구와 검토를 통해 결정되어야 할 일이다. 문화와 학문의 기초를 이루는 학과들을 없애버리기 전에 100년 후 세계 문화를 선도해 나가는 우리나라를 만들기 위해 대학이 지금 무엇을 해야 하는지를 생각해 보아야 할 것이다. 이것은 노벨상을 받는 과학자를 배출하는 것보다 훨씬 중요한 일이다.

마지막으로 이 책을 읽는 독자들에게 고백할 것이 있다. 나는 서문에서 이 책을 양자역학이 무엇인지 알고 싶어 하던 친구를 위해 쓰기 시작했다고 했다. 그 친구가 이 책을 쓰도록 하는 계기를 만들어준 것은 사실이다. 그러나 이런 책을 써야 하겠다고 생각한 것은 오래 전부터였다. 양자역학을 배운 후에도 심지어는 양자역학을 가르치는 동안에도 양자역학을 제대로 이해하고 있다는 확신이 들지 않았기 때문이다. 양자역학을 제대로 이해하기 위해서는 더 복잡한 수식을 푸는 것보다 양자역학이 등장하는 과정을 소상히 따져 볼 필요가 있다는 생각을 하게 되었다. 나는 양자역학의 복잡한 계산이 많은 현상을 놀랍도록 정확하게 설명하고 예측하는 것에 놀란 적이 많다. 그러나 전자가 관측하지 않는 동안에는 동시에 두 창문을 통과한다고 주장하는 양자역학을 어떻게 받아들여야 하는지 알 수 없었고, 슈뢰딩거 고양이에 대한 논란이 제대로 마무리된 느낌을 받지 못했다. 관측할 때마다 우주가 분리된다는 여러 세상 이론이 물리학자들의 지지를 받는다는 것도 쉽게 이해할 수 없었다.

따라서 이 책은 나를 위해 기획된 책이었다. 양자역학의 자초지종을 따져보고 양자역학에서 다루는 문제들을 요약해 보면 양자역학의 정체를 좀 더 분명하게 알 수 있게 될 것으로 생각했다. 그러나 책을 마무리하면서도 나는 아직 양자역학을 충분히 이해했다는 확신이 들지 않는다. 어쩌면 양자역학의 문제는 우리의 감각기관을 통해 알게 된 상식과 우리 이성이 합리적이라고 믿고 있는 자연의 모습에 대한 믿음의 문제일지 모른다는 생각이 든다. 논리적으로 모순이 없고, 실험을 통해 얻어진 결과를 설명할 수만 있다면 우리 이성으로 합리적으로 이해할 수 없어도 그것을 사실로 받아들여야 하는지 알 수가 없다. 나는 과학은 실험결과를 설명하는 것으로 충분하다고 한 보어의 주장에 납득이 가지만 아직 우리가 자연에 대해 충분히 알지 못하고 있기 때문에 이해할 수 없는 설명을 하게 된다는 아인슈타인의 주장을 무시할 수가 없다. 아인슈타인과 보어의 논쟁은 오래 전에 끝났지만 아직도 내 안에서는 두 사람의 대결이 계속 되고 있다. 양자역학에 대한 정리를 통해 내 안에서 일어나는 그런 논쟁을 끝내 버리고 싶었던 것은 나의 과한 욕심이었던 것 같다. 나와 양자역학과의 정면 대결은 앞으로도 계속 되어야 할 것 같다.

양자역학 교재와 교양 소개서들이 범람하다시피 한다. 그렇지만 건조한 고급 과학 이론들만 열거되고 있는 것이 아니라 그것을 만든 숱한 과학자들의 활동이 더불어 역동적으로 전개되는 과학책을 만나기는 쉽지 않다. 또한 걸출한 과학자들의 뛰어난 능력과 업적을 소개만 하는 것이 아니라 그런 평가를 할 만한 동의 가능한 근거와 함께 독자의 공감을 조목조목 이끌어낼 수 있는 과학 교양서도 드물다. 그런 점에서 이 책의 저자는 이중으로 드문 과학책을 염두에 두고 집필했다.

이 책이 담고 있는 내용의 수준과 관련해서 여기에 더해진 집필 의도가 한 가지 더 있는데, 그것은 전공자에게까지 직접적인 쓸모가 있도록 하는 것이다. 전공자 입장에서 보기에 주변부 담론으로 치부해도 그만인 내용에 머문다면 책은 정작 수록된 담론의 수준조차 한가한 잡담으로 비치고, 실제 그 수준에 그치기 십상이다. 저자는 이런 고급 집필 의도를 전공과목 수준의 양자역학 학습에 필수적인 수학의 정리와 유도 및 해설까지 수록하되 적재적소에 절제해서 제시함으로써 도모했다.

독보적인 집필 의도를 구현할 수 있었던 것은 일차적으로 저자의 지적 능력 때문이겠지만, 삶의 가장 많은 시간을 강의와 집필로 일관하는 가운데 자연스럽게 체화된 저자의 교육철학과 지식철학이 큰 몫을 했다. 난해해서 일반인의 접근이 어려운 지식의 특징을 흔히 맥락의 단절 혹은 부재에서 찾는데, 저자는 그것을 '너무 유서 깊어 맥락의 뿌리가 희미함'에 다름 아닌 것으로 보았다. 양자역학의 경우 저자는 그 뿌리를 유서 깊은 원자론 맥락에서 정확히 짚어냈고, 이 책을 통해 성공적으로 펼쳐보였다.

따라서 이 책은 저자의 깊은 철학적 통찰이 바탕에 깔린 산물이다. 그럼에도 불구하고 불필요한 현학적 표현을 동원하지 않고 있음은 이 책이 지닌 각별한 덕목이다. 처음부터 끝까지 읽은 독자라면, 감성 가득한 시인에서 전문 과학자까지, 내용에 대한 감탄 말고도 저자에 대한 경의 표시가 자연스러울 것으로 예상된다.

오 채 환 (수학 철학 교수)

찾아 보기